钒页岩晶体结构与配位化学

薛楠楠　张一敏　郑秋实　著

全书数字资源

北　京
冶　金　工　业　出　版　社
2025

内 容 提 要

本书系统总结了中国钒页岩成矿带资源特点，重点介绍了钒页岩矿物基本属性、金属元素富集规律及其提取化学微观机理，主要内容包括钒原子晶格占位规律、赋钒矿物结构弛豫机理、钒原子配位转化释放机制等基础理论。

本书可供从事矿物加工、湿法冶金、地球化学领域的科研人员与工程技术人员阅读，也可供高等院校有关专业师生参考。

图书在版编目（CIP）数据

钒页岩晶体结构与配位化学／薛楠楠，张一敏，郑秋实著. -- 北京：冶金工业出版社，2025. 5. -- ISBN 978-7-5240-0186-7

Ⅰ. P578

中国国家版本馆 CIP 数据核字第 2025QH0605 号

钒页岩晶体结构与配位化学

出版发行	冶金工业出版社	**电　　话**	(010)64027926
地　　址	北京市东城区嵩祝院北巷 39 号	**邮　　编**	100009
网　　址	www.mip1953.com	**电子信箱**	service@mip1953.com

策划编辑　徐银河　责任编辑　王　颖　美术编辑　彭子赫　版式设计　郑小利

责任校对　梁江凤　责任印制　禹　蕊

北京天恒嘉业印刷有限公司印刷

2025 年 5 月第 1 版，2025 年 5 月第 1 次印刷

710mm×1000mm　1/16；12 印张；231 千字；181 页

定价 99.00 元

投稿电话　(010)64027932　投稿信箱　tougao@cnmip.com.cn

营销中心电话　(010)64044283

冶金工业出版社天猫旗舰店　yjgycbs.tmall.com

（本书如有印装质量问题，本社营销中心负责退换）

前　　言

全球已进入工业革命和科技革命叠加的新时期，战略性新兴产业的矿产资源布局已成为主要国家和经济体博弈的“新战场”，稀有金属钒（Vanadium）一直是世界各主要国家的重要战略储备资源。中国是全球最大的钒生产和供应国，当前我国 V_2O_5 等基础钒工业产品的占比超过 80%，但高端钒系产品占比不足 20%。随着国家战略产业布局推动，在海洋工程、航空航天、新能源、新材料等战略性新兴产业的投入提速，极大带动了高端钒产品需求的持续大幅增长，钒资源高效清洁利用已成为提升我国战略竞争力的重要保障之一。

钒页岩是我国战略优势钒资源，储量占我国钒资源总量的 45% 以上。通常由浅海相沉积物在还原环境下经高温和压力作用形成，属高硅碳质页岩（俗称石煤），在我国境内多分布于长江流域，国外在美国、澳大利亚、俄罗斯等部分国家也有一定储量的页岩类钒资源。页岩中钒以 V^{3+} 为主，并以类质同象形式优先进入铝硅酸盐矿物晶格，由此受到源自铝硅酸盐矿物的强晶格力束缚，稳定兼容 V(Ⅲ) 原子。云母是目前为止开发的钒页岩矿床中最主要的赋钒矿物，但在石榴石、绿泥石、橄榄石、电气石等黑色页岩构成矿物内也探测出钒的存在。

页岩中钒的释放本质可归于铝硅酸盐矿物的溶解反应。硅酸盐的反应性由硅酸盐的结构特点和硅酸盐中金属阳离子的性质共同决定。对于具有类质同象特性的铝硅酸盐矿物，钒原子的晶格占位能够显著改变其晶体结构，引起溶解反应性和模式的变化，从而影响铝硅酸盐矿物的浸出行为。本书在系统论述全球黑色页岩系钒资源状况与属性的基础上，以页岩中的层状、架状、岛状硅酸盐等典型矿物为对象，采用密度泛函理论中的第一性原理介绍了钒原子占位及类质元素对铝硅酸盐矿物结构的影响，揭示酸性体系金属阳离子与药剂分子的配位溶出反应过程；进一步研究钒离子的溶剂化结构及其多元化的配位形态，获得了溶液体系钒离子配位转化反应的关键热力学数据。同时，本书在强化含钒铝硅酸盐矿物浸出实践方面也做了大量工作，着重对钙沉积、高温畸变、外场介入以及表面钝化等强化新方法进行了适当的介绍。本书是近年来张一敏教授团队基础研究成果的阶段性总结，期盼对钒页岩资源实现重新认识，为钒页岩分离化学冶金理论提供重要补充。

本书内容涉及的有关研究得到了2022年湖北省青年拔尖人才培养计划、湖北省科技创新人才及服务专项项目（2022EJD002）和国家自然科学基金项目（52104311、52174260、52004187）的资助。另外，特别感谢刘涛、黄晶、胡鹏程、刘子帅、胡艺博、胡方尧、李胜、薄文彬等为本书所作的贡献。

本书在撰写过程中，参考了有关文献资料，在此向文献资料的作者表示衷心的感谢！

由于作者水平所限，书中不妥之处，敬请读者批评指正。

作　者
2025年1月

目　　录

1 黑色页岩系钒资源属性

钒作为战略关键金属，它的应用几乎涵盖航空航天、汽车制造、铁路、电子技术和国防工业等重要领域。1 t 钢中添加 0.05%的钒进行微合金化，可以显著提高钢材 30%~100%的屈服强度，并改善钢的延展性和抗震性能。作为钛合金中的强 β 稳定元素，钒极大增强了钛合金的延展性和塑性。因低活性和良好的中子辐照耐受性，钒被大量用于制造核反应堆关键包层材料。在新能源方面，钒主要用于制造钒电池，如全钒液流电池和钒氢蓄电池，这些电池因其绿色环保特性和长寿命高效率的优势备受国际关注。生物医药领域的钒应用目前主要利用其潜在的药理活性上，包括在糖尿病治疗、抗肿瘤、抗菌抗病毒和骨健康维护等方面的促进作用。

钒是一种过渡金属元素，化学符号为 V，原子序数为 23。金属钒具有银灰色的外观和良好的延展性，质地坚硬且耐腐蚀。自然界中，钒主要以多种矿物形式存在，已经发现的含钒矿物有上百种，但至今为止，还没有发现单独的钒矿物，多数钒伴生于其他矿物中。目前开采的钒矿床类型主要有钒钛磁铁矿、砂岩型钒、页岩型钒和钒酸盐矿床四类。页岩型钒矿（也称为“钒页岩”）是黑色页岩中的亚类，是一种含有丰富钒资源的沉积岩。本章围绕黑色页岩的地化性质、页岩系钒资源的分布、钒的成矿来源和赋存状态对钒页岩的资源属性及其含钒矿物特点进行总体介绍。

1.1 黑色页岩地化性质

地球大气的组成依赖大规模生物活动的维持，导致多种大气气体的产生，这些气体与世界范围内生物和化学过程的相互作用直接相关。由于沉积岩中积累的有机物被生物降解向大气释放氧气，许多湖泊、三角洲和预估类型的沉积物含有相当高浓度的有机碳。在不断升高的压力和温度下，这些岩石经过岩化作用，成为富含有机碳的页岩、泥岩和泥灰岩。黑色页岩就是其中之一，它是一种细粒层状沉积岩，富含有机质。

黑色页岩中的矿物形成巨大的硫化物单元，其位置靠近中泥盆世至上泥盆世地层之间的地层接触面，这些地层由硅质页岩、泥岩、磷质燧石和石灰岩等组成。黑色页岩主要由土壤、酸性矿物、有机化合物和碎屑矿物组成，而一些有机质以薄层、小包裹体、壤土夹层和有机残留物的形式存在，有机质含量从1%到30%不等，平均为6%。黑色页岩的矿物组分十分复杂，但均以铝硅酸盐矿物和铁氧化物的形式为主，已有研究报道了黑色页岩中石英、云母、伊利石、绿泥石、蒙脱石、方解石、白云石、黄铁矿和高岭土等矿物的存在。

在演化衰变过程中，富含有机质的泥浆（黑色页岩）成为许多微量元素的储层。和其他页岩或普通地壳相比，黑色页岩通常高度富含许多氧化还原敏感物和硫化物形成的金属和准金属，其中稀有金属和贵金属的平均浓度远高于地壳中典型的页岩和泥岩，包括 Cr、V、Mo、Re、U、As、Cd、Sb、Se、Ag、Cu、Ni、Zn、Co、Pb 和 P，在某些情况下还富含 Hg、Li、Au、PGE、Y 或稀土元素（REE）。当黑色页岩中的金属浓度达到足够高的水平时就形成了多金属矿床，例如，芬兰古生代塔尔维瓦拉镍锌铜钴矿床以及中国早寒武纪钼镍锌金铅锌矿床。钒页岩正是黑色页岩多金属矿床中的典型代表，含有丰富的钒资源。

1.2　全球钒页岩资源分布

1.2.1　世界钒页岩资源分布

根据美国地质调查局统计数据，2023 年全球钒矿储量为 1900 万吨，见表 1-1。全球钒储量主要来自中国（37%）、南非（35%）和俄罗斯（25%），2022 年三者储量合计占全球钒矿储量的 99%以上。

表 1-1　全球钒资源总储量

国家	矿山产量/kt		储量/kt
	2022 年	2023 年	
美国	—	—	4.5
澳大利亚	—	—	850
巴西	5840	6400	12
中国	66900	68000	440
俄罗斯	20000	20000	500
南非	8870	9100	75
总计	102000	100000	1900

钒矿床根据不同的类型可分为钒钛磁铁矿、砂岩型钒、页岩型钒和钒酸盐矿床。钒钛磁铁矿是全球最主要的钒来源之一，多存在于中国、南非和俄罗斯，砂岩型钒矿主要存在于美国和其他少数国家，具有一定的经济开采潜力。页岩型钒矿是指以黑色页岩为主的钒矿床，分布于全球多地，通常出现在形成于表海和大

陆边缘的海洋层序中。钒酸盐矿床相对较少，但在特定地区仍具有重要的经济价值。尽管中国和其他地区的钒生产主要来自钒钛磁铁矿矿床，但黑色页岩钒矿床具有巨大的经济和开采潜力，占钒资源的80%以上。主要产钒大国澳大利亚、南非、俄罗斯、美国的钒页岩矿床分布见表1-2。

表1-2 全球主要页岩型钒矿床分布

矿床名称	国家	V_2O_5 品位/%
Julia Creek	澳大利亚	0.44
Nick	加拿大	/
Green giant	马达加斯加	0.35
Viken	瑞典	0.29
Häggån	瑞典	/
Phosphoria	美国	/
Mecca Quarry	美国	/
Gibellini	美国	0.29
Carlin Vanadium	美国	0.13
Kuznetsk Basin	俄罗斯	/
Tagil Field	俄罗斯	/
Krasnoyarsk Region	俄罗斯	/
Bushbeld Complex	南非	/
中村钒矿	中国	0.9
长阳钒矿	中国	1.6
白马钒矿	中国	0.23
黑山钒矿	中国	0.3

注："/" 代表未查到相关数据。

(1) 澳大利亚。澳大利亚的钒页岩资源主要分布在其国土西部的沉积盆地和一些古老的页岩地层，这些地层与钒的沉积、富集有着紧密关系。澳大利亚的钒页岩中通常含有较高的有机质，并与其他金属矿物共生，钒含量一般较低，但资源规模较大。西澳大利亚洲 Collie Basin 和 Perth Basin 也拥有丰富的沉积岩系，但其中钒的富集度较低。此外，在昆士兰州的一些沉积盆地，也发现了钒页岩的存在，Julia Creek 就是该地区典型的页岩型钒矿，V_2O_5 品位为 0.44%~0.6%。

(2) 南非。南非的钒矿资源在全球钒市场中占据了重要地位，大多数钒生产仍然集中在布什维尔德复合体（Bushveld Complex）的钒钛磁铁矿床中。然而，南非也拥有一定规模的页岩型钒矿资源。南非的页岩型钒矿资源主要集中在一些沉积盆地，尤其是与碳质岩石共生的地层中，这些区域通常位于较古老的沉积带，如北开普省、自由邦省等，目前这些钒页岩矿床尚未得到广泛开发。

(3) 俄罗斯。俄罗斯的钒资源以钒钛磁铁矿和黑色页岩为主，俄罗斯的钒页岩矿床主要分布在乌拉尔山脉和远东地区这两个地区。这些地区的主要钒矿床有 Tagil Field 矿床、Kuznetsk Basin 矿床和 Krasnoyarsk Region 矿床。Tagil Field 矿床位于乌拉尔山脉的北部，富含页岩型钒矿床。Kuznetsk Basin 也是主要以页岩型钒为主的矿床，钒含量较高且资源储量大，开采条件较好。Krasnoyarsk Region 钒矿则以含钒钛磁铁矿为主，但也有部分黑色页岩钒矿床。

(4) 美国。美国是世界上最大的二次钒资源利用国家，有着先进的二次资源提取技术，二次利用的钒供应了当今世界钒产量的 15% 左右。在美国本土也有页岩型钒矿的存在，美国的钒页岩矿床主要分布在内华达州、爱达荷州、伊利诺伊州和印第安纳州，主要钒矿床有 Gibellini、北矿床、Mecca Quarry 等。Gibellini 矿床位于内华达州尤里卡县，北矿床位于爱达荷州，Mecca Quarry 矿床位于伊利诺伊州和印第安纳州的交界处，在两州均有分布。

1.2.2　中国钒页岩资源分布

中国拥有世界上最大的钒页岩储量，同时也是全球领先的钒生产国。根据国家能源局数据，钒页岩是我国特有的黑色页岩型钒矿资源，其储量占全国钒总储量的 47.4%，在全球范围内居于首位。《南方石煤综合调查报告》显示，这些资源主要分布在湖北、陕西、江西、湖南、贵州、广西、浙江、安徽、河南等 10 个省和自治区。各地区的钒页岩品位差异较大，通常为 0.13%~1.2%，其中品位高于 0.8%的矿床约占 30%。

我国钒页岩矿产具有以下特点。

(1) 储量丰富，矿石品位偏低。钒页岩主要以碳质页岩赋存的钒矿床为主，其品位范围波动较大，一般为 0.1%~2%，其中钒品位超过 1%的富钒矿石约占 30%。

(2) 分布广泛，中大型矿床稀少。根据《全国矿产资源潜力动态评价》的统计，中国共发现 277 处页岩型钒矿资源，主要集中在贵州、湖南、湖北和陕西等省份。贵州省的矿床数量最多（60 处），其次为湖北省（45 处）和湖南省（31 处）。尽管页岩型钒矿的分布较为广泛，但多为小型或伴生矿床，缺乏大规模的中-大型矿床。目前报道的大型钒矿床仅 10 处，主要分布在湖南、河南、陕西和贵州；中型矿床有 58 个，以湖南、湖北、贵州和陕西为主，其余则多为小型矿点或矿化点，见表 1-3。

表 1-3　中国中型以上页岩型钒矿

矿床名称	成矿时代	规模	地　区
石槽沟钒矿	寒武纪	大型	河南省
大桥-上集钒矿	寒武纪	大型	河南省

续表 1-3

矿床名称	成矿时代	规模	地　区
岳阳县新开塘钒石煤矿	寒武纪	大型	湖南省
鲁冲-铁溪钒石煤矿	寒武纪	大型	湖南省
古丈县岩头寨钒矿	寒武纪	大型	湖南省
上林县大丰钒矿	泥盆纪	大型	广西壮族自治区
方山口钒、磷矿	寒武纪	大型	甘肃省
注溪钒矿	寒武纪	大型	贵州省
千家坪钒矿	寒武纪	大型	陕西省
丁家坞磷矿	寒武纪	大型	浙江省
石山石煤矿	寒武纪	中型	安徽省
兰田石煤矿	寒武纪	中型	安徽省
田坝钼钒矿	二叠纪	中型	重庆市
西簧钒矿	寒武纪	中型	河南省
庙嘴钒矿	寒武纪	中型	河南省
曹程钒矿	寒武纪	中型	湖北省
东山钒矿	寒武纪	中型	湖北省
正源岭钒矿	寒武纪	中型	湖北省
石坳金钒矿	寒武纪	中型	湖北省
小源冲钒矿	寒武纪	中型	湖北省
杨家堡石煤钒矿	寒武纪	中型	湖北省
走马坪钒矿	寒武纪	中型	湖北省
罗圈坝硫铁矿	二叠纪	中型	湖北省
狮古尖钒矿	寒武纪	中型	湖北省
白果园银钒矿	震旦纪	中型	湖北省
青马池钒矿	寒武纪	中型	湖北省
何家墁钒矿	寒武纪	中型	湖北省
青木沟钒矿	寒武纪	中型	湖北省
大柳钒矿	寒武纪	中型	湖北省
宁乡市天井冲温冲钒石煤矿	寒武纪	中型	湖南省
桃源县钟家铺钒矿	寒武纪	中型	湖南省
桃源县王家坪钒石煤矿	寒武纪	中型	湖南省
泥江口钒石煤矿	寒武纪	中型	湖南省
大福坪钒石煤矿	寒武纪	中型	湖南省
110 钒矿	寒武纪	中型	湖南省

续表 1-3

矿床名称	成矿时代	规模	地　　区
古者钒矿	寒武纪	中型	湖南省
永顺县朗溪钒矿	寒武纪	中型	湖南省
凤凰县塘坨钒锰矿	寒武纪	中型	湖南省
全州县纳福钒矿	寒武纪	中型	广西壮族自治区
全州县七星钒矿	寒武纪	中型	广西壮族自治区
七角井子钒矿	寒武纪	中型	甘肃省
大豁落钒矿	寒武纪	中型	甘肃省
小河山钼钒矿	寒武纪	中型	贵州省
构皮滩钒矿	寒武纪	中型	贵州省
两路口马度坪钒矿	寒武纪	中型	贵州省
江古钒矿	寒武纪	中型	贵州省
箐口钒矿	寒武纪	中型	贵州省
翁会钒矿	寒武纪	中型	贵州省
中寨钒矿	寒武纪	中型	贵州省
大河边钒矿	寒武纪	中型	贵州省
南哨钒矿	寒武纪	中型	贵州省
瓦屋乾溪锰钒矿	新近纪	中型	贵州省
沙沟钒矿	寒武纪	中型	陕西省
湘河大泉钒矿	寒武纪	中型	陕西省
汪家店钒矿	寒武纪	中型	陕西省
穆家河钒矿	寒武纪	中型	陕西省
吕东沟钒矿	寒武纪	中型	陕西省
夏家店金钒矿	寒武纪	中型	陕西省
薛家庄钒矿	寒武纪	中型	陕西省
鱼洞地区钒矿	寒武纪	中型	陕西省
中村钒矿	寒武纪	中型	陕西省
万源大河蒲家坝-隔档溪钒矿	震旦纪	中型	四川省
平台山钒矿	寒武纪	中型	新疆维吾尔自治区
大水西钒矿	寒武纪	中型	新疆维吾尔自治区
伍家寨钒矿	寒武纪	中型	云南省
马卫钒矿	寒武纪	中型	云南省
上市钒石煤矿	寒武纪	中型	浙江省
安仁石煤钒矿	震旦纪-寒武纪	中型	浙江省

中国钒页岩主要分布在环扬子地台地区以及塔里木地台，一些学者在中国成矿区带划分方案的基础上，结合中国页岩型钒矿空间分布规律特点，将中国页岩型钒矿床划分为塔里木地台北缘钒成矿带、扬子地台北缘钒成矿带、扬子地台东南缘钒成矿带等3个主要成矿带。

(1) 塔里木地台北缘钒成矿带。塔里木地台北缘的钒矿带主要位于甘肃北部及新疆的东西部地区，钒品位0.3%~0.8%（以 V_2O_5 计），通常伴生有磷、铁、钡、铀、钴和石墨，含矿岩层主要由轻度变质的碳硅质板岩和粉砂质板岩组成。典型矿床包括新疆阿克苏地区的阔西塔西磷钒矿和苏盖提布拉克钒矿，以及哈密地区的大水西钒矿和平台山钒矿。此外，甘肃的钒矿分布广泛，如七角井子、大豁落、五一山、新泉北、塔水井东、红柳河北和甜水井西等矿床。在塔里木北缘，还有一些沉积型钒矿位于下石炭统白鱼山组中，矿体常见于铁质砂岩、细砂岩及凝灰质灰岩组合的滨海至浅海相沉积层中，典型矿床包括新疆哈密的鱼峰铁钒矿，该矿铁含量为24%~39%，钒以伴生元素形式存在，V_2O_5 品位为0.20%~0.39%。塔里木地台北缘的典型页岩型钒矿的地质特征详见表1-4。

表1-4 塔里木地台北缘钒成矿带典型页岩型矿地质特征

钒矿	鱼峰铁钒矿	大水西钒矿	七角井子钒矿	平台山钒矿	阔西塔西磷钒矿	苏盖提布拉克钒矿
矿床规模	小型	中型	中型	中型	/	小型
品位/%	0.3	0.6	0.8	0.6	/	/
赋矿地层	下石炭统白鱼山组	下寒武统双鹰山组	下寒武统双鹰山组	下寒武统双鹰山组	下寒武统萨尔布拉克组	下寒武统玉尔吐斯组
含矿岩系	细砂岩、凝灰质灰岩和铁质砂岩	碳质板岩、石墨硅质板岩和泥质板岩	碳-硅质板岩、灰岩	碳-硅质板岩、粉砂质板岩	碳-硅质岩、粉砂质泥岩	含磷结核的碳-硅泥质岩、白云岩
矿体形态	层状、似层状和透镜状	层状、似层状和透镜状	层状、似层状	层状、似层状	层状	层状
主要矿石矿物	磁铁矿和钛铁矿	含钒绢云母、钒电气石、钒石榴子石以及褐铁矿等	含钒绢云母、钒电气石、钒石榴子石以及褐铁矿等	含钒绢云母、钒白云母、高岭石、钒电气石以及褐铁矿等	铁铝氧化物、云母类及黏土矿物等	含钒云母、伊利石以及褐铁矿等
结构构造	细粒砂状结构，块状及层状构造	显微鳞片变晶结构，条带状构造	显微变晶结构和变余泥质结构，板状构造	粉砂质结构，板状构造	泥质结构，显微鳞片结构，层状、块状构造	泥质结构、胶状结构，块状、条带状构造

续表 1-4

钒矿	鱼峰铁钒矿	大水西钒矿	七角井子钒矿	平台山钒矿	阔西塔西磷钒矿	苏盖提布拉克钒矿
钒赋存状态	胶体形式存在	类质同象和钒独立矿物	类质同象和钒独立矿物	类质同象	类质同象	类质同象
成矿环境	滨海-浅海沉积环境	浅海沉积还原环境	浅海沉积还原环境	/	滨海-浅海沉积还原环境	滨海-浅海陆棚相沉积还原环境
伴生元素	Fe、Ti、S、P 等	Ti、Zn、Co、Mo 等	Mo、W、Ni、Pb、Zn、Cu、Co 等	Fe、Cu、Mo、Ni、Co、Zn 等	P、Fe 等	P、Fe、Ba 等

注：“/”代表未查到相关数据。

（2）扬子地台北缘钒成矿带。扬子地台北缘的钒矿带主要位于陕西南部、河南西部及湖北北部一带，是中国重要的钒矿资源区，其已探明的储量约占全国页岩型钒矿总量的三分之一。岩石组合以碳质、硅质和泥质岩为主，钒品位0.9%~1%（以 V_2O_5 计），常伴有金、银、磷、硫、钡和铜等共生矿产。在陕西山阳-丹凤-商南一带，矿层沿着扬子地台北缘呈东西向延伸，延展长度达到 100 km，该地层内矿化连续，形成了包括石槽沟、千家坪和中村等多个大型钒矿床，见表 1-5。随着矿产勘探的不断推进，陕西省陆续发现了一些新的钒矿床，如山阳县的吕东沟钒矿。此外，湖北西北部的多个页岩型钒矿带内也发育有青木沟、大柳和杨家堡等多个中型钒矿床。

表 1-5 杨子地台北缘钒成矿带典型页岩型钒矿地质特征

钒矿	中村钒矿	千家坪钒矿	青木沟钒矿	大柳钒矿
矿床规模	中型	大型	中型	中型
品位/%	0.9	1.0	0.9	0.9
赋矿地层	下寒武统水沟口组	下寒武统水沟口组	下寒武统庄子沟组	下寒武统庄子沟组
含矿岩系	含结核的碳-硅-泥质板岩	含结核的碳-硅-泥质岩	碳-硅质板岩、粉砂质板岩、泥质岩	碳-硅质板岩、粉砂质板岩、泥质岩
矿体形态	层状、似层状	层状、似层状	层状、似层状	层状、似层状
主要矿石矿物	高岭石、水云母、绢云母等	钒云母、伊利石、黄铜矿、蓝铜矿、钒钛铁矿等	高岭石、水云母、钡钒云母、钙钒榴石等	高岭石、水云母、钡钒云母、钙钒榴石等

续表 1-5

钒矿	中村钒矿	千家坪钒矿	青木沟钒矿	大柳钒矿
结构构造	泥质结构、隐晶质结构、板状构造	泥质结构、粉砂质结构、板状构造	显微鳞片变晶结构、细脉浸染状构、板状构造	显微鳞片变晶结构、泥质结构，层状、板状构造
钒赋存状态	类质同象	类质同象	类质同象钒独立矿物	类质同象钒独立矿物
成矿环境	滞留深海沉积还原环境，有热水参与	深水-半深水的缺氧沉积还原环境，并有热水参与	半封闭宁静浅海缺氧还原环境，并有热水和生物作用参与	浅海盆地相滞留缺氧环境
伴生元素	Au、Ag、Ni、Mo、Ba、Cu、Zn、U 等	Au、Ag、Cu、Pb、Zn、Sb、Ni、Co、PGE 等	Cu、Mo、U、Co、P 等	Mo、Cu、Pb、Cr、Ni 等

（3）扬子地台东南缘钒成矿带。扬子地台东南缘钒矿带是中国最大的页岩型钒矿带，分布于云南、广西、四川、重庆、贵州、湖南、湖北、江西、安徽和浙江等多个省（市、自治区）。该成矿带呈狭长的北东向带状结构，长度约为 1500 km。在湖北省境内，扬子地台东南缘与北缘成矿带相交汇，东南缘富钒层位的宽度可达数百千米，钒品位 0.8%~1.1%（以 V_2O_5 计）。该矿带展现了巨大的资源潜力，已探明的钒矿储量占全国总量的一半以上，成矿时期主要集中在寒武纪。寒武系的钒主要赋存在泥质、硅质和碳质页岩中，并常与钼、铀、磷、镍、银、硒、钴、钡等元素共生，见表 1-6。

表 1-6 杨子地台东南缘典型页岩型钒矿地质特征

钒矿	白果园银钒矿	注溪钒矿	东方红红岩坡钒矿	古者钒矿	硐门钒矿	云南马卫钒矿	郭村钒矿	大丰钒矿
矿床规模	中型	大型	小型	中型	小型	中型	小型	大型
品位/%	1.0	0.9	/	0.9	0.9	0.9	0.8	1.1
赋矿地层	震旦系陡山沱组	震旦纪留茶坡组和下寒武统九门冲组	下寒武统木昌组	下寒武统牛蹄塘组	下寒武统王音辅组	下寒武统浪木桥组	下寒武统荷塘组	泥盆纪塘丁组
含矿岩系	碳质页岩、泥质白云岩	碳-硅质粉砂岩、泥质岩	碳-硅-泥质岩	碳-硅-泥质岩	碳-硅-泥质岩	碳-硅-泥质岩	碳-硅-泥质岩	碳-硅-泥质岩

续表 1-6

钒矿	白果园银钒矿	注溪钒矿	东方红红岩坡钒矿	古者钒矿	硐门钒矿	云南马卫钒矿	郭村钒矿	大丰钒矿
矿体形态	层状、似层状	层状、似层状和透镜状	层状、似层状	层状、似层状	层状、似层状	层状、似层状	层状、似层状	层状、似层状
主要矿石矿物	高岭石、钒水云母、电气石、石榴子石和褐铁矿等	高岭石、云母类矿物和氧化铁	高岭石、水云母等	高岭石、水云母等	云母类矿物	云母类矿物	云母类矿物	水云母等
结构构造	泥质结构，纹层构造	粉砂质结构、显微鳞片状结构，层状构造	泥质结构，层状、板状构造	泥质结构、显微鳞片结构，层状、板状构造	泥质结构，页理构造	泥质、粉砂质结构，板状构造	泥质结构，板状构造	泥质结构，板状构造
钒赋存状态	类质同象	/	/	类质同象	/	/	类质同象	/
成矿环境	浅水陆棚沉积还原环境，有热水的参与	深海缺氧还原环境，有热液参与	断陷盆地边缘斜坡相沉积还原环境，有生物作用的参与	海相盆地缺氧还原沉积环境，有热水的参与	海湾相-潟湖相静水沉积还原环境	宁静浅海盆地下的滞流缺氧沉积还原环境	滞流缺氧沉积还原环境	浅海槽盆相缺氧沉积还原环境
伴生元素	Ag、Co、Ni、Pb、Zn等	U、Mo、Ni等	Ag、Co、Mo、Ni等	Ag、Co、Mo、Ni等	U、Mo、Ni、Cu等	Ag等	/	Al、Fe、Ti等

注：“/”代表未查到相关数据。

1.3 钒页岩中钒的来源及赋存状态

1.3.1 钒页岩中钒的成矿来源

钒页岩矿床的形成是多种因素共同作用的结果，包括金属的来源、生物活动以及特定的沉积环境条件，如图 1-1 所示。

尽管对于钒的富集机制仍有一些争论，但大多数研究认为，这些机制都依赖于还原溶解态的五价钒 V(Ⅴ)，这是钒在海洋中最常见的氧化还原状态。钒可以被多种浮游植物利用，而这些浮游植物的残骸可能是黑色页岩中钒的次要来源之一。在缺氧的底层水体和孔隙水体中，溶解态的钒会被还原为四价钒 V(Ⅳ)，并

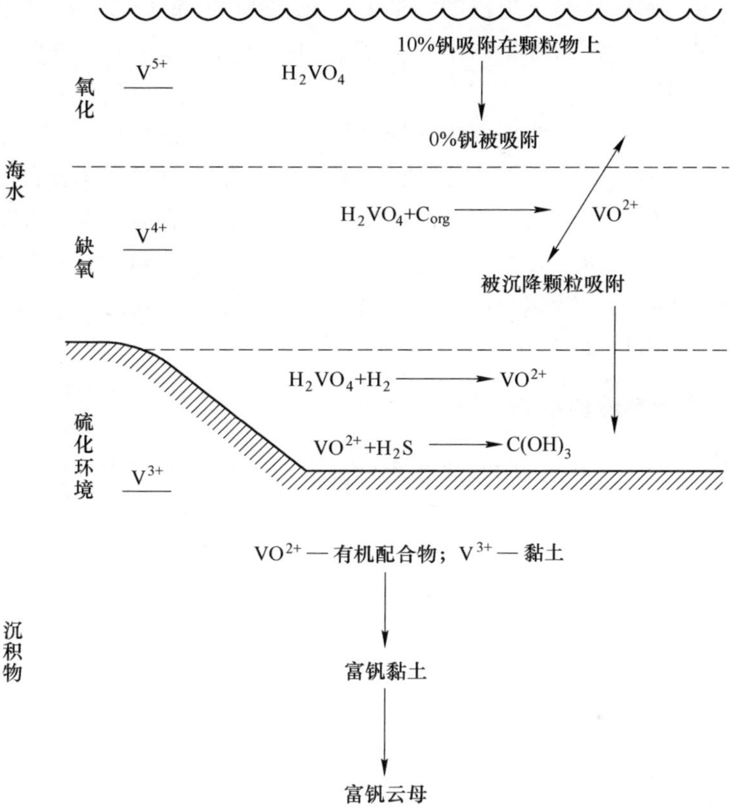

图 1-1　钒在黑色页岩中的积累及其成岩过程中的变化

与沉积物结合；进一步还原为三价钒 V(Ⅲ) 的过程通常需要溶解硫化物（如 H_2S）的参与，这一过程促进了钒与沉积有机质及自生黏土的结合。钒浓度通常与黑色页岩中的有机碳含量密切相关，表明钒在埋藏过程中可能与有机物质结合。黑色页岩在埋藏到足够的深度，尤其是在进入油窗区域后，可能会产生富含钒的石油。反之，钒在埋藏过程中也可能结合到云母、伊利石等矿物中。

1.3.2　钒页岩中钒的赋存状态

钒在页岩中的赋存状态与价态呈现多种形式，有大量的学者对不同地区钒页岩中钒的赋存状态进行研究。针对中国南秦岭钒页岩矿，发现钒主要与水白云母关系密切，其次是高岭石、胶状褐铁矿、金红石等，与石英、重晶石、钾长石、白云石、黄铁矿等关系不密切。在河南某钒页岩矿中发现，该地区钒页岩中主要含钒矿物为钒云母和伊利石，且钒云母和含钒伊利石同属铝硅酸盐矿物。在云南红河州的钒页岩中，钒以两种赋存状态存在：第一种主要以类质同象的形式（部分不排除是由于矿物包裹吸附钒的碳质)，普遍赋存在铝硅钡石、磷灰石、方解石、褐铁矿和含钒金红石等矿物中，在矿石中占97%以上；第二种则以吸附状态存在，被碳质吸附。

综合分析，钒页岩主要形成于还原性条件，钒一般以低价形式存在。钒最主要以V(Ⅲ)类质同象形式取代铝硅酸盐矿物Al(Ⅲ)而存在于其晶格中，多来自原生型页岩钒矿；部分钒以V(Ⅳ)和V(Ⅴ)吸附态存在于黏土矿物或铁氧化物胶体的表面，这类钒主要来自氧化型页岩钒矿；少数钒赋存于有机质，以金属有机配合物形式存在。特殊情况下，钒还能够以V(Ⅴ)氧化物或独立矿物形式存在，但该类钒占比极少。

1.3.3　钒页岩中的赋钒矿物

在页岩型矿床中，赋钒矿物主要集中在云母、伊利石等硅酸盐矿物，其化学式见表1-7。

表1-7　目前已发现页岩中钒的赋存矿物

矿物名称	理想化学式
云母类矿物	$KAl_2(Si_3Al)O_{10}(OH)_2$
伊利石	$K_{0.75}(Al_{1.75}R)[Si_{3.5}Al_{0.5}O_{10}](OH)_2$
高岭石	$Al_2[(OH)_4]Si_2O_5$
绿泥石	$Mg(Si_3Al)O_{10}(OH)_8$
电气石	$Na(R)_3Al_6(BO_3)_3(Si_6O_{18})(OH)_4$
石榴石	$(R)_3Al_2(SiO_4)_3$

注：R指代金属离子（Mg或Fe）等。

(1) 云母类矿物。云母是钒页岩中最具代表性的赋钒矿物。钒云母的中心金属原子以钒和铝为主，类质同象混入镁、铁、铬等，为单斜晶系的层状铝硅酸盐矿物。大部分晶体呈亮绿色细纤维状，少数呈片状。钒云母的绿色是由V^{3+}的存在引起的，且随着V_2O_3含量增高，颜色由浅绿向深绿转变；若成分中含铬，则呈蓝色。根据矿物晶格中金属原子的不同可分为白云母、黑云母和金云母等类型。钒页岩中云母粒度细小，多呈微晶和隐晶质，主要与微粒石英、长石、黏土矿物和炭质等组成团状颗粒集合体。云母中钒的品位为1%~5%，硅铝含量（质量分数）分别为40%~50%和5%左右，另有少量铁镁。

(2) 伊利石。伊利石是常见的黏土矿物，由白云母、钾长石风化而成，并产于泥质岩中，或由其他矿物蚀变形成，它常是形成其他黏土矿物的中间过渡性矿物。纯的伊利石黏土呈白色，但常因杂质而染成黄、绿、褐等不同颜色，且底面解理完全。伊利石晶体主要属单斜晶系含水层状结构硅酸盐矿物。页岩中的伊利石多与高岭石及其他黏土矿物共同填充在石英及其他碎屑矿物组成的空隙中，其含量较高，与钒云母紧密共生，在成因上有一定的联系。伊利石中钒主要以类质同象的形式存在，其次是离子吸附态。

（3）高岭石。高岭石（也称为高岭土），是一种层状硅酸盐矿物，主要是由长石的化学风化产生，它具有低收缩膨胀能力和低阳离子交换容量。高岭石的层状结构使其能够容纳不同的金属元素，钒也能够通过类质同象替代机制进入高岭石的晶格中。

（4）其他含钒矿物。除云母类、伊利石和高岭石外，在钒页岩中也有部分的钒赋存于绿泥石、石榴石、电气石等铝硅酸盐矿物中。绿泥石是一种特殊的 2：1 型含水的层状铝硅酸盐矿物，为主要黏土矿物之一。在绿泥石中，钒离子的分布与铝离子趋于一致，钒替代铁或镁的位置存在。电气石是电气石族矿物的总称，化学成分较复杂，是以含硼为特征的铝、钠、铁、镁、锂的环状结构硅酸盐矿物，钒主要替代铁、镁或铝的位置存在。石榴石是典型的岛状结构硅酸盐矿物，呈椭球状或不规则粒状，由于含碳质包裹体而常呈暗绿、棕绿色，玻璃光泽，透明至微透明，多分布于碳质板岩中，与黄铁矿和碳质共生。钒在石榴石中也可替代铝或铁的位置存在。

2 页岩赋钒矿物晶格占位规律

钒页岩的赋钒矿物主要为硅酸盐类矿物，受不同地区成矿环境影响，钒赋存矿物种类及占位规律不同，其提钒难度存在差异。由于钒页岩复杂的矿物组成，大量有机质和碳质浸染，同时矿物结晶完整性较差，嵌布粒度细且分散不均，使含钒矿物解离富集十分困难，进而无法通过现有微观检测分析手段准确定位钒在矿物晶格中的位置。

工艺矿物学研究表明，我国钒页岩中钒以 V^{3+} 或 V^{4+} 形式存在硅酸盐矿物中，其中最典型的含钒矿物为云母类层状硅酸盐矿物。由于矿石风化蚀变影响，少部分地区钒页岩中钒能够存在于其他层状硅酸盐矿物中，如绿泥石、高岭石等。在一些特殊地质成矿环境下，钒可以赋存于电气石和石榴石等其他类型硅酸盐矿物中。不同赋存矿物结构存在差异，其耐酸碱性能差异直接影响钒的提取效果。通过第一性原理计算，可以揭示杂质元素在基质材料中的分布、占位倾向以及与其他元素的相互作用，甚至能够高效地预测掺杂化合物的晶体结构，为矿物结构精细化解析提供理论依据。

本章基于钒页岩工艺矿物学总结的潜在含钒矿物结构，借助成熟的量子化学模拟分析手段，从原子层面直观揭示钒的晶格占位规律，明确多种硅酸盐矿物中赋钒矿物晶体结构特性以及钒原子的取代规律，为钒页岩湿法提取过程微观反应机制研究和钒迁移理论体系建立提供支撑。

2.1 云母类层状硅酸盐矿物

钒页岩中典型赋钒矿物是云母，云母类矿物最显著的结构特点是层状结构。每个硅氧四面体彼此以三个氧原子共用，向二维平面延展形成层状，两层硅氧四面体（T）之间夹一层铝氧八面体（O），形成 2∶1 型的 TOT 基本结构单元。由于硅氧四面体层有四分之一的硅原子被三价铝原子取代，导致整个 TOT 层带负电荷，并以层间的碱金属离子为补偿电荷使整个体系呈电中性。八面体层的中心原子与周围的氧原子以六配位的形式结合，其中上下各两个氧原子与硅氧四面体的顶角氧原子共享，另外两个氧原子是由位于六元环空腔内的羟基提供。这种结构使得云母晶体容易沿层间阳离子所在的平面分剥开，具有极完全的解理性。云母类矿物化学结构式通常可以表示为 $AB_{2\sim3}Si_3AlO_{10}(OH)_2$，其中 A 代表 K^+、

Na^+等阳离子，B 代表 Mg^{2+}、Fe^{2+}、Al^{3+}等多价阳离子。云母结构由于八面体层的不同可分为两大类：二八面体云母和三八面体云母，其对应的特征矿物分别是白云母[$KAl_2(Si_3Al)O_{10}(OH)_2$]和金(黑)云母[$K(Mg, Fe)_3(Si_3Al)O_{10}(OH)_2$]。

钒原子在云母结构中的占位不同将导致云母结构破坏和 V—O 键断裂释放钒的难易程度不同。结合云母结构特点，可分为三类钒原子取代环境：（1）铝氧四面体，$T_{[AlO_4]}$；（2）硅氧四面体，$T_{[SiO_4]}$；（3）八面体，$T_{[AlO_6]}/T_{[MgO_6]}/T_{[FeO_6]}$。采用取代能 E_{sub}和形成能 E_{form}能够衡量取代反应发生的难易程度，计算公式如下：

$$E_{sub} = E_{T[\alpha]} - E_T + E_\alpha - E_V \tag{2-1}$$

$$E_{form} = E_{after} - E_{before} \tag{2-2}$$

式中，$E_{T[\alpha]}$为该矿物晶格中不同取代位发生取代后的总能量；E_T为未发生取代时矿物晶格的总能量；E_α 为被取代原子 α 的基态能量；E_V为钒原子的基态能量；E_{before}为未经取代的矿物结构的形成能；E_{after}为经钒取代后的矿物结构的形成能。取代能的数值越低，表明该取代方式越容易发生，取代后的含钒结构更加稳定。形成能的负值越大，取代后的矿物结构越稳定，越容易形成。

2.1.1 二八面体型白云母

白云母八面体层中有 2/3 的位置被阳离子占据，形成二八面体结构。白云母属于单斜晶系，其对称性较低，晶体形态通常呈假六方柱状、板状或片状，横切面呈六边形或菱形。当白云母晶格中发生钒原子取代时，八面体只有一种取代环境 $M_{[AlO_6]}$，四面体取代中由于铝原子的分布导致四面体存在四种不同取代环境 $M_{[AlO_4]}$、$M_{[SiO_4]_1}$、$M_{[SiO_4]_2}$、$M_{[SiO_4]_3}$，各个取代位置在白云母结构中的分布如图 2-1 所示。它们的晶格参数和取代能见表 2-1。

从能量的角度看，白云母四面体取代位的取代能和形成能都最高，而八面体取代位置的取代能为负值，远远低于其他几种取代位置的取代能，钒原子取代铝氧八面体的反应更容易发生。从晶格参数变化角度看，各个取代位置发生钒原子取代后的云母晶胞都沿 *c* 轴方向膨胀，由于云母结构 *a-b* 轴方向是四面体和八面体层状结构的延伸方向，较大半径的钒原子取代导致该平面的形变能够通过四面体或八面体的平面扭转来调整，而 *c* 轴方向的形变受四面体与八面体共享氧原子的硬约束，膨胀形变直接沿 *c* 轴方向传递。其中，四面体硅的取代带来的晶格参数变化最大，具有较大的结构畸变。

晶格参数的变化是结构内部原子相互作用的宏观反映，钒原子取代后由于原子半径和电荷差异，必然改变晶格局部结构，如图 2-2 所示。

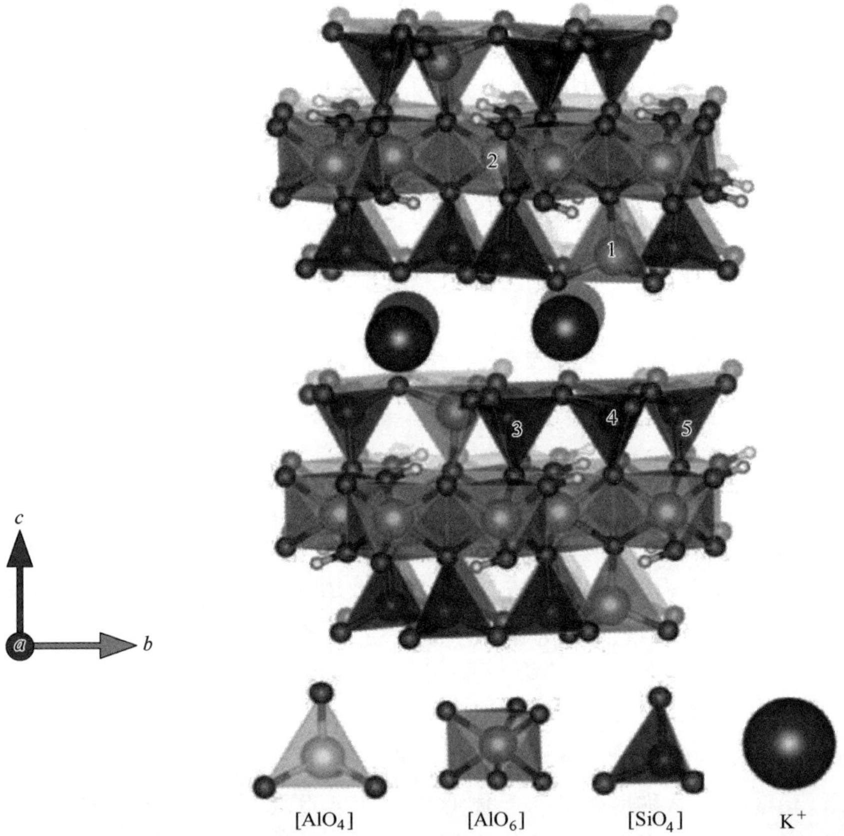

图 2-1　白云母结构中的钒原子取代位置

1—$M_{[AlO_4]}$；2—$M_{[AlO_6]}$；3—$M_{[SiO_4]_1}$；4—$M_{[SiO_4]_2}$；5—$M_{[SiO_4]_3}$

彩图

表 2-1　白云母不同取代位置的晶格参数和取代能

取代类型	取代位置	a/nm	b/nm	c/nm	α/(°)	β/(°)	γ/(°)	E_{sub}/eV	E_{form}/(kJ · mol^{-1})
白云母	—	1.058	0.912	2.026	90.00	95.83	90.00	—	—
铝氧八面体	$M_{[AlO_6]}$	1.054	0.912	2.036	90.01	95.73	90.00	−1.12	330.00
铝氧四面体	$M_{[AlO_4]}$	1.055	0.912	2.038	90.01	95.73	90.00	2.28	486.00
硅氧四面体	$M_{[SiO_4]_1}$	1.057	0.914	2.042	90.00	95.74	90.00	2.22	580.00
	$M_{[SiO_4]_2}$	1.057	0.915	2.042	90.00	95.77	90.01	2.23	600.00
	$M_{[SiO_4]_3}$	1.057	0.915	2.042	90.00	95.73	90.02	2.21	590.00

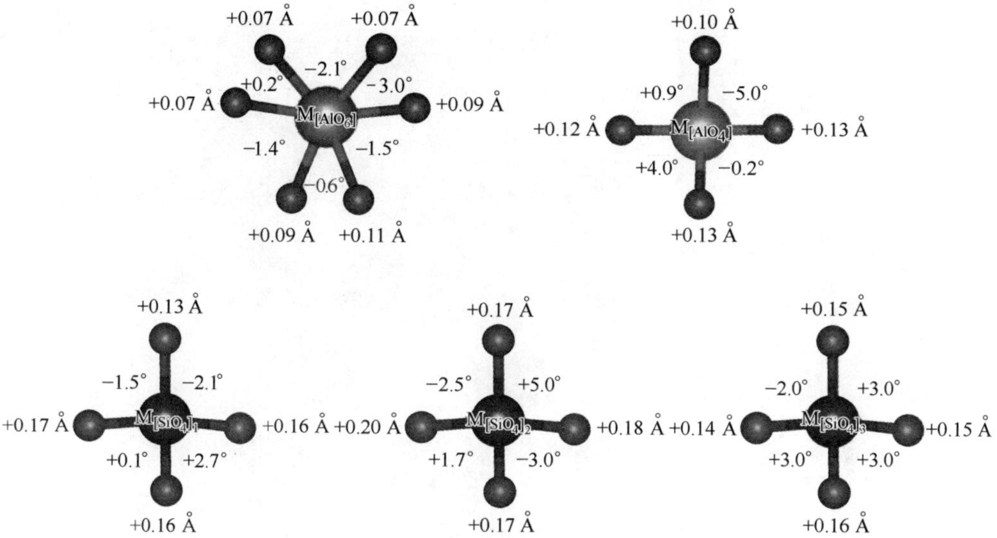

图 2-2 白云母发生钒原子取代后局部结构变化

(1 Å = 10^{-10} m)

彩图

在四面体取代中，取代后的 V—O 键比原有 Si—O 键和 Al—O 键更长，然而取代位周围四面体结构较为稳固，导致硅氧四面体取代后键长增加 0.013~0.020 nm，O—V—O 键角变化 0.1°~5.0°，铝氧四面体取代后键长增加 0.010~0.013 nm，O—V—O 键角变化 0.9°~5.0°，而铝氧八面体取代后键长增加不超过 0.011 nm，O—V—O 键角变化 0.2°~3.0°。由于四面体顶锥受八面体的束缚，因此取代引起的结构应力只能通过三角面的扭转来释放，相应的 V—O—Si(Al) 键角变小，进一步使四面体间的桥接氧原子也向层外排挤，从而加剧整个晶胞沿着 *c* 轴方向膨胀。

2.1.2 三八面体型金（黑）云母

三八面体型云母指的是八面体空隙完全被二价和三价阳离子共同占据，且以二价阳离子（如 Mg^{2+}）为主，形成稳定的层状结构，晶体多呈板状、叶片状或分散鳞片状。金云母中 Mg^{2+} 含量较高，黑云母中 Fe^{2+} 和 Fe^{3+} 的含量显著增加。

2.1.2.1 金云母钒取代情况

金云母发生钒取代存在三类取代位置，其中铝氧四面体 $P_{[AlO_4]}$ 的分布导致硅氧四面体存在三种不同取代位置 $P_{[SiO_4]_1}$、$P_{[SiO_4]_2}$、$P_{[SiO_4]_3}$，且八面体取代是镁原子取代 $P_{[MgO_6]}$，各个取代位置在金云母结构中的分布如图 2-3 所示。它们的晶格参数和取代能见表 2-2。

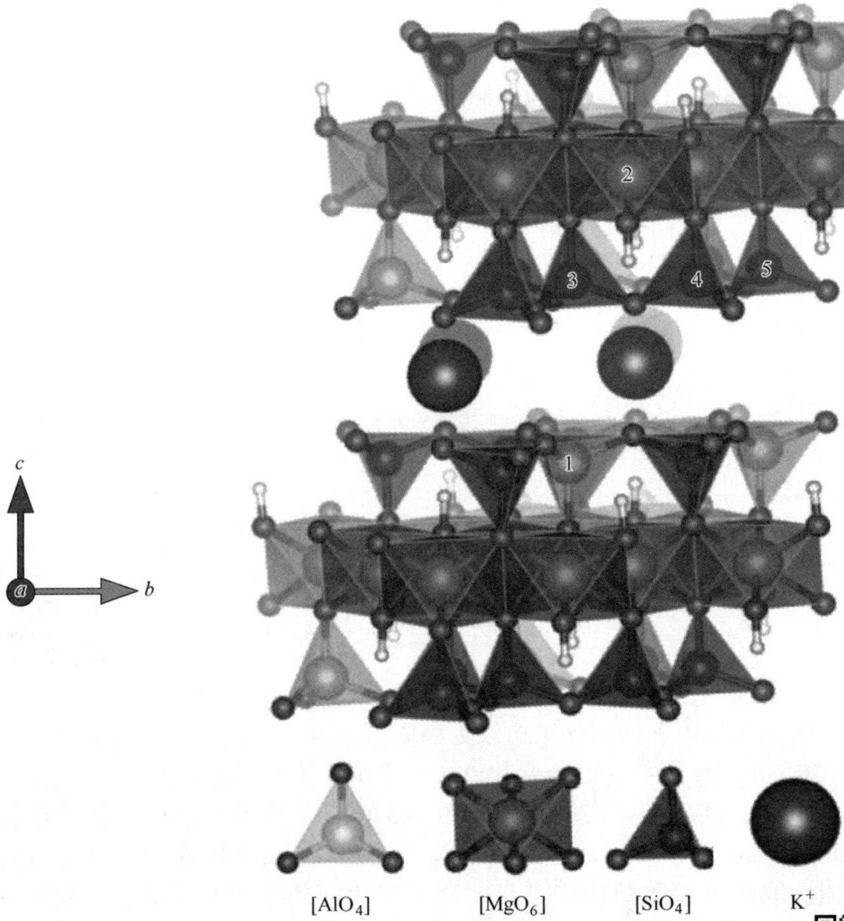

图 2-3 金云母结构中的钒原子取代位置

1—$P_{[AlO_4]}$；2—$P_{[MgO_6]}$；3—$P_{[SiO_4]_1}$；4—$P_{[SiO_4]_2}$；5—$P_{[SiO_4]_3}$

彩图

表 2-2 金云母不同取代位置的晶格参数和取代能

取代类型	取代位置	a/nm	b/nm	c/nm	α/(°)	β/(°)	γ/(°)	E_{sub}/eV	E_{form} /(kJ · mol^{-1})
金云母	—	1.074	0.930	2.070	90.01	101.56	89.99	—	—
镁氧八面体	$P_{[MgO_6]}$	1.074	0.930	2.080	90.00	101.40	89.99	−4.93	−1.80
铝氧四面体	$P_{[AlO_4]}$	1.076	0.932	2.078	89.11	101.50	89.99	−3.26	315.41
硅氧四面体	$P_{[SiO_4]_1}$	1.077	0.933	2.081	90.00	101.50	90.00	−3.25	155.60
	$P_{[SiO_4]_2}$	1.077	0.933	2.081	90.00	101.50	90.00	−3.12	160.00
	$P_{[SiO_4]_3}$	1.077	0.933	2.081	89.99	101.47	89.99	−3.11	154.50

金云母发生钒取代后，八面体取代位置的取代能和形成能都为负值，同样远远低于四面体取代位，钒原子取代镁氧八面体的反应更容易发生，同时相应结构的取代矿物更容易形成。金云母晶胞参数都有所膨胀，特别是 c 轴方向，仍是由于较大半径的钒原子取代增大了键长所致。金云母钒原子取代的局部结构变化显示，硅氧四面体取代后键长增加 0.012～0.020 nm，O—V—O 键角变化 1.0°～5.0°；铝氧四面体取代后键长增加 0.009～0.014 nm，O—V—O 键角变化 0°～5.0°，在镁氧八面体取代后键长键角变化最小，键长的增加不超过 0.003 nm，O—V—O 键角变化小于 0.01°，八面体结构畸变最小，如图 2-4 所示。

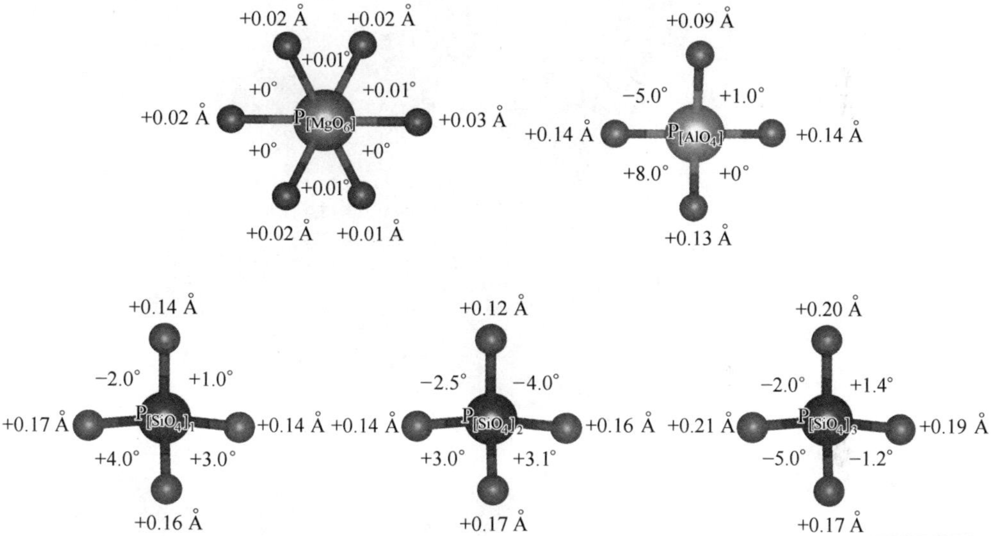

图 2-4　金云母发生钒原子取代后局部结构变化

（$1\ Å=10^{-10}$ m）

彩图

2.1.2.2　黑云母钒取代情况

黑云母与金云母晶格结构十分相似，只是八面体中心原子存在差异。当钒原子发生取代时，四面体结构中同样存在四种不同取代位置 $B_{[AlO_4]}$、$B_{[SiO_4]_1}$、$B_{[SiO_4]_2}$、$B_{[SiO_4]_3}$，而八面体取代是铁原子取代 $B_{[FeO_6]}$，各个取代位置在黑云母结构中的分布如图 2-5 所示，它们的晶格参数和取代能见表 2-3。

虽然黑云母中八面体取代位置的取代能和形成能都低于其他几种取代位置的取代能，但是取代能和形成能都为正值，钒原子取代反应以及对应矿物的形成都难以发生。黑云母发生钒原子取代后晶胞参数减小，与白云母和金云母晶胞参数变化规律相反，从黑云母晶格局部结构变化显示，硅氧四面体取代后键长增加

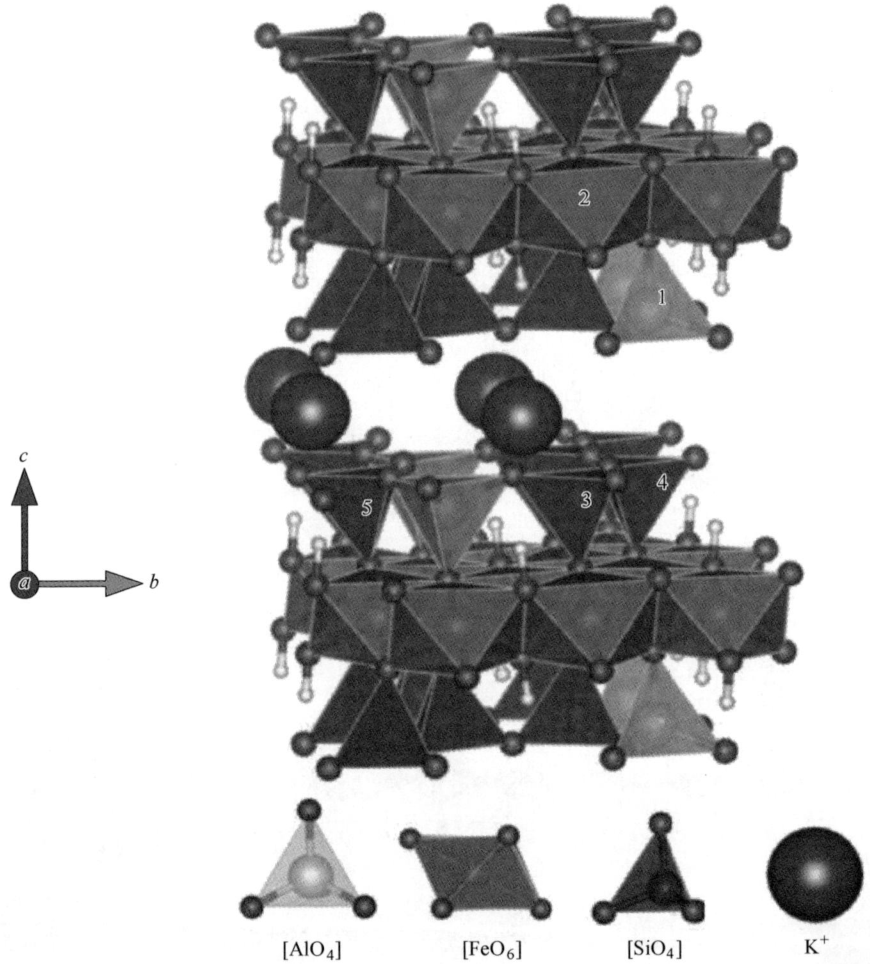

图 2-5　黑云母结构中的钒原子取代位置

1—$B_{[AlO_4]}$；2—$B_{[FeO_6]}$；3—$B_{[SiO_4]_1}$；4—$B_{[SiO_4]_2}$；5—$B_{[SiO_4]_3}$

彩图

表 2-3　黑云母不同取代位置的晶格参数和取代能

取代类型	取代位置	a/nm	b/nm	c/nm	α/(°)	β/(°)	γ/(°)	E_{sub}/eV	E_{form} /(kJ · mol^{-1})
黑云母	—	1.069	0.926	2.045	90.00	100.26	90.00	—	—
铁氧八面体	$B_{[FeO_6]}$	1.042	0.906	1.990	90.16	100.18	90.19	1.31	104.00
铝氧四面体	$B_{[AlO_4]}$	1.046	0.908	1.991	89.95	100.40	90.03	1.63	443.70
硅氧四面体	$B_{[SiO_4]_1}$	1.043	0.907	1.985	89.91	100.50	90.01	3.17	504.15
	$B_{[SiO_4]_2}$	1.044	0.908	1.988	89.90	100.35	90.04	3.18	550.61
	$B_{[SiO_4]_3}$	1.045	0.908	1.986	89.92	100.44	90.03	3.18	506.15

0.014~0.023 nm，O—V—O 键角变化 1.0°~8.0°；铝氧四面体取代后键长增加 0.004~0.019 nm，O—V—O 键角变小 1.0°~9.1°；在铁氧八面体取代后键长增加 0.004~0.018 nm，O—V—O 键角变化 2.0°~8.5°，如图 2-6 所示。黑云母中八面体取代和四面体取代导致的局部结构畸变差异不大，都难以缓解较大钒原子取代带来的形变，黑云母并不是钒的优势赋存矿物。

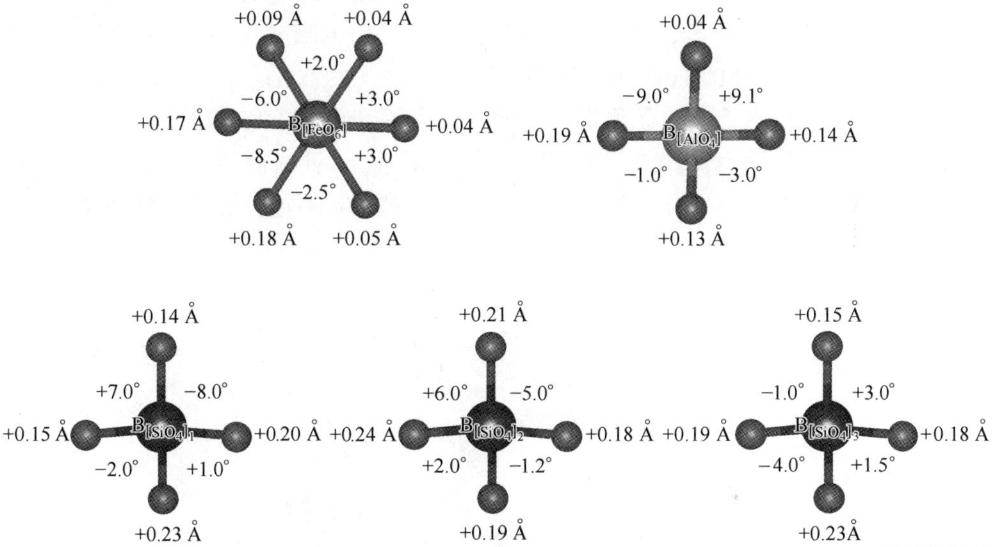

图 2-6　黑云母发生钒原子取代后局部结构变化

(1 Å = 10^{-10} m)

彩图

云母类层状硅酸盐矿物中，八面体结构具有较强的钒原子兼容性，特别是三八面体型金云母，其镁氧八面体发生钒原子取代后的键长键角变化最小，能够缓解较大钒原子半径带来的膨胀形变，相应的取代能和形成能都最低且为负数，含钒金云母矿物的形成具有更大可能性，是优势赋钒矿物。

2.2　其他层状硅酸盐矿物

层状硅酸盐矿物的主要结构特点是硅氧四面体层与铝（或镁）氧八面体层按一定比例交替排列形成层状结构。层状硅酸盐矿物除了典型 2：1 型云母类结构外，还有单层四面体（T）和八面体（O）层组成的 1：1 型高岭石，以及其他 2：1 型层状硅酸盐矿物，例如滑石、蒙脱石、伊利石、绿泥石等。层状硅酸盐矿物的形成和演变过程复杂多样，主要受地壳岩石的变质作用和沉积作用控制。例如，伊利石是泥质岩或土壤中的黏土矿物（如高岭石、蒙脱石等）在变质作用中向云母转化的产物。蒙脱石在高温条件下可能脱水并失去部分层间阳离子，转变为伊利石或绿泥石等其他矿物。页岩中常见的层状硅酸盐矿物除了云母以外，还有高岭石和绿泥石，钒原子在其中的赋存情况也存在差异。

2.2.1　1∶1 型高岭石

高岭石具有三斜晶体结构，由堆叠的 TO 层组成，高岭石的八面体中心原子是铝原子，属于二八面体结构，类似于白云母，层间无阳离子或水分子存在，强氢键（O—OH 键长为 0.289 nm）加强了结构层之间的联结。高岭石的四面体层中未发生铝取代硅，其层间无须带正电的阳离子平衡电荷，结构简单，发生钒原子取代的取代位置只有两类：硅氧四面体 $K_{[SiO_4]}$ 和铝氧八面体 $K_{[AlO_6]}$。各个取代位置在高岭石结构中的分布如图 2-7 所示。它们的晶格参数和取代能见表 2-4。

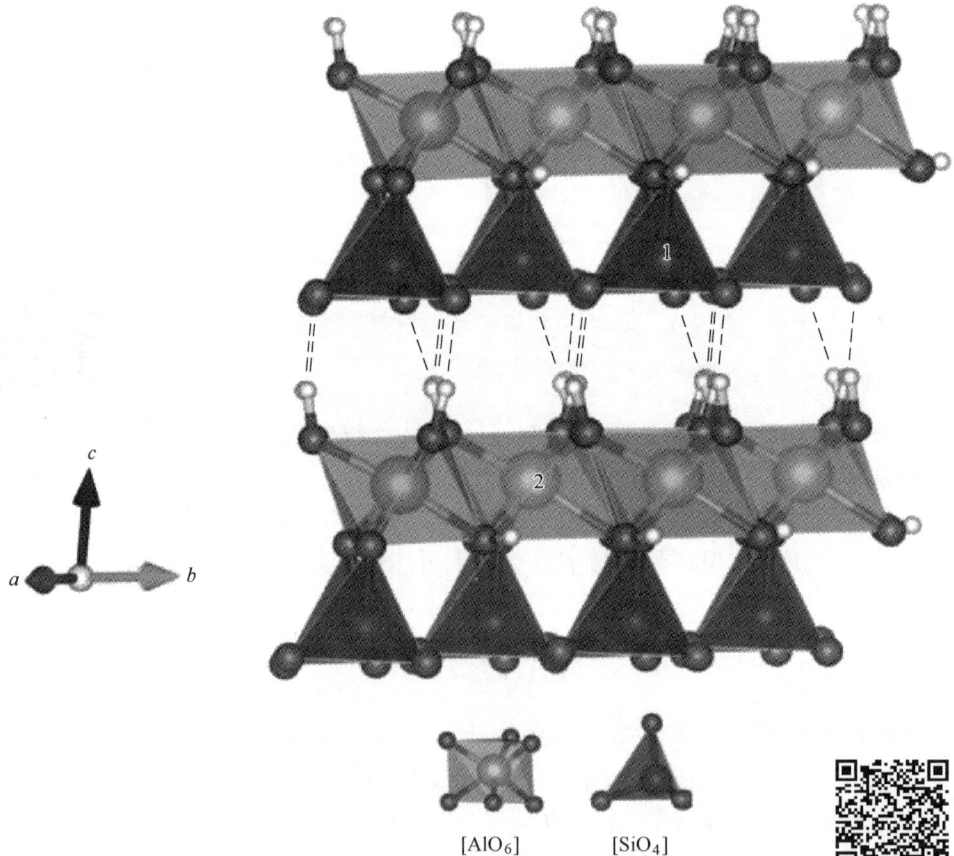

图 2-7　高岭石结构中的钒原子取代位置

1—$K_{[SiO_4]}$；2—$K_{[AlO_6]}$

彩图

表 2-4　高岭石不同取代位置的晶格参数和取代能

取代类型	取代位置	a/nm	b/nm	c/nm	α/(°)	β/(°)	γ/(°)	E_{sub}/eV	E_{form} /(kJ · mol^{-1})
高岭石	—	1.025	0.889	1.449	91.76	105.31	89.80	—	—
铝氧八面体	$K_{[AlO_6]}$	1.025	0.889	1.449	91.76	105.31	89.80	−0.47	338.94
硅氧四面体	$K_{[SiO_4]}$	1.025	0.889	1.450	92.12	105.51	89.83	0.26	393.06

高岭石中八面体取代位置比四面体取代位的取代能低，其中只有八面体取代位置的取代能为负数，更易发生钒原子的取代。从高岭石晶格局部结构变化显示，硅氧四面体取代后键长增加 0.012～0.020 nm，O—V—O 键角变化 1.0°～5.0°；在铝氧八面体取代后键长增加 0～0.016 nm，O—V—O 键角变化 1.0°～3.0°。高岭石中八面体取代后的结构畸变小于四面体取代，如图 2-8 所示。从形成能角度看，含钒高岭石的形成难度较大，高岭石并不是钒的优势赋存矿物。

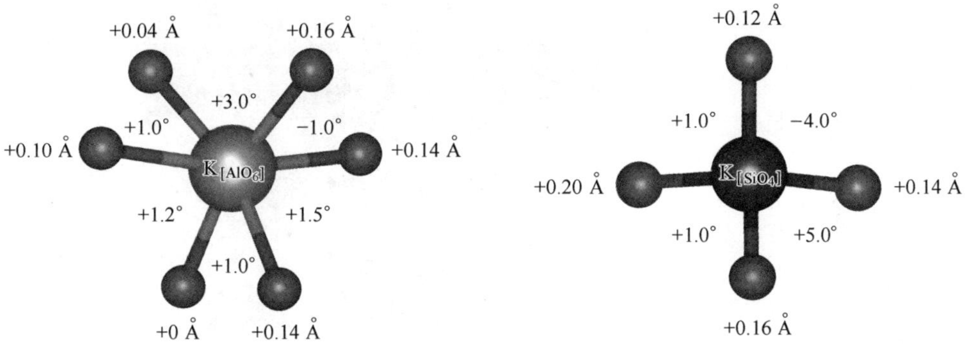

图 2-8　高岭石发生钒原子取代后局部结构变化
（1 Å = 10^{-10} m）

彩图

2.2.2　2∶1 型绿泥石

绿泥石具有单斜结构，由带负电荷的 2∶1 型结构单元层 $Y_3Si_3AlO_{10}(OH)_2$ 与带正电荷的八面体片 $Y_3(OH)_6$ 交替组成，绿泥石的八面体中心原子主要为镁原子，在六元环孔下有三个八面体腔，使其成为三八面体结构。绿泥石晶格由于 TOT-O 层状结构，八面体发生钒原子取代存在两种取代位置：层间的八面体 $C_{[MgO_6]_1}$ 和 TOT 层内的八面体 $C_{[MgO_6]_2}$，四面体中存在铝取代硅的情况，导致四面体存在四种不同取代位置 $C_{[AlO_4]}$、$C_{[SiO_4]_1}$、$C_{[SiO_4]_2}$、$C_{[SiO_4]_3}$，各个取代位置在绿泥石结构中的分布如图 2-9 所示。

绿泥石不同取代位置的晶格参数和取代能见表 2-5。

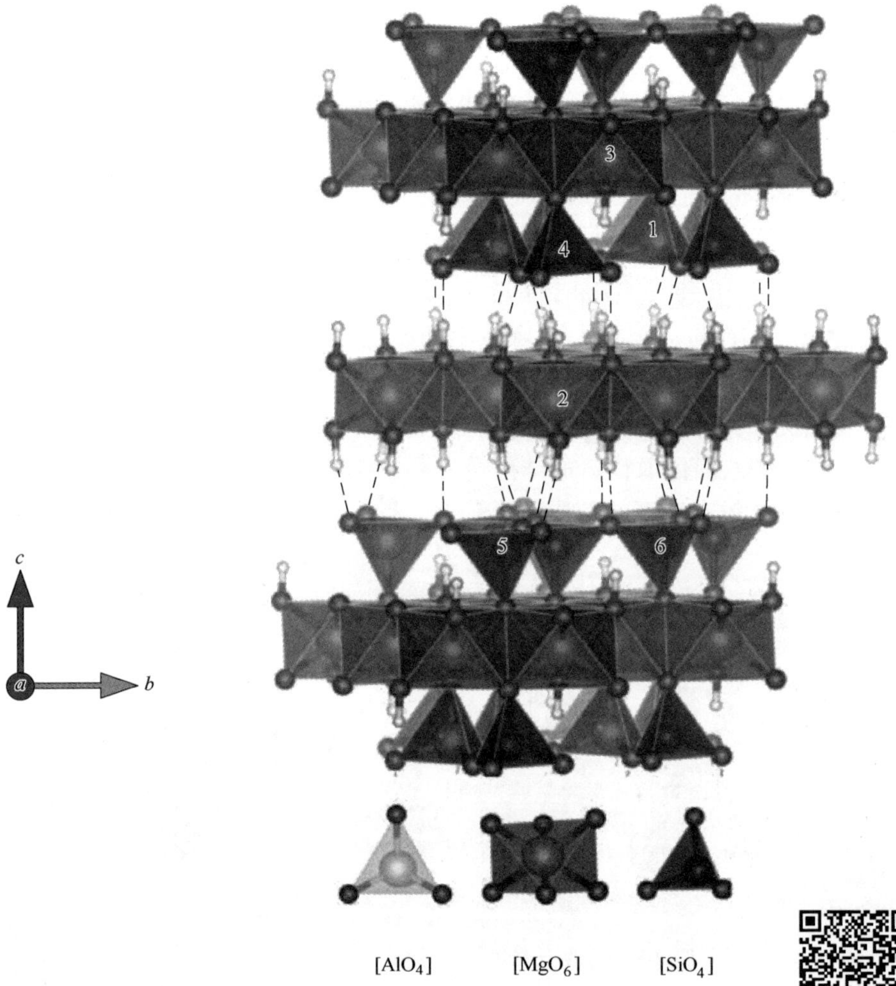

图 2-9　绿泥石结构中的钒原子取代位置

1—$C_{[AlO_4]}$；2—$C_{[MgO_6]_1}$；3—$C_{[MgO_6]_2}$；4—$C_{[SiO_4]_1}$；5—$C_{[SiO_4]_2}$；6—$C_{[SiO_4]_3}$

彩图

表 2-5　绿泥石不同取代位置的晶格参数和取代能

取代类型	取代位置	a/nm	b/nm	c/nm	α/(°)	β/(°)	γ/(°)	E_{sub}/eV	E_{form} /(kJ·mol^{-1})
绿泥石	—	1.058	0.919	1.426	90.10	97.14	90.06	—	—
镁氧八面体	$C_{[MgO_6]_1}$	1.059	0.917	1.421	90.19	97.22	90.02	−10.93	−395.50
	$C_{[MgO_6]_2}$	1.058	0.918	1.426	90.10	97.14	90.06	−7.02	−201.43
铝氧四面体	$C_{[AlO_4]}$	1.060	0.920	1.437	90.11	97.13	90.04	−4.79	−90.46

续表 2-5

取代类型	取代位置	a/nm	b/nm	c/nm	α/(°)	β/(°)	γ/(°)	E_{sub}/eV	E_{form} /(kJ·mol^{-1})
硅氧四面体	$C_{[SiO_4]_1}$	1.059	0.920	1.433	90.07	97.10	90.06	−2.79	−39.46
	$C_{[SiO_4]_2}$	1.060	0.919	1.432	90.08	97.14	90.14	−2.43	−35.50
	$C_{[SiO_4]_3}$	1.061	0.918	1.432	90.09	97.12	90.05	−2.66	−34.35

绿泥石的四面体和八面体发生钒取代后的取代能和形成能都为负值，钒晶格取代反应和含钒绿泥石的形成较容易发生。其中，镁氧八面体的取代能和形成能都低于四面体的取代能和形成能，同时镁氧八面体取代后的晶胞参数增加显著小于四面体取代。从绿泥石晶格局部结构变化显示，硅氧四面体取代后键长增加 0.006~0.019 nm，O—V—O 键角变化 1.0°~4.0°；铝氧四面体取代后键长增加 0.006~0.014 nm，O—V—O 键角变化 3.0°~4.0°；镁氧八面体取代后键长增加 0.001~0.015 nm，O—V—O 键角变化 0~3.1°。八面体的键长键角变化略小于四面体的变化，绿泥石各取代结构比其他层状硅酸盐矿物的结构畸变更小。相对于 TOT 层内的八面体取代位置，层间的八面体取代位置具有最低的能量和更小的结构畸变。层间的八面体没有相邻四面体层的约束，当发生钒原子取代后能够在 a、b、c 轴三个方向上通过八面体的扭转消除膨胀应力，而层内八面体只能在 a-b 平面方向扭转抵消膨胀应力。从能量和畸变角度确定绿泥石是优势赋钒矿物，且层间镁氧八面体是最佳钒原子取代位置。绿泥石发生钒原子取代后局部结构变化如图 2-10 所示。

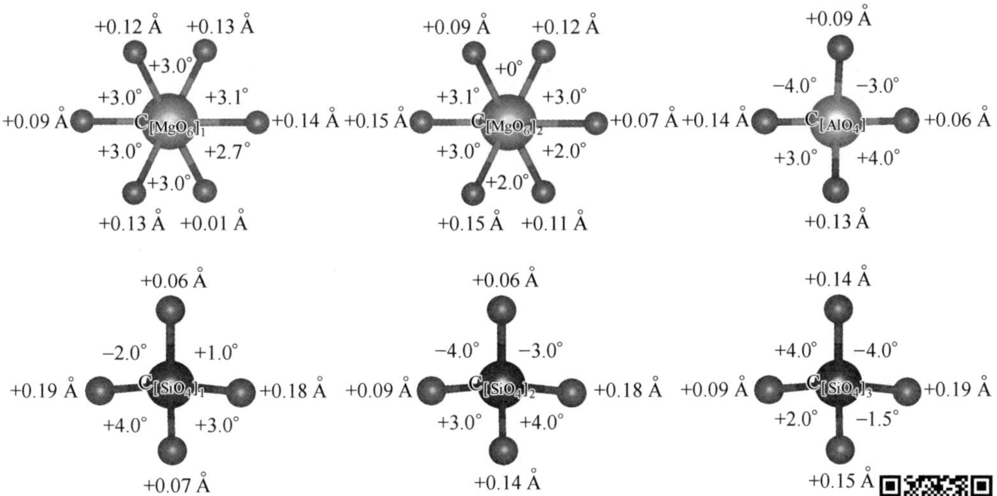

图 2-10 绿泥石发生钒原子取代后局部结构变化

(1 Å = 10^{-10} m)

彩图

2.3　环状硅酸盐矿物

环状硅酸盐矿物的核心构成是硅氧四面体通过共用部分角顶（通常为 1/2 的角顶）相互连接，形成封闭的环状结构，如三方环、四方环、六方环及双层六方环等。环与环之间通过金属阳离子（如 Mg^{2+}、Fe^{2+}、Al^{3+}、Ca^{2+}、Na^{+}、K^{+}等）的成键而相互维系，形成稳定的矿物结构。页岩中可能的赋钒的环状硅酸盐矿物主要是电气石，电气石晶体常呈近三角形的柱状，晶体结构的对称性为 R3m，属于三方晶系复三方单锥晶类，截面常为球面三角形。电气石基本单元主要由硅氧四面体（$[Si_6O_{18}]^{12-}$）六联环组成，这些六联环通过共享氧原子与八面体相连，形成复杂的环状结构，其晶体结构通式可表示为 $XY_3Z_6Si_6O_{18}(BO_3)_3(OH)_4$，其中 X 通常被 Na^{+}、Ca^{2+}、K^{+}等阳离子或空位占据，Y 包含 Mg^{2+}、Fe^{2+}、Mn^{2+}、Al^{3+}、Fe^{3+}、Mn^{3+}、Li^{+}等阳离子，Z 由 Al^{3+}、Fe^{3+}、Cr^{3+}、Mg^{2+}等阳离子占据。电气石由于八面体中 Mg、Fe 的比例差异，可分为镁电气石和铁电气石。

2.3.1　镁电气石

镁电气石的化学式为 $NaMg_3Al_6Si_6O_{18}(BO_3)_3(OH)_4$，镁电气石存在三种钒取代位置：镁氧八面体 $D_{[MgO_6]}$、铝氧八面体 $D_{[AlO_6]}$ 和硅氧四面体 $D_{[SiO_4]}$，各个取代位置在镁电气石结构中的分布如图 2-11 所示。它们的晶格参数和取代能见表 2-6。

镁电气石八面体发生钒原子取代的取代能和形成能比四面体低，其中镁氧八面体具有更低的取代能和形成能，更容易实现钒原子取代。镁电气石发生钒取代后的晶胞参数变化较小，对钒原子的兼容性较大。从镁电气石晶格局部结构变化显示，硅氧四面体取代后键长增加 0.006～0.011 nm，O—V—O 键角变化 1.0°～3.0°；铝氧八面体和镁氧八面体取代后键长都增加 0.002～0.005 nm，O—V—O 键角变化 0°～3.0°，如图 2-12 所示。镁电气石可以作为赋钒矿物，其中镁氧八面体是钒原子的最佳取代位置。

2.3.2　铁电气石

铁电气石的化学式为 $NaFe_3Al_6Si_6O_{18}(BO_3)_3(OH)_4$，铁电气石与镁电气石相似，存在三种钒取代位置：铁氧八面体 $S_{[FeO_6]}$、铝氧八面体 $S_{[AlO_6]}$ 和硅氧四面体 $S_{[SiO_4]}$，各个取代位置在铁电气石结构中的分布如图 2-13 所示，它们的晶格参数和取代能见表 2-7。

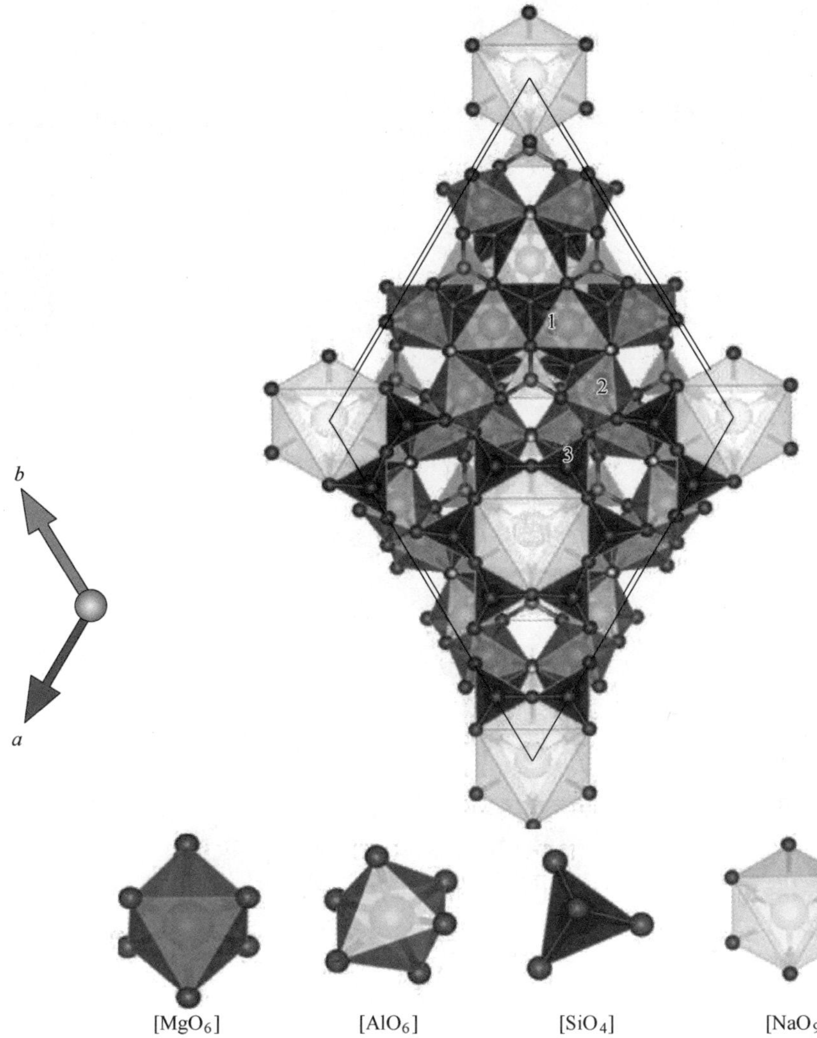

图 2-11 镁电气石结构中的钒原子取代位置

1—$D_{[MgO_6]}$；2—$D_{[AlO_6]}$；3—$D_{[SiO_4]}$

彩图

表 2-6 镁电气石不同取代位置的晶格参数和取代能

取代类型	取代位置	a/nm	b/nm	c/nm	α/(°)	β/(°)	γ/(°)	E_{sub}/eV	E_{form} /(kJ · mol^{-1})
镁电气石	—	1.594	1.594	0.7087	90.00	90.00	120.00	—	—
镁氧八面体	$D_{[MgO_6]}$	1.593	1.594	0.7079	90.00	90.01	120.02	−10.42	−263.87
铝氧八面体	$D_{[AlO_6]}$	1.595	1.596	0.7069	89.98	90.03	120.05	−4.30	−150.86
硅氧四面体	$D_{[SiO_4]}$	1.597	1.596	0.7072	89.94	89.98	120.03	−2.69	1.77

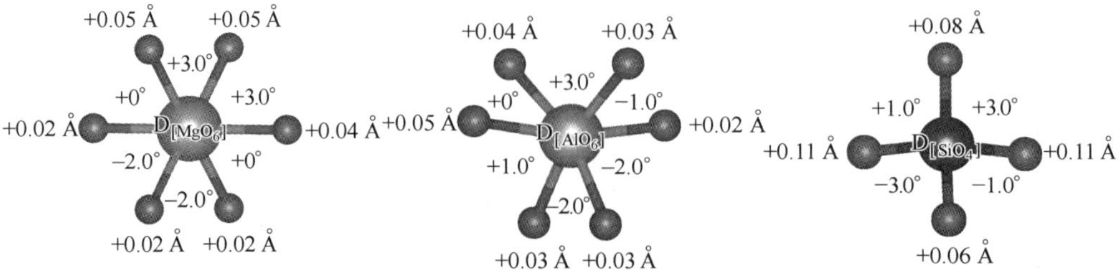

图 2-12　镁电气石发生钒原子取代后局部结构变化

（1 Å = 10^{-10} m）

彩图

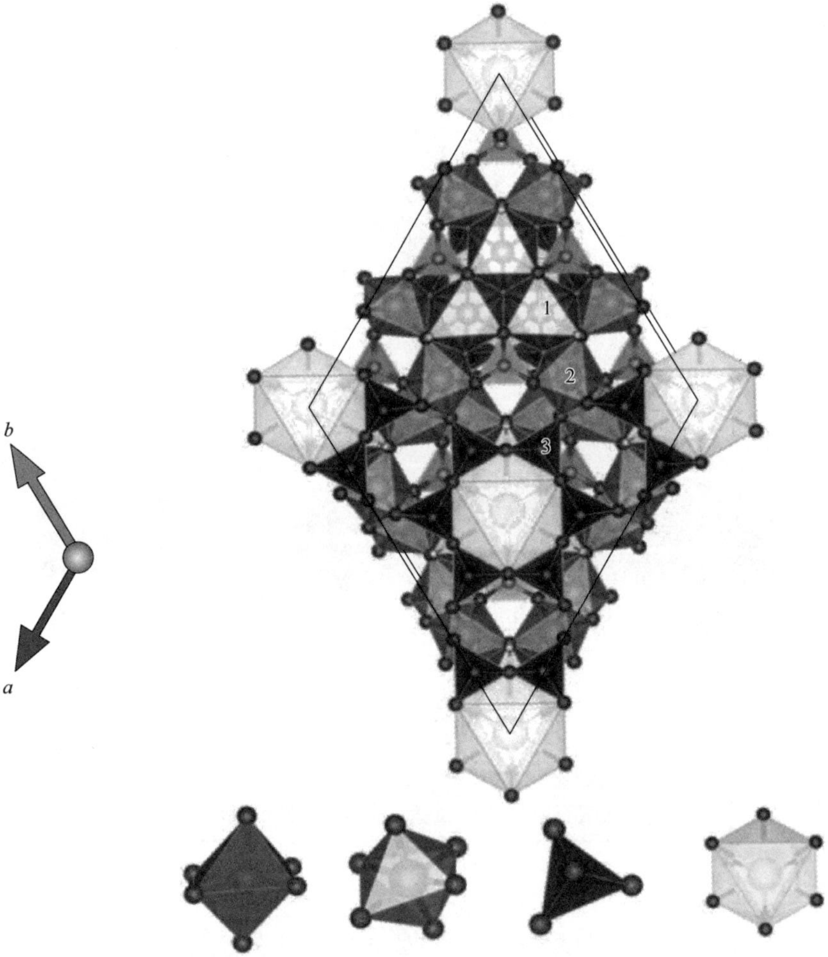

彩图

$[FeO_6]$　$[AlO_6]$　$[SiO_4]$　$[NaO_9]$

图 2-13　铁电气石结构中的钒原子取代位置

1—$S_{[FeO_6]}$；2—$S_{[AlO_6]}$；3—$S_{[SiO_4]}$

表 2-7 铁电气石不同取代位置的晶格参数和取代能

取代类型	取代位置	a/nm	b/nm	c/nm	α/(°)	β/(°)	γ/(°)	E_{sub}/eV	E_{form} /(kJ · mol^{-1})
铁电气石	—	1.584	1.584	0.7048	90.00	90.00	120.00	—	—
铁氧八面体	$S_{[FeO_6]}$	1.582	1.585	0.7038	90.00	90.08	120.07	−2.72	−209.13
铝氧八面体	$S_{[AlO_6]}$	1.585	1.584	0.7047	89.93	90.05	120.15	−1.12	213.80
硅氧四面体	$S_{[SiO_4]}$	1.585	1.588	0.7030	89.99	89.85	120.07	−0.27	230.22

铁电气石八面体发生钒原子取代的取代能和形成能比四面体低，其中铁氧八面体的取代能和形成能最低且为负值，更容易实现钒原子取代。铁电气石发生钒取代后的晶胞参数变化同样较小，具有良好的钒原子兼容性。从铁电气石晶格局部结构变化显示，硅氧四面体取代后键长增加 0.008~0.019 nm，O—V—O 键角变化 1.0°~9.0°；铝氧八面体取代后键长增加 0.004~0.014 nm，O—V—O 键角变化 1.0°~9.0°；铁氧八面体取代后键长增加 0.001~0.018 nm，O—V—O 键角变化 1.0°~5.0°，如图 2-14 所示。铁电气石作为赋钒矿物时，其中铁氧八面体是钒原子的最佳取代位置。

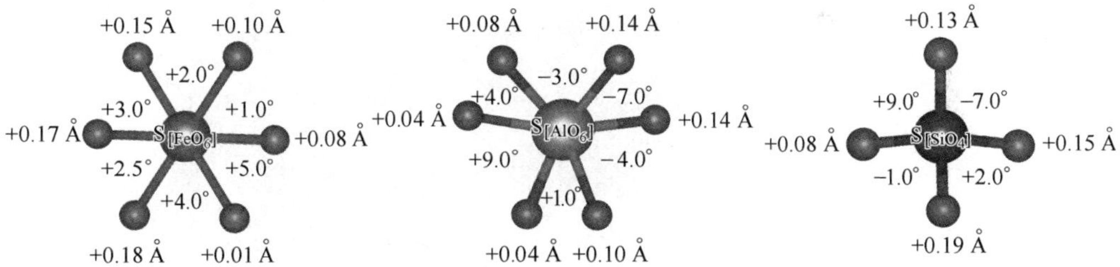

图 2-14 铁电气石发生钒原子取代后局部结构变化

(1 Å = 10^{-10} m)

彩图

2.4 岛状硅酸盐矿物

岛状硅酸盐矿物的硅氧骨干由单个的硅氧四面体组成，这些四面体在结构中彼此孤立，不共享顶点、棱或面。这种孤立状态使每个硅氧四面体都能与其他金属阳离子充分结合，形成稳定的矿物结构，其化学组成一般表示为 $X_3Y_2(SiO_4)_3$，其中 X 和 Y 代表不同的元素，如 Ca、Mg、Fe、Mn、Al、Cr 等。岛状硅酸盐矿物的结构通常比较紧密，原子堆积密度较高，具有较高的硬度和密度，难以溶解破坏。钒页岩中主要存在的岛状硅酸盐矿物主要为石榴石，其晶体结构以孤立的硅氧四面体为基本单元，通过共用氧原子与其他结构单元（如铝氧八面体 [AlO_6]）相连，构成复杂的网络结构，其晶体通常为等轴晶系。由于石榴石中 Mg、Ca 的元素比例差异，可分为镁铝榴石和钙铝榴石。

2.4.1　镁铝榴石

镁铝榴石的化学成分为 $Mg_3Al_2(SiO_4)_3$，其中硅氧四面体和铝氧八面体相互连接形成复杂的网络结构，镁离子则填充在这些网络结构的空隙中，形成畸变的配位多面体。因此，镁铝榴石存在三种钒取代位置：镁氧十二面体 $Py_{[MgO_8]}$、铝氧八面体 $Py_{[AlO_6]}$ 和硅氧四面体 $Py_{[SiO_4]}$，各个取代位置在镁铝榴石结构中的分布如图 2-15 所示，它们的晶格参数和取代能见表 2-8。

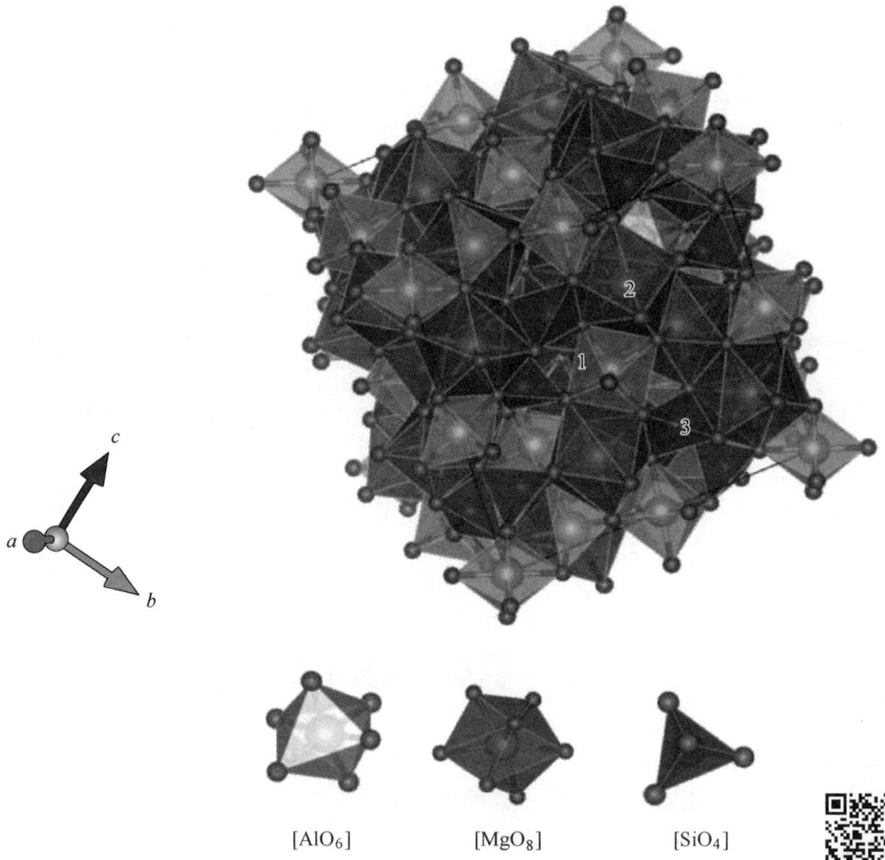

图 2-15　镁铝榴石结构中的钒原子取代位置

1—$Py_{[AlO_6]}$；2—$Py_{[MgO_8]}$；3—$Py_{[SiO_4]}$

彩图

表 2-8 镁铝榴石不同取代位置的晶格参数和取代能

取代类型	取代位置	a/nm	b/nm	c/nm	α/(°)	β/(°)	γ/(°)	E_{sub}/eV	E_{form} /(kJ · mol^{-1})
镁铝榴石	—	1.143	1.143	1.143	90.00	90.00	90.00	—	—
镁氧十二面体	$Py_{[MgO_8]}$	1.144	1.143	1.143	90.03	90.00	90.00	−2.54	251.94
铝氧八面体	$Py_{[AlO_6]}$	1.144	1.144	1.144	90.00	90.02	90.02	−0.70	375.19
硅氧四面体	$Py_{[SiO_4]}$	1.144	1.146	1.144	90.00	90.00	90.00	−0.24	420.03

虽然镁铝榴石在各取代位置发生钒取代后的取代能都为负值，可以发生取代反应，且镁氧十二面体的取代能最低，但是相应的形成能却为正值（见表 2-8），难以形成含钒矿物。从镁铝榴石晶格局部结构变化显示，硅氧四面体取代后键长增加 0.013~0.016 nm；O—V—O 键角变化 1.0°~3.0°，铝氧八面体取代后键长都增加 0.008 nm，O—V—O 键角变化 0.3°；镁氧十二面体取代后键长微量增加 0.003 nm，O—V—O 键角变化 0.06°，如图 2-16 所示。虽然镁铝榴石中镁氧十二面体和铝氧八面体发生钒取代后的键长键角变化不大，但是从矿物形成的角度看，镁铝榴石难以形成含钒矿物。

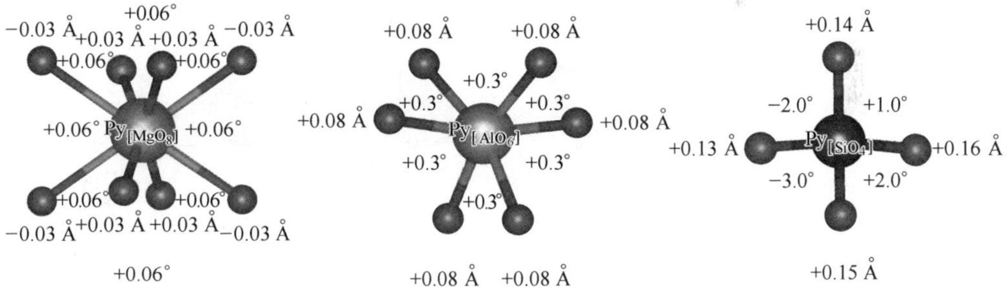

图 2-16 镁铝榴石发生钒原子取代后局部结构变化

(1 Å = 10^{-10} m)

彩图

2.4.2 钙铝榴石

钙铝榴石的化学成分为 $Ca_3Al_2(SiO_4)_3$，与镁铝榴石结构类似，但钙离子替代了镁铝榴石中的镁离子位置。晶体结构由硅氧四面体、铝氧八面体以及钙离子构成的网络结构组成，因此钙铝榴石存在三种钒取代位置：钙氧十二面体 $G_{[MgO_8]}$、铝氧八面体 $G_{[AlO_6]}$ 和硅氧四面体 $G_{[SiO_4]}$，各个取代位置在钙铝榴石结构中的分布如图 2-17 所示。它们的晶格参数和取代能见表 2-9。

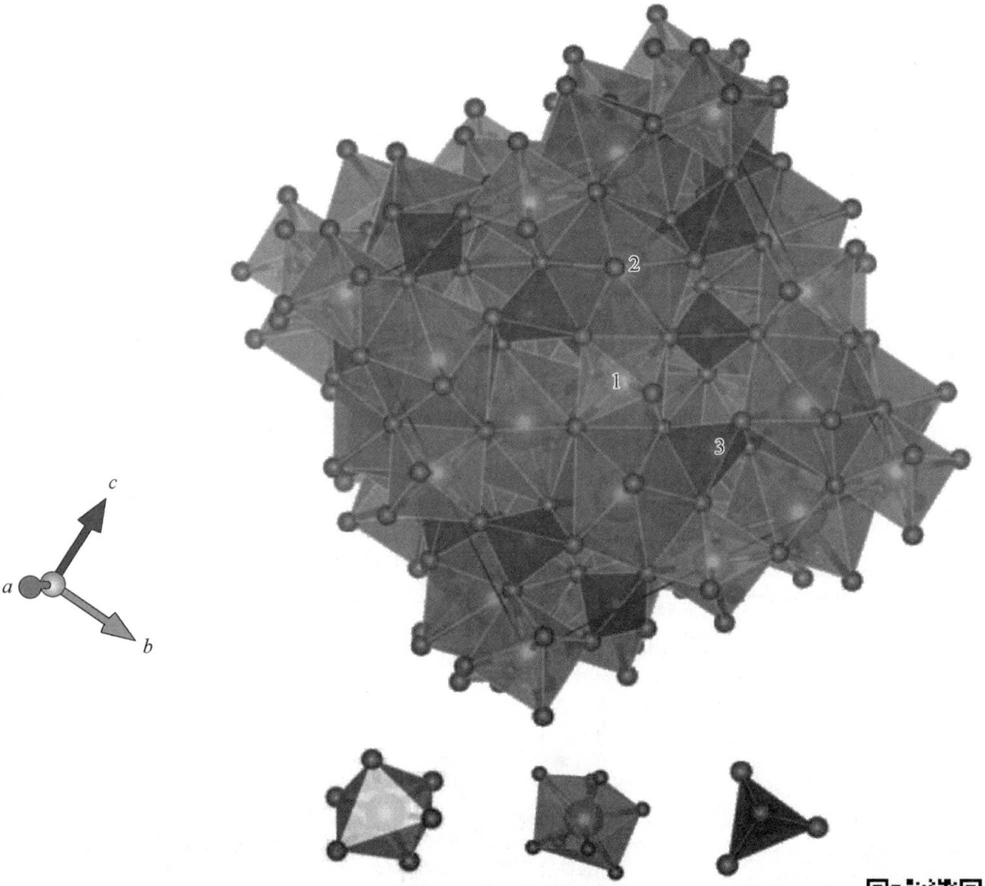

[AlO_6]　　[CaO_8]　　[SiO_4]

彩图

图 2-17　钙铝榴石结构中的钒原子取代位置

1—$G_{[AlO_6]}$；2—$G_{[CaO_8]}$；3—$G_{[SiO_4]}$

表 2-9　钙铝榴石不同取代位的晶格参数和取代能

取代类型	取代位置	a/nm	b/nm	c/nm	α/(°)	β/(°)	γ/(°)	E_{sub}/eV	E_{form} /(kJ·mol^{-1})
钙铝榴石	—	1.184	1.184	1.184	90.00	90.00	90.00	—	—
钙氧十二面体	$G_{[CaO_8]}$	1.183	1.182	1.183	90.00	89.96	90.00	−0.89	546.87
铝氧八面体	$G_{[AlO_6]}$	1.185	1.185	1.185	90.09	90.09	90.09	−1.16	206.90
硅氧四面体	$G_{[SiO_4]}$	1.185	1.186	1.185	90.00	90.00	90.00	−0.44	293.87

与镁铝榴石的取代情况相似，钙铝榴石的八面体和四面体发生钒取代的取代

能均为负值（见表 2-9），其中铝氧八面体的取代能最低，更容易发生钒取代反应。从钙铝榴石晶格局部结构变化显示，硅氧四面体取代后键长都增加 0.013 nm，O—V—O 键角变化 2.0°~9.0°；铝氧八面体取代后键长增加 0.008~0.009 nm，O—V—O 键角变化 1.0°；钙氧十二面体取代后键长增加 0.009~0.025 nm，O—V—O 键角变化 1.0~5.0°，如图 2-18 所示。从矿物形成的角度看，各取代结构的形成能却为正值，难以形成相应的含钒矿物。

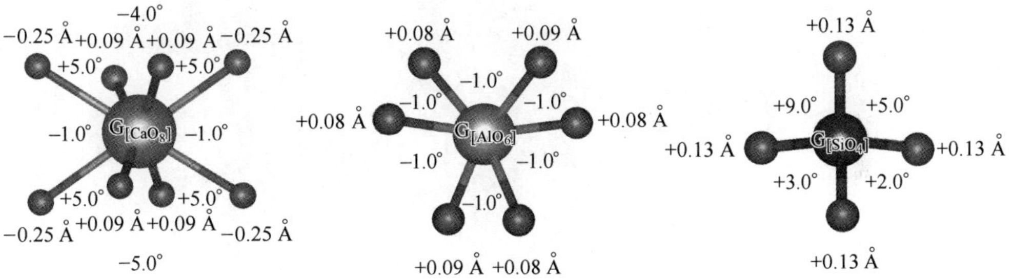

图 2-18　镁铝榴石发生钒原子取代后局部结构变化

（$1\ Å=10^{-10}$ m）

彩图

2.5 架状硅酸盐矿物

架状硅酸盐矿物是另一类特殊的硅酸盐矿物，其晶体结构中的硅氧骨干由三维无限伸展的架状络阴离子构成，这些架状络阴离子是由一系列硅氧配位四面体（其中，部分硅原子被诸如铝等类质同象替代）以共用角顶氧的方式连接而成的复杂网络结构。这种结构使得架状硅酸盐矿物能够容纳大量的低价大半径阳离子，如 K^+、Na^+、Ca^{2+}、Ba^{2+}等，这些阳离子填充在硅氧骨架的空隙中，维持了矿物的电中性。钒页岩中的架状硅酸盐矿物主要有长石和石英两种，也是主要的脉石矿物。

2.5.1 长石

长石为单斜晶系，其基本结构单位是硅氧四面体，其中有四分之一的硅原子被铝原子取代，每个氧原子都被两个四面体共用，彼此连接成的四方环组成沿 c 轴的折线状链，而平行于 c 轴有四面体交互排列的链，大半径的碱或碱土金属阳离子位于骨架内大的空隙中，进而平衡四面体铝取代硅带来的负电荷。长石晶格中由于铝原子取代硅原子的存在，钒原子的取代位置有五种：铝氧四面体

$F_{[AlO_4]_1}$、$F_{[AlO_4]_2}$和硅氧四面体 $F_{[SiO_4]_1}$、$F_{[SiO_4]_2}$、$F_{[SiO_4]_3}$。各取代位置在长石结构中的具体分布如图 2-19 所示。它们的晶格参数和取代能见表 2-10。

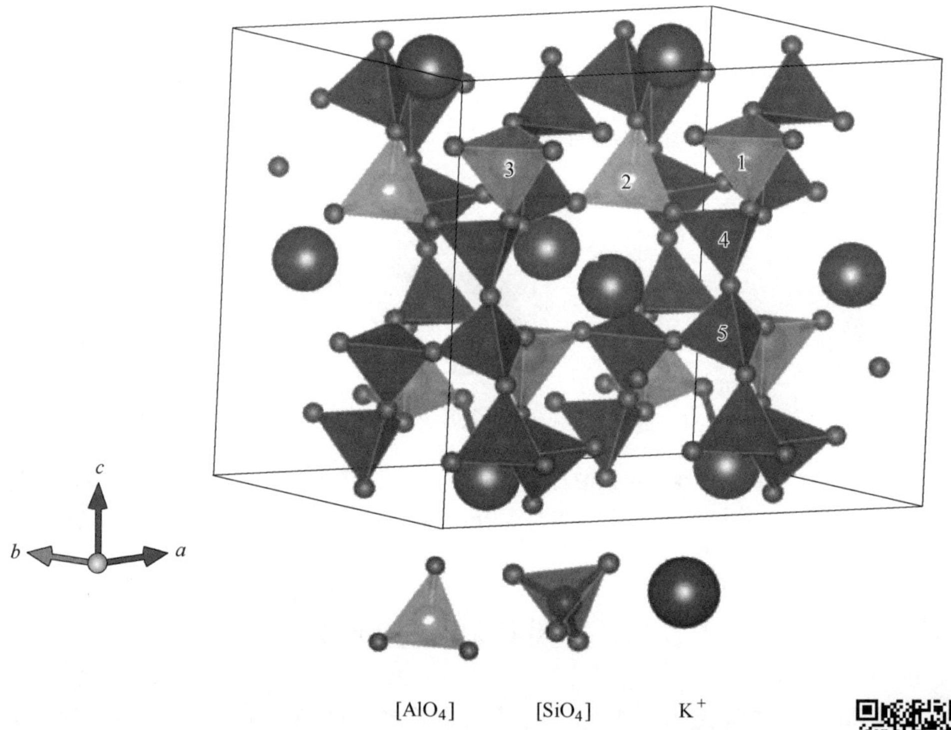

彩图

图 2-19　长石结构中的钒原子取代位置

1—$F_{[AlO_4]_1}$；2—$F_{[AlO_4]_2}$；3—$F_{[SiO_4]_1}$；4—$F_{[SiO_4]_2}$；5—$F_{[SiO_4]_3}$

表 2-10　长石不同取代位置的晶格参数和取代能

取代类型	取代位置	a/nm	b/nm	c/nm	α/(°)	β/(°)	γ/(°)	E_{sub}/eV	E_{form} /(kJ·mol^{-1})
未取代	—	0. 870	1. 312	1. 462	90. 00	115. 78	90. 00	—	—
铝氧四面体	$F_{[AlO_4]_1}$	0. 873	1. 315	1. 467	90. 01	115. 78	90. 02	−0. 54	230. 61
	$F_{[AlO_4]_2}$	0. 873	1. 315	1. 467	89. 99	115. 77	89. 99	−0. 59	229. 32
硅氧四面体	$F_{[SiO_4]_1}$	0. 874	1. 317	1. 469	89. 98	115. 77	90. 00	−0. 52	396. 64
	$F_{[SiO_4]_2}$	0. 874	1. 317	1. 469	90. 00	115. 76	89. 99	−0. 54	397. 58
	$F_{[SiO_4]_3}$	0. 874	1. 317	1. 469	90. 01	115. 77	90. 00	−0. 53	396. 21

从取代能角度看，硅氧四面体和铝氧四面体取代的取代能差异并不大，但各取代位置的形成能都为正值，钒原子在长石结构中发生取代的可能性较低。对比发生钒原子取代的局部结构变化（见图 2-20），铝氧四面体取代后键长增加 0.009~0.014 nm，O—V—O 键角变化 1.0°~6.0°，硅氧四面体取代后的键长增加 0.013~0.017 nm，O—V—O 键角变化 0°~3.5°；四面体发生钒原子取代后的结构畸变较大，因此长石无法稳定兼容钒原子。

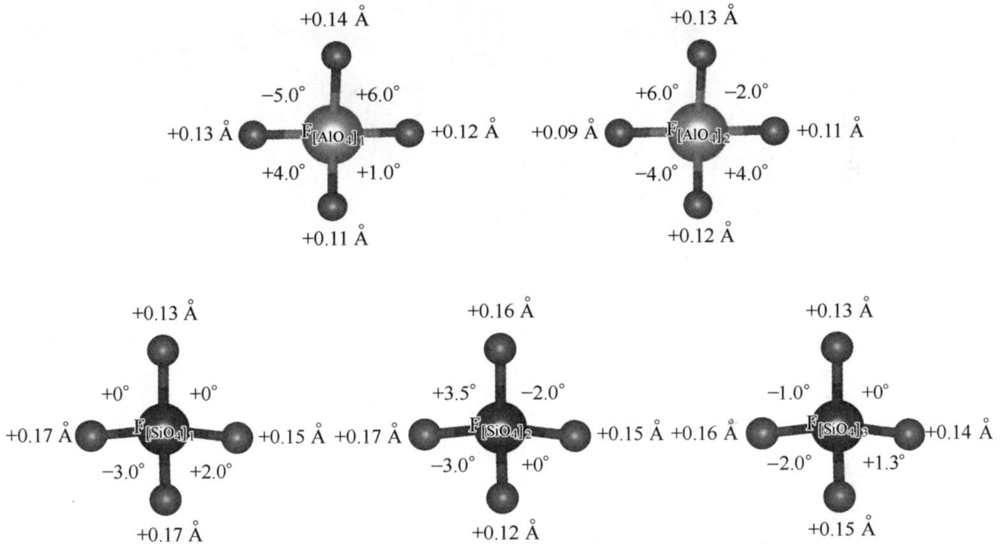

图 2-20　长石发生钒原子取代后局部结构变化

（1 Å = 10^{-10} m）

彩图

2.5.2　石英

石英有多种同质多相变体，如低温石英（α-石英）和高温石英（β-石英）。更为稳定的 α-石英晶体属于三方晶系，空间群 P3221；基本结构单位是硅氧四面体，以顶角相连，在 *c* 轴方向呈螺旋状排列。石英结构简单，无铝原子分布，所以只有一种硅氧四面体取代位置 $Q_{[SiO_4]}$ 如图 2-21 所示。它们的晶格参数和取代能见表 2-11。

石英硅氧四面体发生钒原子取代后的形成能为正，难以形成含钒矿物。其晶格参数同样变化不大，石英发生钒原子取代后的键长增加 0.016~0.018 nm，O—V—O 键角变化 0°~3.0°，结构畸变较大，如图 2-22 所示。因此，钒原子在石英中发生取代的可能性较小。

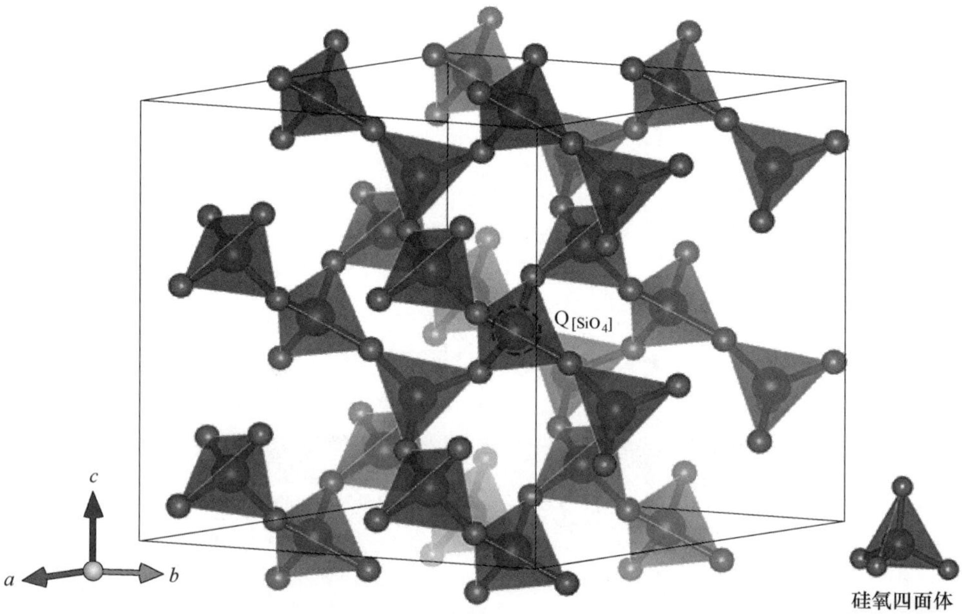

图 2-21　石英结构中的钒原子取代位置

彩图

表 2-11　石英结构取代位置的晶格参数和取代能

取代类型	取代位置	a/nm	b/nm	c/nm	α/(°)	β/(°)	γ/(°)	E_{sub}/eV	E_{form} /(kJ · mol^{-1})
未取代	—	0.995	0.995	1.089	89.99	90.10	120.00	—	—
硅氧四面体	$Q_{[SiO_4]}$	1.003	1.003	1.099	90.01	89.99	120.01	−0.58	231.39

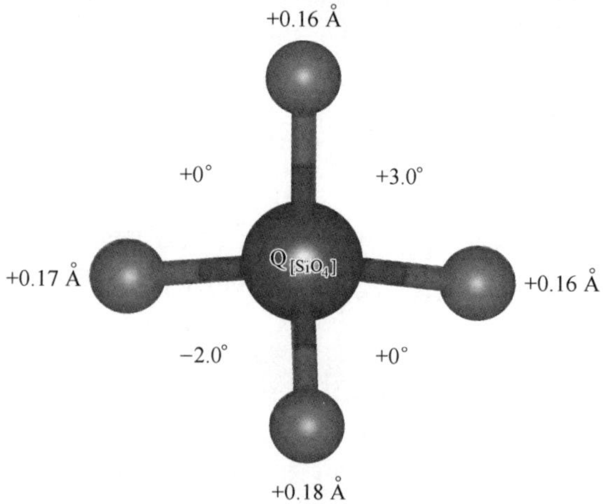

彩图

图 2-22　石英发生钒原子取代后局部结构变化

(1 Å = 10^{-10} m)

2.6 优势赋钒矿物及择优取代

硅酸盐矿物的物理化学性质因其结构类型的不同而表现出显著的差异，主要包括解理、硬度、相对密度，直接影响目标矿物的破碎解离和目标元素的提取难度。硅酸盐的解理与硅氧骨架的形式密切相关，岛状和环状硅氧骨架的硅酸盐一般解理不好，层状硅酸盐常平行层面有极完全解理，架状硅酸盐的解理则决定于架中化学键的分布。硅酸盐矿物的硬度与阳离子的电荷、离子半径以及配位数有关，随着阳离子电荷的增高和半径的减小，硬度逐渐增高。一般来说，岛状硅酸盐的硬度较大，而层状硅酸盐的硬度较小。硅酸盐矿物的相对密度、结构型式和化学成分有关，岛状硅酸盐由于结构中的原子堆积密度较大，相对密度也较大；层状和架状硅酸盐由于结构中存在较大的空隙，相对密度较小。因此，厘清页岩中钒优势赋存矿物能够从宏观角度明确矿石的提取可行性，指导页岩提钒行业的实际生产。

2.6.1 钒矿物赋存趋势

各类硅酸盐矿物最宜发生钒取代反应的取代结构不同，通过取代能、形成能以及局部键长键角变化发现钒赋存趋势，见表 2-12。从取代反应发生的难易程度分析，其难度顺序为：绿泥石<镁电气石<金云母<铁电气石<镁铝榴石<钙铝榴石<白云母<高岭石<长石<石英。从含钒矿物的形成角度分析，层状和环状的硅酸盐矿物比岛状和架状的硅酸盐矿物更可能发生钒的取代与赋存，其中绿泥石、镁电气石、铁电气石、金云母是页岩中优势赋钒矿物。以上四种硅酸盐矿物发生钒取代后表现出较小的键长键角变化，具有良好的钒原子兼容能力。

表 2-12 各类硅酸盐矿物优势取代位置的取代能、形成能及局部键长键角变化

硅酸盐矿物类型	取代类型	优势取代位置	取代位符号	E_{sub}/eV	E_{form} /(kJ · mol^{-1})	键长变化 /nm	键角变化 /(°)
层状	白云母	铝氧八面体	$M_{[AlO_6]}$	−1.12	330.00	0~0.011	0.2~3.0
	金(黑)云母	镁氧八面体	$P_{[MgO_6]}$	−4.93	−1.80	0~0.003	0~0.01
	高岭石	铝氧八面体	$K_{[AlO_6]}$	−0.47	338.94	0~0.016	1.0~3.0
	绿泥石	镁氧八面体	$C_{[MgO_6]}$	−10.93	−395.50	0.001~0.015	0~3.1
环状	镁电气石	镁氧八面体	$D_{[MgO_6]}$	−10.42	−263.87	0.002~0.005	0~3.0
	铁电气石	铁氧八面体	$S_{[FeO_6]}$	−2.72	−209.13	0.001~0.018	1.0~5.0
岛状	镁铝榴石	镁氧十二面体	$Py_{[MgO_8]}$	−2.54	251.94	0~0.003	0~0.06
	钙铝榴石	铝氧八面体	$G_{[AlO_6]}$	−1.16	206.90	0.008~0.009	0~1.0

续表 2-12

硅酸盐矿物类型	取代类型	优势取代位置	取代位符号	E_{sub}/eV	E_{form} /(kJ · mol^{-1})	键长变化 /nm	键角变化 /(°)
架状	长石	铝氧四面体	$F_{[AlO_4]}$	−0. 59	229. 32	0. 009~0. 014	1. 0~6. 0
	石英	硅氧四面体	$Q_{[SiO_4]}$	−0. 58	231. 39	0. 016~0. 018	0~3. 0

2. 6. 2　氧配位结构对钒取代的影响

氧原子配位结构直接关联到中心原子的配位环境，从而影响其对钒原子的容纳能力和取代后的稳定性，进而影响其化学性质和物理行为。较大原子半径的钒原子进入晶格后，往往会引起晶格畸变和应力的产生。这种畸变和应力的大小与晶体结构密切相关，它们会进一步影响矿物的性能和稳定性。

各硅酸盐矿物不同氧配位数的结构畸变情况如图 2-23 所示。

层状硅酸盐矿物中的结构畸变因矿物类型和取代位置而异。对于云母类层状硅酸盐矿物，金云母在取代后畸变最小；对于非云母类层状硅酸盐矿物，绿泥石在取代后变形最小。此外，从八面体结构的角度分析，三八面体层状矿物（如金云母、绿泥石）与钒原子的相容性更大，更容易容纳钒元素。环状硅酸盐矿物中镁电气石的四面体和八面体取代引起的结构畸变相对较小，而铁电气石尽管四面体取代引起的畸变较小，但八面体取代却导致显著的结构变化。对于岛状的石榴石，镁铝榴石和钙铝榴石在钒取代时都表现出较小的结构畸变和应力。总体上，与四面体位点相比，八面体位点在钒取代时通常表现出更低的结构畸变程度和更高的适应性。

2. 6. 3　类质元素对钒取代的影响

硅酸盐矿物中八面体结构更有利于钒的存在，但是不同类质元素的差异也影响矿物中 V—O 键的稳定性。通过绿泥石、白云母和电气石三种结构的八面体层发生钒原子取代后的电子局域函数图（ELF）看出（见图 2-24），V 和 O 的原子周围局部电子密度显著增加，形成稳定 V—O 键。在成键过程中，电子从钒原子转移到氧原子，导致氧原子周围的电子密度增强，氧原子周围的局部电子强度超过了中心钒原子周围的电子强度。其中，镁氧八面体结构中氧的电子密度明显大于其余八面体，这表明在其中发生了强烈的电子转移。

进一步量化取代反应发生后三种八面体结构中钒原子电荷转移情况（见图 2-25），镁氧八面体取代后转移到钒的电子量从高到低为 2. 62、2. 05 和 1. 75，铝氧八面体的电子转移量为 1. 84~1. 85，铁氧八面体的电子转移值为 1. 73 和 1. 64。

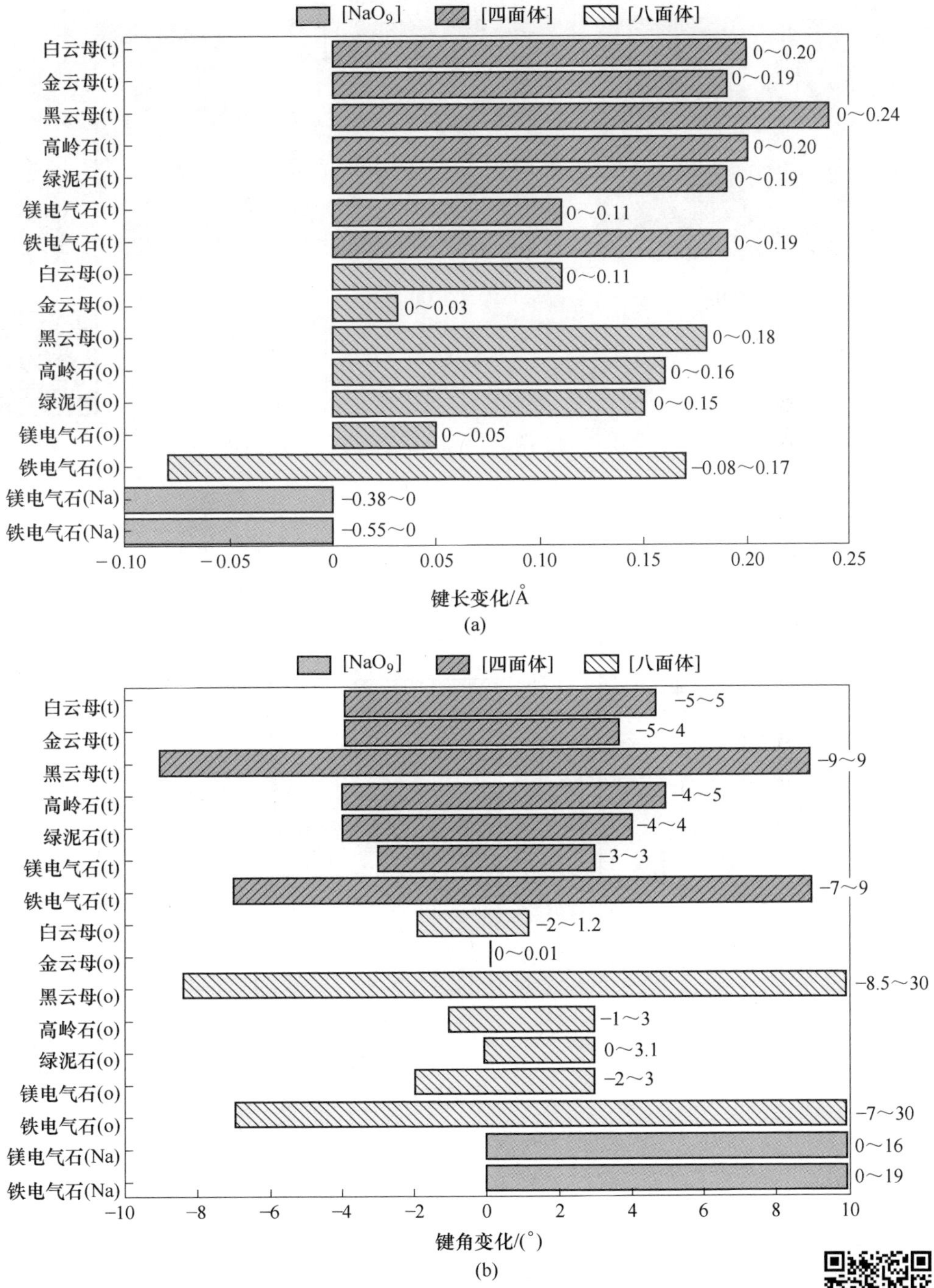

图 2-23　各硅酸盐矿物不同氧配位数的结构畸变情况

（a）键长变化；（b）键角变化

（1 Å = 10^{-10} m）

彩图

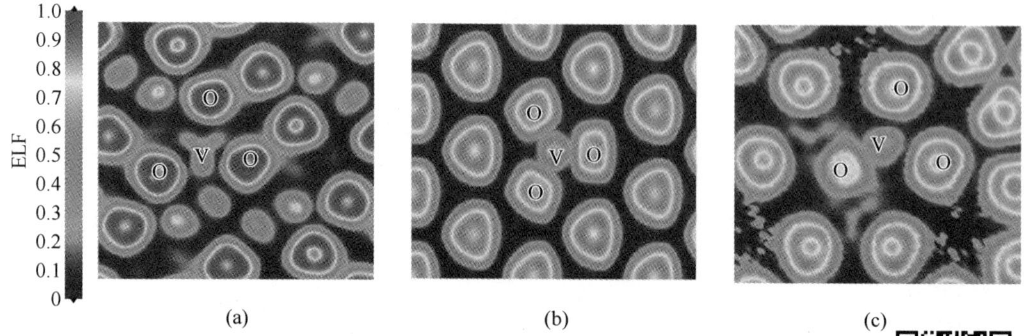

图 2-24　八面体钒取代后的电子局域函数分布情况

（a）绿泥石；（b）白云母；（c）铁电气石

彩图

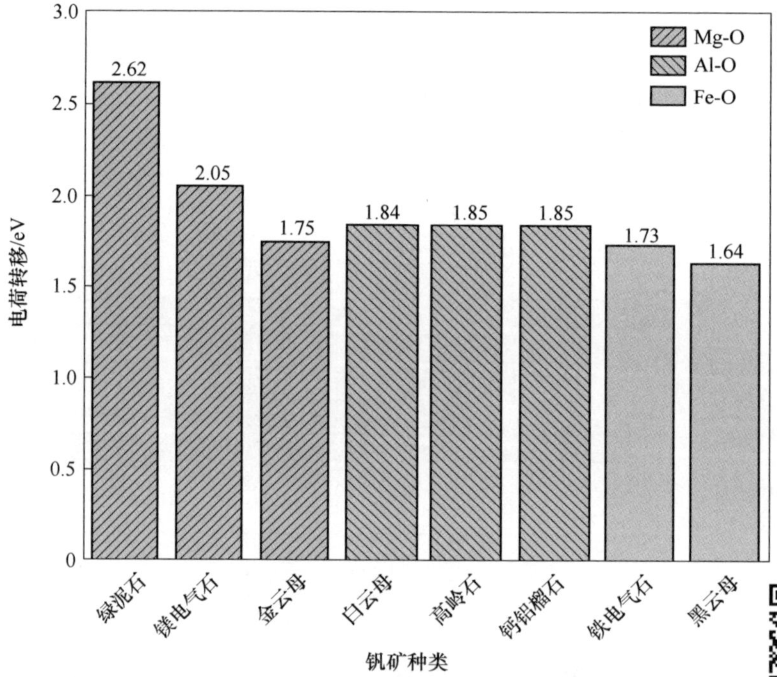

图 2-25　三种八面体发生钒取代后的电子转移数值

彩图

因此，当钒取代八面体的中心原子时，镁氧八面体中的价电子变化最强。展现出最强的电子转移和价电子变化，钒在此类结构中可能具有更稳定的结合状态。

氧原子的电子轨道状态在 V—O 键形成中起着至关重要的作用，不同八面体中氧原子在取代前后氧原子的态密度（DOS）变化直观反映 V—O 键的稳定性，如图 2-26 所示。

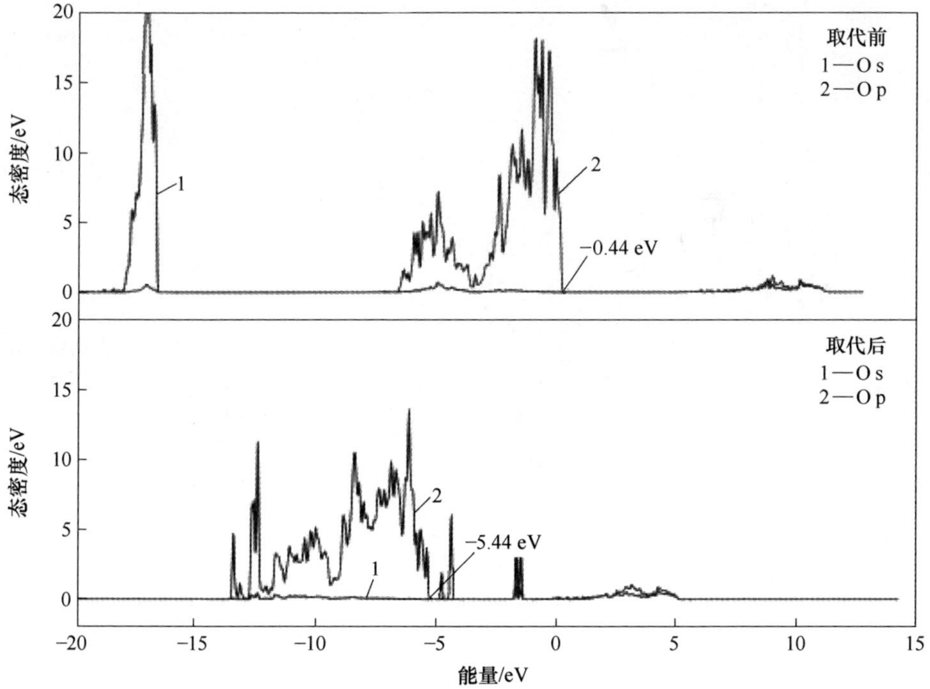
取代前
1—O s
2—O p
−0.44 eV
取代后
1—O s
2—O p
−5.44 eV
态密度/eV
能量/eV
(a)

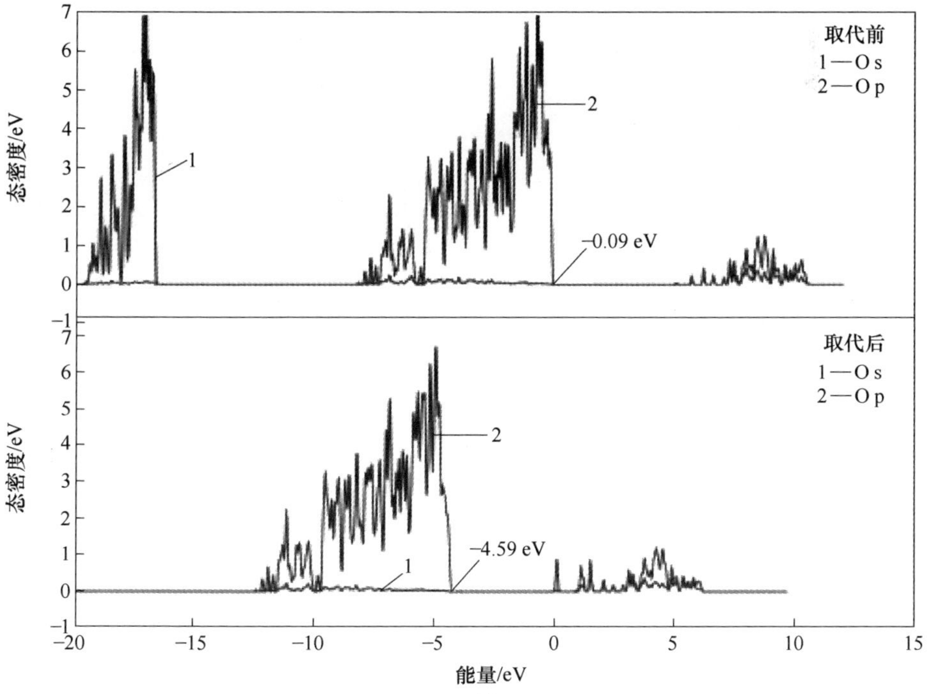
取代前
1—O s
2—O p
−0.09 eV
取代后
1—O s
2—O p
−4.59 eV
态密度/eV
能量/eV
(b)

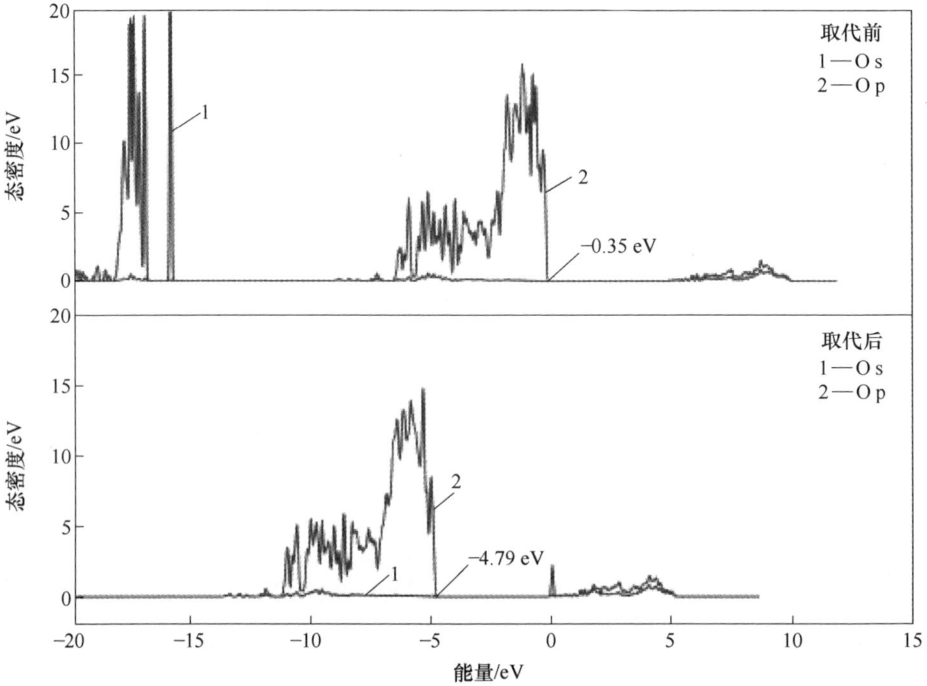
取代前
1—O s
2—O p
−0.35 eV
取代后
1—O s
2—O p
−4.79 eV
态密度/eV
能量/eV

(c)

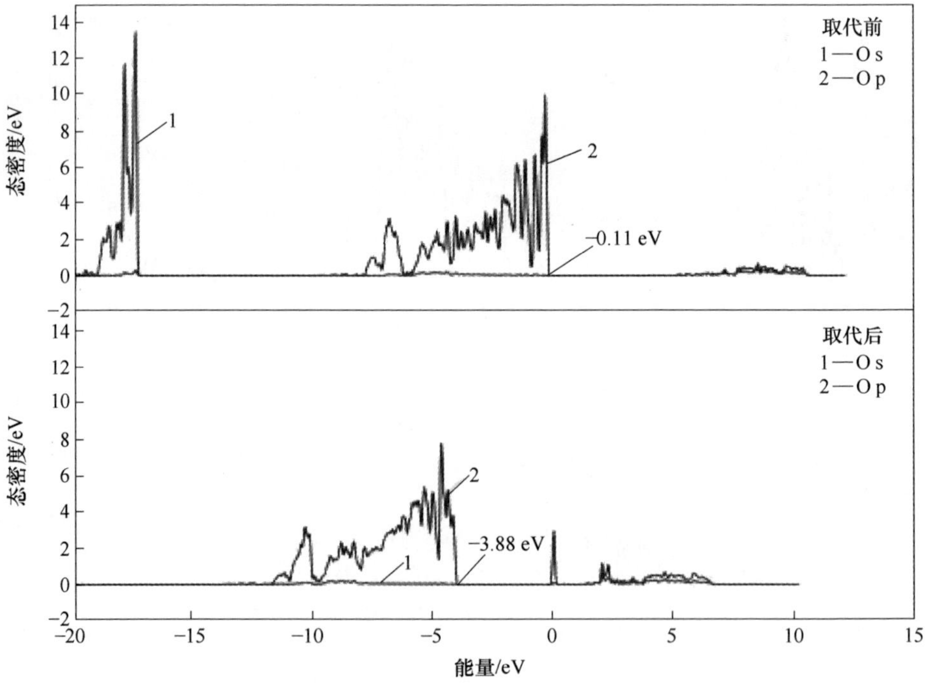
取代前
1—O s
2—O p
−0.11 eV
取代后
1—O s
2—O p
−3.88 eV
态密度/eV
能量/eV

(d)

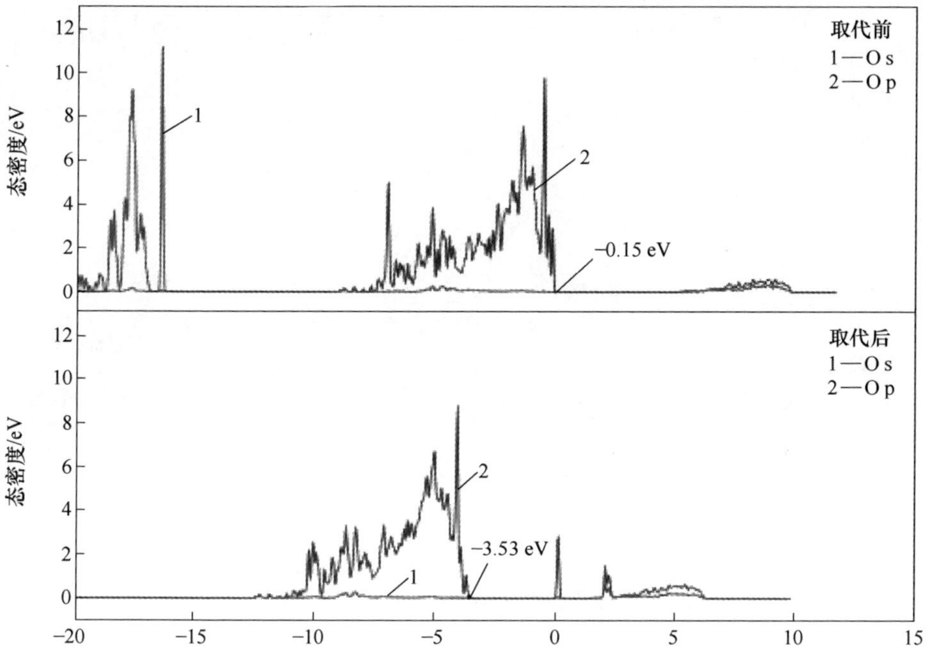
取代前
1—O s
2—O p
1
2
−0.15 eV
态密度/eV
取代后
1—O s
2—O p
2
−3.53 eV
1
态密度/eV
能量/eV

(e)

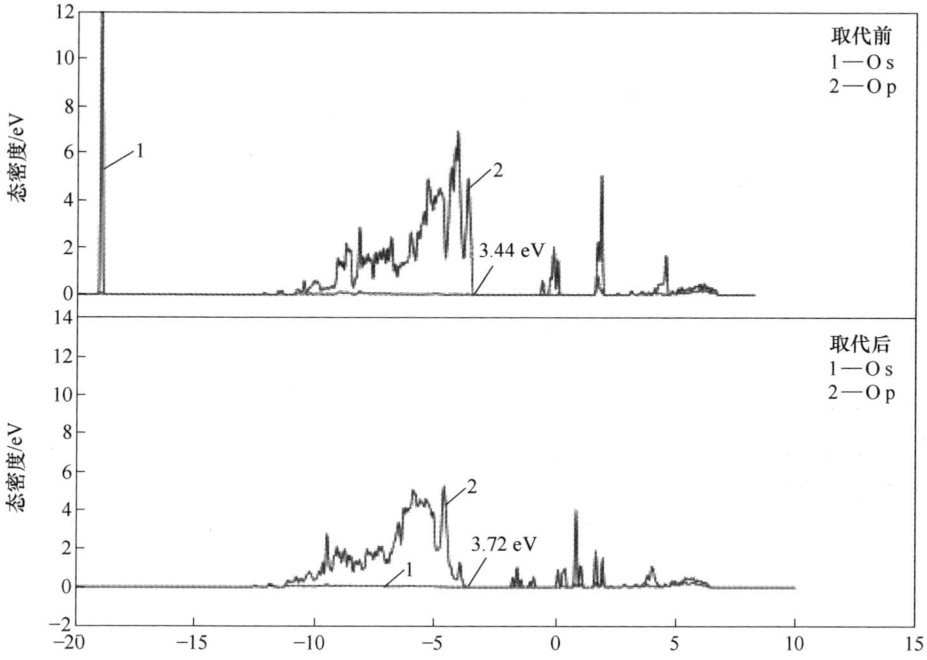
取代前
1—O s
2—O p
1
2
3.44 eV
态密度/eV
取代后
1—O s
2—O p
2
3.72 eV
1
态密度/eV
能量/eV

(f)

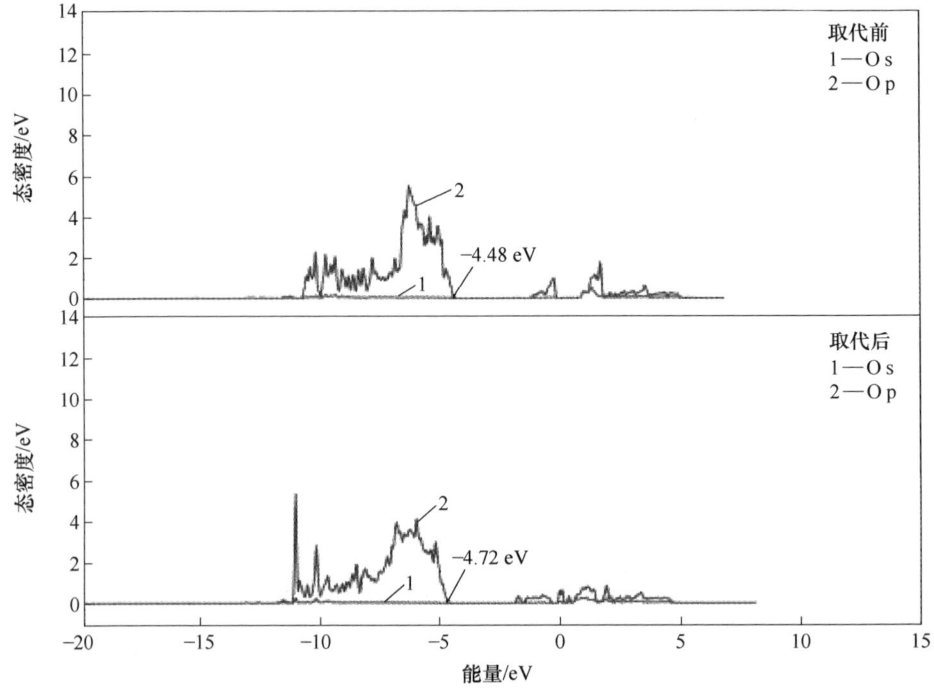

(g)

彩图

图 2-26　八面体结构发生钒取代前后氧原子的 DOS 图谱
Mg-O 八面体：(a) 绿泥石；(b) 镁电气石；(c) 金云母；
Al-O 八面体：(d) 白云母；(e) 高岭石；
Fe-O 八面体：(f) 铁电气石；(g) 黑云母

当钒取代 Mg—O、Al—O 和 Fe—O 八面体中的中心原子时，会形成 V—O 键，且这些键的形成伴随着氧原子轨道电子向更低能量状态移动。对于含有 Mg-O 八面体的矿物（见图 2-26（a）（b）（c）），态密度位移值分别为：绿泥石 5 eV，电气石 4.5 eV，金云母 4.44 eV。对于含有 Al—O 八面体的矿物（见图 2-26（d）（e）），态密度位移范围在 0.26~3.77 eV 之间。对于 Fe—O 八面体（见图 2-26（f）（g）），最大态密度位移仅为 0.28 eV，远低于 Mg—O 八面体和 Al—O 八面体的态密度位移。硅酸盐矿物八面体结构中心原子被钒取代时，Mg—O 八面体结构中 V—O 键的形成最为稳定和坚固，展现出最大的 DOS 态密度位移，钒页岩中硅酸盐矿物中的镁氧八面体是最佳钒取代结构，提钒破坏的主要目标结构。

3 主要赋钒矿物溶解弛豫机理

湿法冶金过程中页岩钒的释放溶出，实质上是破坏赋钒矿物的强晶格束缚，活化钒原子价键结构，实现钒氧键的快速有效断裂。其核心反应是赋钒矿物的界面溶解弛豫，该过程是晶体结构转变和溶液离子配位键合的双重作用结果，直观反映了晶格钒迁移释放全过程。

针对以晶格钒形式存在的难处理赋钒矿物，目前提高钒提取效率的强化方法有湿法含氟助浸强化、外场加压应力裂解和热活化等，强化赋钒矿物溶解过程钒的释放。其中，湿法含氟助浸强化技术借助氟离子介质强配位能力，强化含钒硅酸盐矿物骨架的溶解破坏，实现晶格钒的高效释放。外场加压应力裂解技术利用含钙介质在缺陷界面的高温成核长大作用，增大含钒矿物的内应力，新增活性界面，加快矿物溶解。热活化技术利用高温预活化含钒矿物结构，使含钒矿物价键结构发生改变，增大结构畸变，降低矿物溶解反应吉布斯自由能。上述钒的强化溶出过程也同步伴随杂质铁元素的溶解，目前较为有效的手段是原位钝化技术，能够对于不同赋存形式的铁物相选择性界面钝化助溶。

本章针对钒页岩中主要赋钒矿物云母的溶解弛豫机理展开，立足于晶格钒原子的迁移释放过程，深入揭示湿法提取过程氢离子和氟离子的协同溶蚀强化作用和外场钙沉积应力裂解助溶作用，以及热活化过程赋钒矿物的晶格畸变与活化机制，最后介绍湿法冶金过程中杂质铁原位钝化与控制机理。

3.1 氢离子对云母结构的影响

3.1.1 氢离子作用位点

云母溶解过程中层间 K^+ 释放优先发生，主要是 H^+ 置换出 K^+，H^+ 释钾后的落位情况如图 3-1 所示。无论 50%还是 100%的 K^+ 被置换，H^+ 都会从初始六元环孔道中心上方迁移到六元环表面的铝氧四面体结构氧原子上。该过程的发生是铝氧四面体由于电荷不平衡而显负电荷导致，原来 K^+ 由于较大的半径能够填充层间来平衡上下两界面的负电荷，但是 H^+ 置换 K^+ 后，较小的离子半径和集中的电荷密度使其难以同时平衡上下两界面的电荷，只能向一个界面迁移，100%K^+ 被置换的优化结构中，H^+ 分别离开层间中心位置，一半偏移至上界面、一半偏移至下界面来平衡电荷。

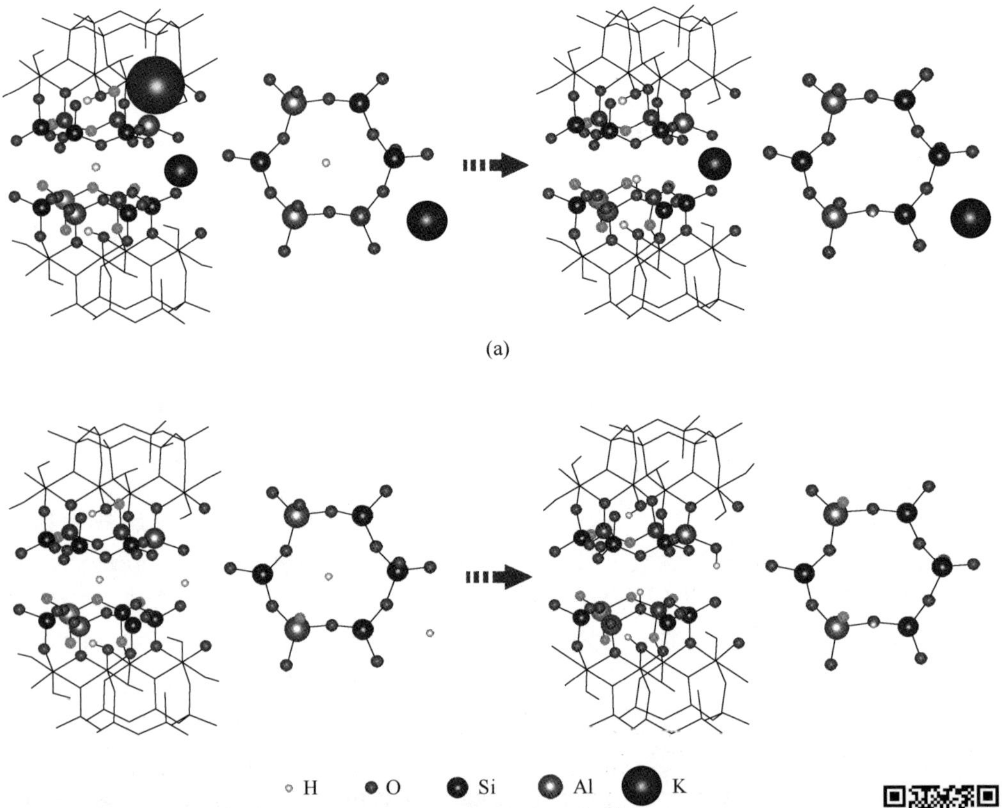

(b)

彩图

图 3-1　云母结构中 H^+置换 K^+后的迁移落位情况

（a）50% K^+被取代；（b）100% K^+被取代

H^+释钾结构的差分电荷分布反映了 H^+在铝氧四面体结构氧原子上落位后的电子转移情况，如图 3-2 所示。H^+失去电子，未饱和结构氧原子得到电子，两原子之间有明显的电子转移情况，它们之间存在较强的相互作用。

H^+释钾前后未饱和结构氧原子分波态密度进一步确定成键反应过程，如图 3-3 所示。H^+置换 K^+前 O(2px) 和 O(2pz) 轨道电子重叠，且比 O(2py) 轨道电子的能量更高；50% K^+被 H^+置换后，各电子轨道的能量分布区间向低能态拉伸，尤其 O(2pz) 轨道部分电子向低能态发生转移，且与 H(1s) 轨道电子很好地重叠；100% K^+被 H^+置换后，O(2pz) 轨道电子完全转移到低能态与 H(1s) 轨道电子重叠。因此，H^+置换 K^+过程中 H^+沿着未饱和氧原子 *c* 轴方向成键，呈共价性，该结构可称为表面羟基。

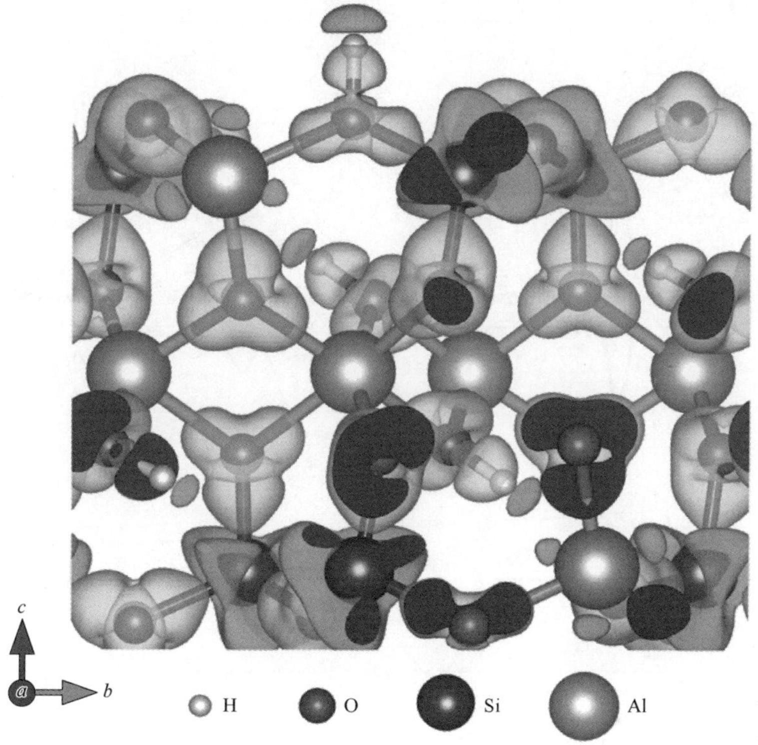

图 3-2　H^+释钾结构的差分电荷分布图
（二维码彩图中，黄色表示得电子，蓝色表示失电子）

彩图

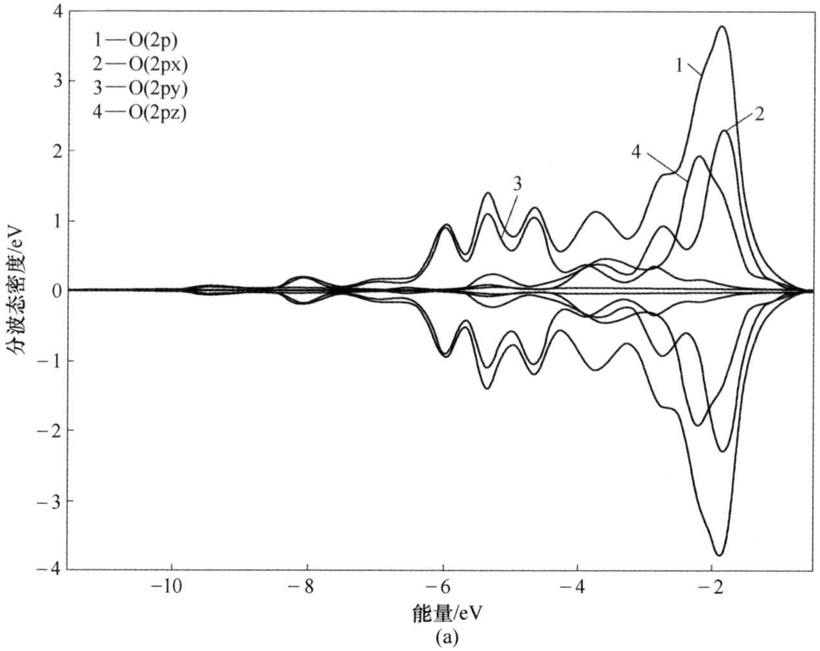

(a)

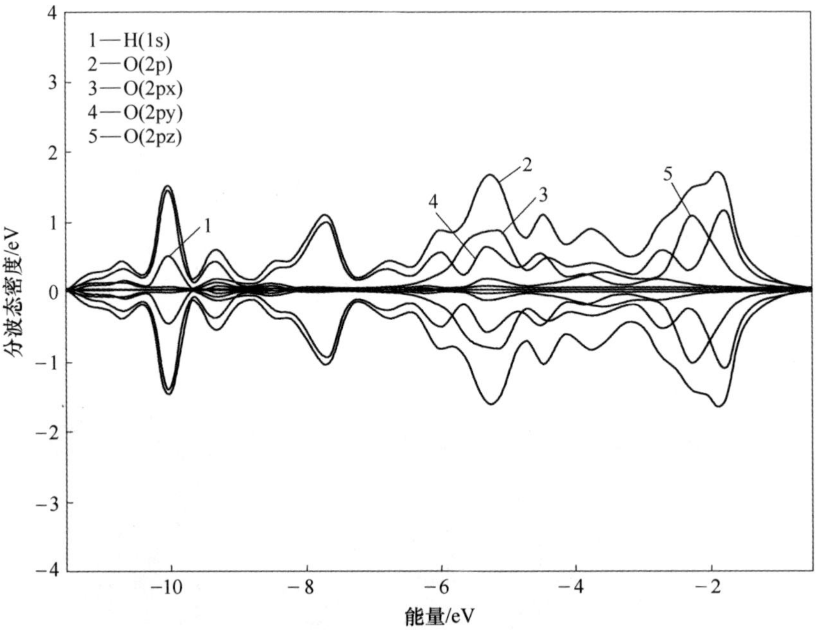

(b)

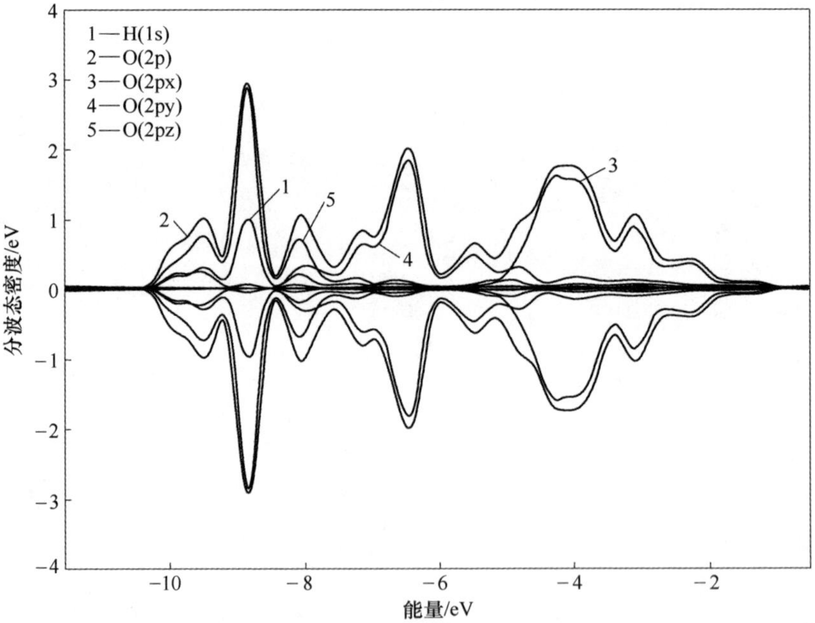

(c)

图 3-3　H^+释钾前后未饱和结构氧原子分波态密度变化

（a）K^+被置换前；（b）50% K^+被置换；（c）100% K^+被置换

彩图

表面羟基的形成必然对周围结构的价键性质带来影响，如图 3-4 所示。表面羟基形成后使得相连的 Al—O 键和 Si—O 键分别从 0. 177 nm 和 0. 161 nm 增加到 0. 190 nm 和 0. 170 nm，同时 Al—O—Si 键角从 126. 49°减小为 125. 15°。表面羟基的形成使得未饱和结构氧原子向外拉扯，降低了相连的 Al—O 键和 Si—O 键键能，且表面羟基具有较强的局域电子，共价性较强，使表面羟基的脱除能够实现。

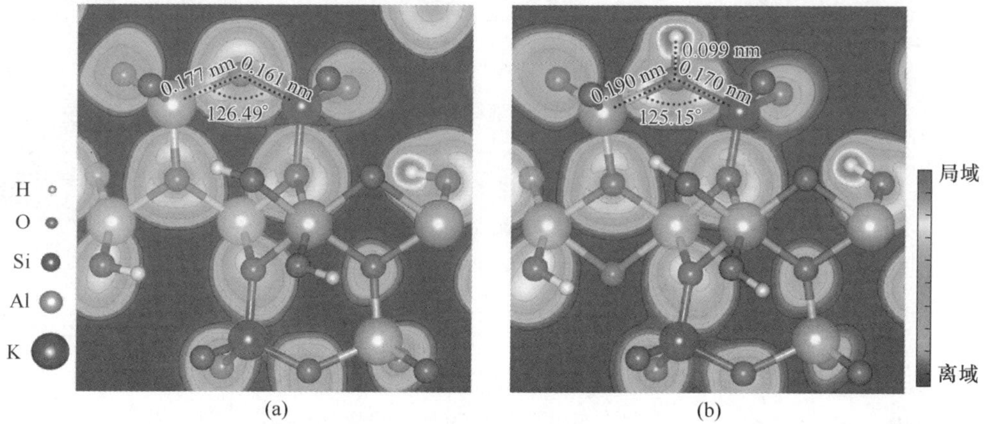

图 3-4　表面羟基形成前后局部结构及电子局域分布变化

（a）表面羟基形成前；（b）表面羟基形成后

（1 Å = 10^{-10} m）

彩图

3.1.2　表面羟基的脱除过程

表面羟基的脱除代表结构氧原子的脱除，特别是四面体层的结构氧原子是稳固六元环结构的桥接骨架，它的脱除能够为四面体的破坏提供结构缺陷，直接影响云母层状结构的稳定性，进而促进四面体层的瓦解，实现八面体层的裸露与破坏。H^+优先与未饱和结构氧原子结合，两个相邻的表面羟基（x、y = 1 ~ 6）发生脱水缩合存在 6 种初始表面双羟基结构（IS_{xy}）（见图 3-5），最后确定体系能量最低的 IS_{24}为最佳初始结构。

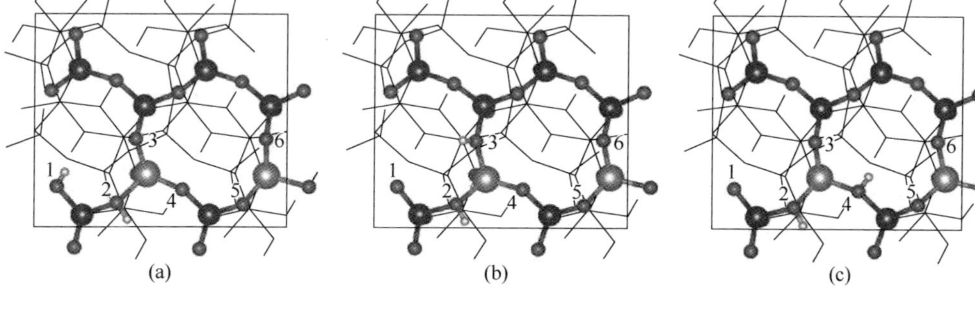

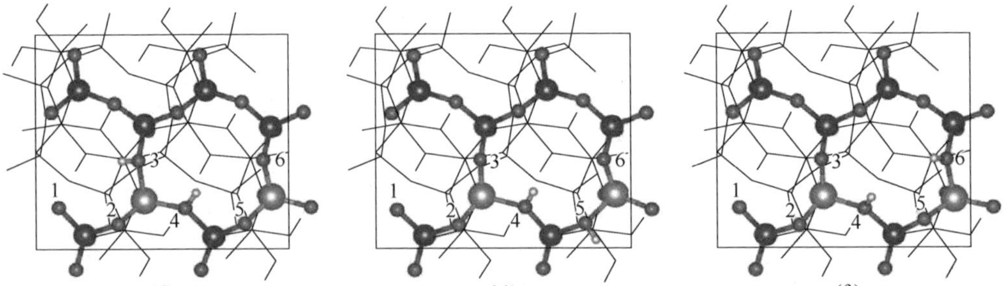

(d)　　(e)　　(f)

图 3-5　四面体表面双羟基结构模型及体系相对能量

(a) IS_{12}的能量为 0. 28 eV；(b) IS_{23}的能量为 0. 11 eV；

(c) IS_{24}的能量为 0. 00 eV；(d) IS_{34}的能量为 0. 19 eV；

(e) IS_{45}的能量为 0. 28 eV；(f) IS_{46}的能量为 0. 03 eV

(1~6 为羟基的六种位点，毗邻两个羟基各占据一个位点形成组合，以 *xy* 组合表示)

彩图

表面羟基脱除过程分为两个步骤：(1) 水分子的形成过程；(2) 水分子的脱除过程。同时，具有两种脱羟基反应路径：(1) 直接反应路径 (st)：左侧的羟基 $OH_{(2)}$ 提供氢离子 $H_{(2)}$ 和右侧的羟基 $OH_{(4)}$ 发生脱羟基反应形成含水中间态结构 MS_{st}，进一步脱除水分子后形成终态结构 FS_{st}；(2) 翻转反应路径 (re)：两侧羟基先发生翻转，然后右侧的羟基 $OH_{(4)}$ 提供氢离子 $H_{(4)}$ 和左侧的羟基 $OH_{(2)}$ 发生脱羟基反应形成含水中间态结构 MS_{re}，进一步脱除水分子后形成终态结构 FS_{re}。直接反应路径中水分子的形成过程并没有过渡态，该反应过程只需要持续的能量输入即可发生；翻转反应路径中水分子的形成会经过一个过渡态 TS_{re}，该反应过程需要跨过一个更高的能垒才能进行。过渡态结构反映了两个羟基翻转后右侧羟基上的 H^+将离未离，同时与左侧羟基的结合将成未成的状态。

两个反应路径各阶段的结构和体系相对能量变化如图 3-6 所示。体系相对势能为每步反应终态结构的体系势能 (Mn) 与初始结构的体系势能 $(Mo)_{no}$差值，该值代表各反应步骤发生的难易程度。直接反应路径中间态结构 MS_{st}的体系能量要高于翻转反应路径的中间态结构 MS_{re}的体系能量，两者结构的主要区别：直接反应路径中的水分子三角面垂直于结构表面，H^+向外伸展；翻转反应路径中的水分子三角面平行于结构表面，H^+分别指向硅氧四面体的结构氧原子而形成氢键，进而降低了体系能量。其中，直接反应路径中水分子的形成所需能量为 1. 79 eV，水分子的脱除所需能量为 0. 79 eV；翻转反应路径中水分子的形成和脱除所需的能量分别为 1. 16 eV 和 1. 73 eV。从整体上分析，两种反应路径的水分子形成和脱除过程都是吸热的，温度越高越有利于云母结构氧原子的脱除。

基于 Arrhenius 方程变形的 Eyring 方程描述了过渡态理论中反应活化能与反应速率的关系可用来判断两反应路径的限制步骤，公式如下：

$$k=\frac{k_{\mathrm{B}}T}{h}\mathrm{e}^{-\frac{\Delta E_{\mathrm{a}}}{k_{\mathrm{B}}T}} \tag{3-1}$$

式中，k 为化学反应速率；k_{B} 为玻耳兹曼常数；T 为温度；h 为普朗克常数；ΔE_{a} 为反应活化能。

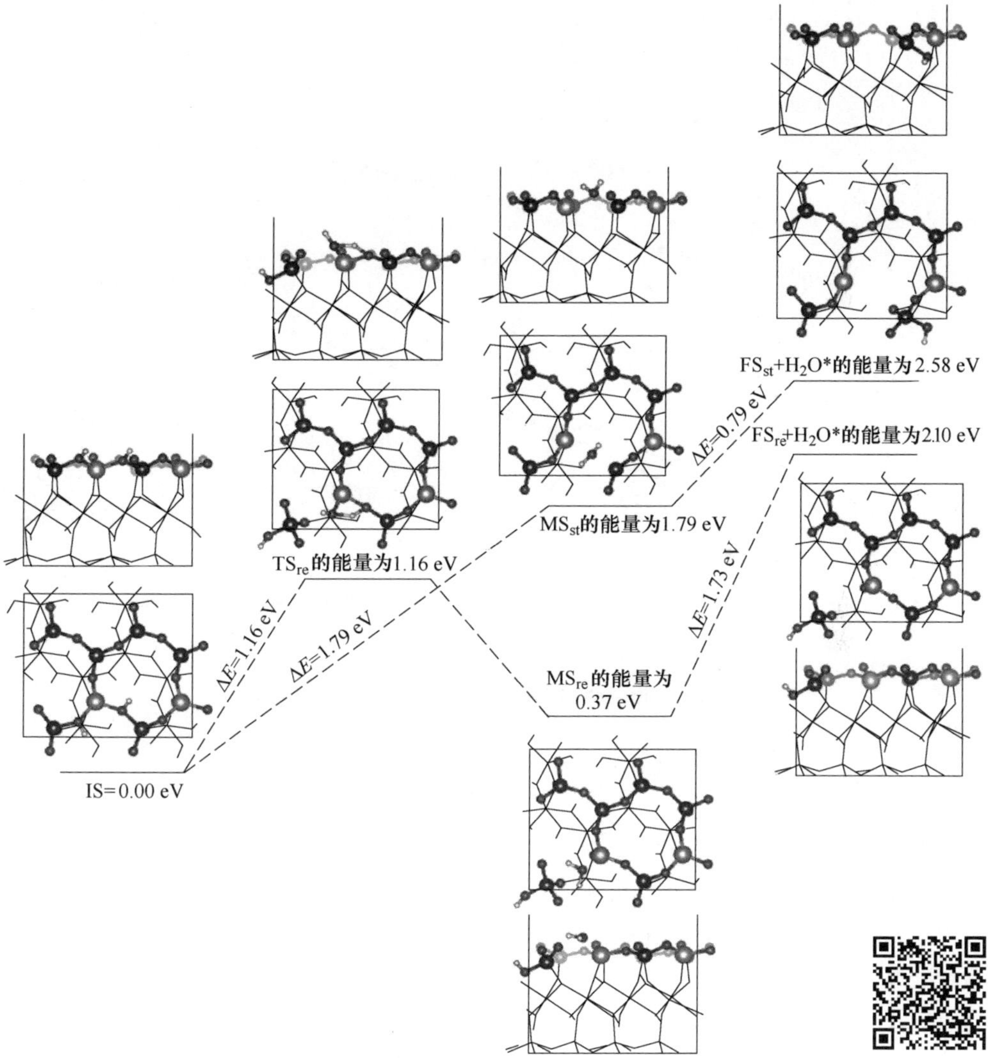

彩图

图 3-6 两种反应路径下的表面羟基脱除过程及体系相对能量

从两种反应路径下水分子的形成和脱除阶段的反应速率常数与温度的关系，推断出直接反应路径的反应限制步骤是水分子的形成过程，翻转反应路径的反应限制步骤是水分子的脱除，如图 3-7 所示。翻转反应路径由于反应所需能量更低一些，并且能够得到较低的中间态和终态结构，反应更容易发生。两种反应路径形成的最终水分子脱除结构中，相邻的硅氧四面体发生塌陷，并抢夺八面体层的羟基形成新的四面体结构，同时相邻的铝氧四面体配位数降低，裸露出中心铝原子，使得局部带正电荷。结构中氧原子脱除带来的结构缺陷为 F^- 提供作用位点，进而促进四面体结构进一步溶解。

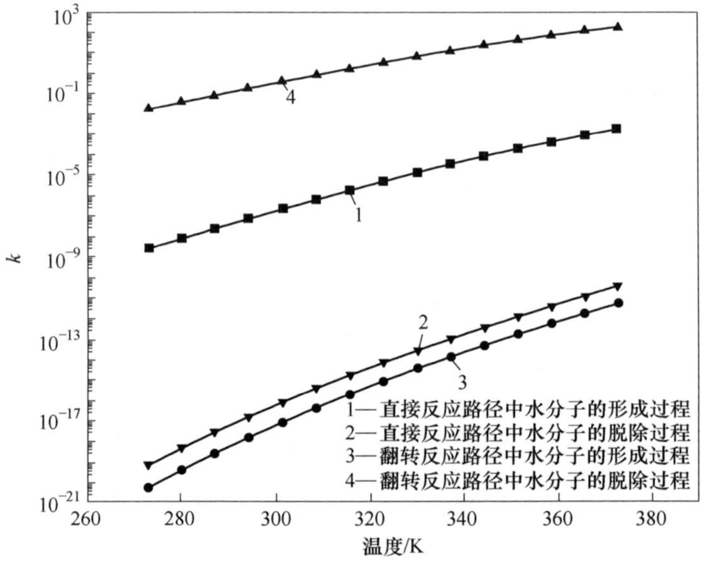

彩图

图 3-7　两种脱羟基反应路径下各阶段反应速率常数随温度的变化

3.2　氟离子对云母结构的影响

3.2.1　云母四面体层的溶解过程

云母硅氧四面体的结构稳定而不容易破坏溶出，然而云母四面体层的破坏优先发生在铝氧四面体的溶解上。铝氧四面体的破坏离不开 H^+ 与 F^- 的共同作用，浸出过程中云母结构变化带来的缺陷和电荷转变使得 H^+ 与 F^- 能够交替与四面体反应，达到破坏结构的目的。铝氧四面体的溶解过程可分为两个阶段：(1) 四面体表面结构氧原子在 H^+ 和 F^- 作用下的脱除；(2) 四面体中心原子在 F^- 作用下的溶出。

3.2.1.1　铝氧四面体结构氧原子的脱除

铝氧四面体表面三个结构氧原子依次脱除，缺陷结构依次与 F^- 反应，如图 3-8 所示。初始表面结构 M_0 吸附两个 H^+ 形成双羟基表面结构 M_1，发生脱羟基反应后形成表面结构 M_2，裸露的结构缺陷与 F^- 反应生成结构 M_3，此时第一个结构氧原子完全脱除，然后重复以上步骤实现第二个结构氧原子（$M_3 \sim M_6$）和第三个结构氧原子（$M_6 \sim M_9$）的脱除。在每个结构氧原子脱除后，铝氧四面体的结构有所调整。第一个结构氧原子脱除后，铝氧多面体坍塌形成近似三角面，随着F^-的结合再次恢复到四面体结构；第二个结构氧原子和第三个结构氧原子脱除后，铝氧多面体向内塌陷，和相邻硅氧四面体一样争夺八面体层内的结构羟基而保持四面体结构，同样随着F^-的进一步反应使其再次还原为倒立四面体结构。

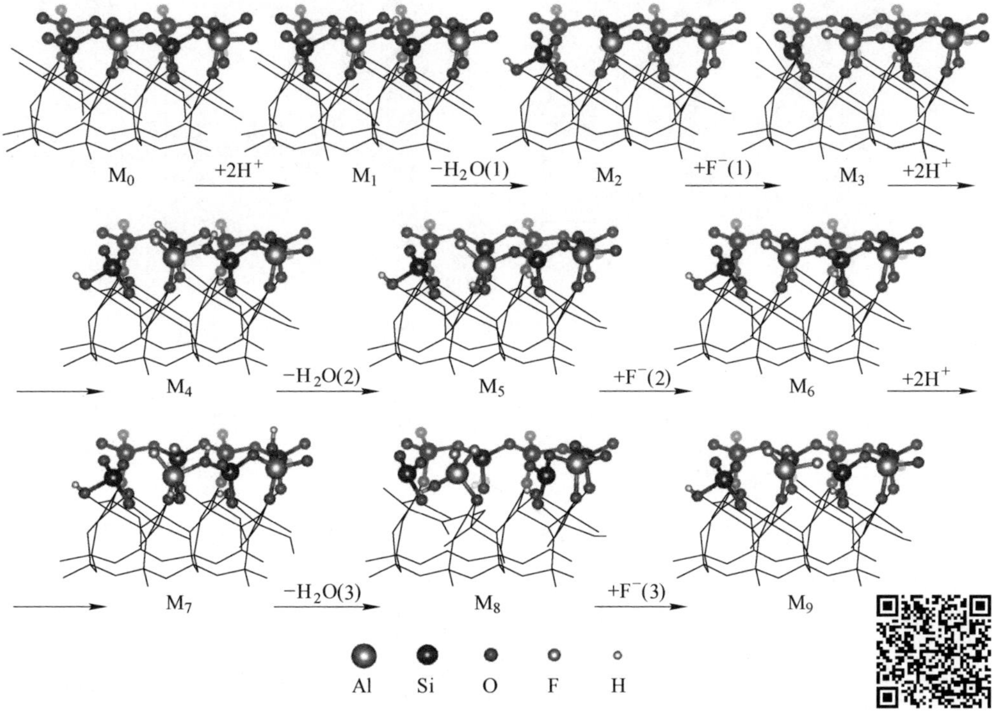

图 3-8 铝氧四面体结构氧原子脱除过程

彩图

各步反应相对初始结构的体系势能的计算见式（3-2），体系势能变化趋势如图 3-9 所示。

$$E_{p,n} = E_{M,n} - E_{M,0} + iE_{H_2O} - 2iE_{H^+} - jE_{F^-} \tag{3-2}$$

式中，$E_{p,n}$为第 n 步反应的相对势能；$E_{M,n}$为第 n 步反应后体系能量；$E_{M,0}$为初始体系能量；E_{H_2O}为水分子的能量；E_{H^+}、E_{F^-}分别为 H^+、F^-的基态能量；i 为结构氧原子以水分子形式脱除的数量；j 为参与反应的氟离子数量。

H^+吸附反应过程 $M_0 \to M_1$、$M_3 \to M_4$ 和 $M_6 \to M_7$ 的体系相对势能显著降低，反应极易发生。结构氧原子的脱除反应过程 $M_1 \to M_2$、$M_4 \to M_5$ 和 $M_7 \to M_8$ 的体系相对势能分别升高了 2.19 eV、2.83 eV 和 2.45 eV，其中第二个结构氧原子的脱除比第一个和第三个结构氧原子的脱除更加困难。整体上结构氧原子的脱除需要能量输入才能发生，是铝氧四面体破坏的关键限制步骤。F^-落位缺陷结构过程 $M_2 \to M_3$、

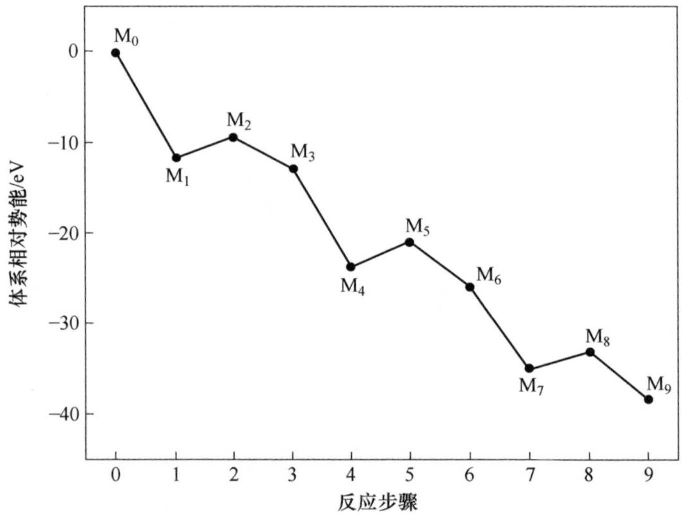

图 3-9　铝氧四面体结构氧原子脱除过程的体系相对势能变化

$M_5 \rightarrow M_6$ 和 $M_8 \rightarrow M_9$ 的体系相对势能再次降低，F^-的结合再次稳定了缺陷结构。

3.2.1.2　铝氧四面体中心铝原子的脱除

铝氧四面体表面结构氧原子脱除后三个 F^-替代氧原子，由于电荷不等价导致体系带正电荷，因此会继续吸引 F^-吸附落位。随着 F^-数量的不断增加，四面体结构中心铝原子与 F^-结合，如图 3-10 所示。

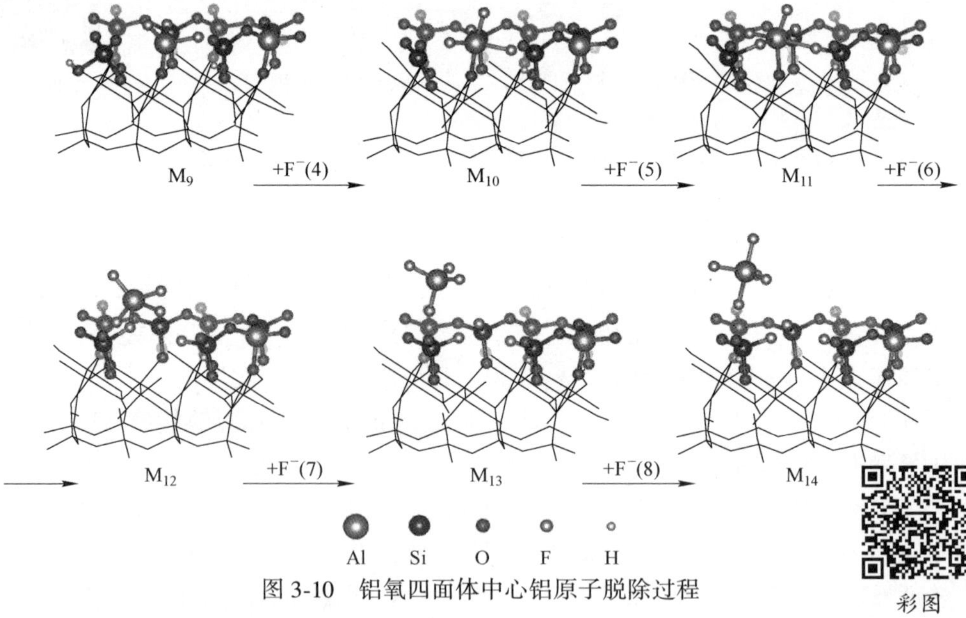

图 3-10　铝氧四面体中心铝原子脱除过程

彩图

前期 F^-作用结构（$M_9 \rightarrow M_{11}$）中，四面体仅剩的顶角 Al—O 键随着 F^-的不断作用从 0.169 nm 变成 0.197 nm；当第六个 F^-作用后（M_{12}），仅剩的 Al—O 键完全断裂，但所得的铝氟多配体仍有两个 F^-与四面体硅原子共用，而不能完全脱离结构表面；当第七个 F^-作用后（M_{13}），中心铝原子才以 $[AlF_4]^-$的形式脱离矿物结构表面，这时铝氧四面体结构完全破坏溶出；进一步添加 F^-能够使 $[AlF_4]^-$转变为 $[AlF_5]^{2-}$的形式（M_{14}）。

F^-与中心铝原子作用过程的体系相对势能显示（见图 3-11），整个过程的体系相对势能不断降低，F^-与中心铝原子的反应极易发生。因此，F^-的主要作用是利用自身强电负性和成键能力，与中心铝原子配位结合并将其不断向外拉扯直至完全脱离矿物晶体结构。

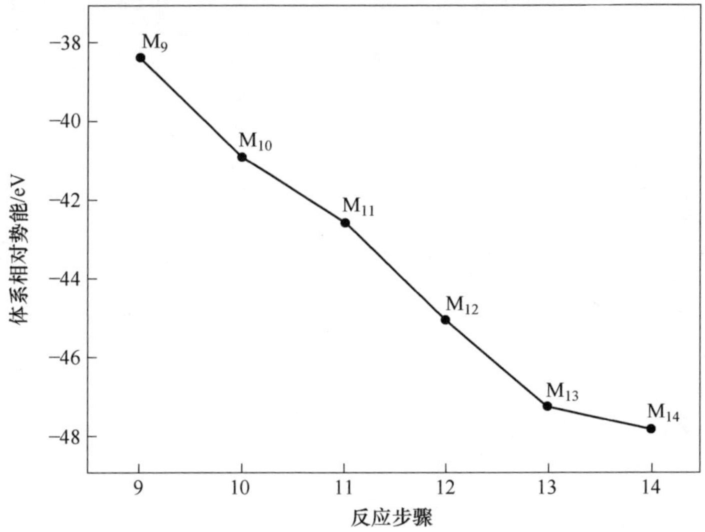

图 3-11 铝氧四面体中心铝原子脱除过程的体系相对势能变化

3.2.2 云母八面体层的溶解过程

实际溶液环境中矿物缺陷结构表面极易发生羟基化，裸露的八面体层结构表面立即会被 H^+平衡表面氧原子带来的不平衡电荷，即表面羟基结构。八面体的溶解过程同样分为两个阶段：（1）八面体表面结构氧原子在 H^+和 F^-作用下的脱除；（2）八面体中心金属原子在 F^-作用下的溶出。与四面体结构氧原子脱除不同的是八面体表面的三个结构氧原子已羟基化，但表面羟基的脱除过程是一致的。

3.2.2.1 铝氧八面体结构氧原子的脱除

铝氧八面体结构氧原子依次脱除，并依次与 F^-反应，如图 3-12 所示。初始

表面结构 M_0 与 H^+形成含水表面结构 M_1，水分子脱除后形成表面结构 M_2，裸露的结构缺陷与 F^-反应生成结构 M_3，此时第一个表面羟基完全脱除，然后重复以上步骤实现第二个表面羟基（$M_3 \sim M_6$）和第三个表面羟基（$M_6 \sim M_9$）的脱除。八面体结构氧原子的脱除并没有发生塌陷现象，也没有对相邻结构产生大的影响，只是配位数降低，而随着 F^-的反应再次变回六配位形式，八面体结构具有较强的自我调整能力。

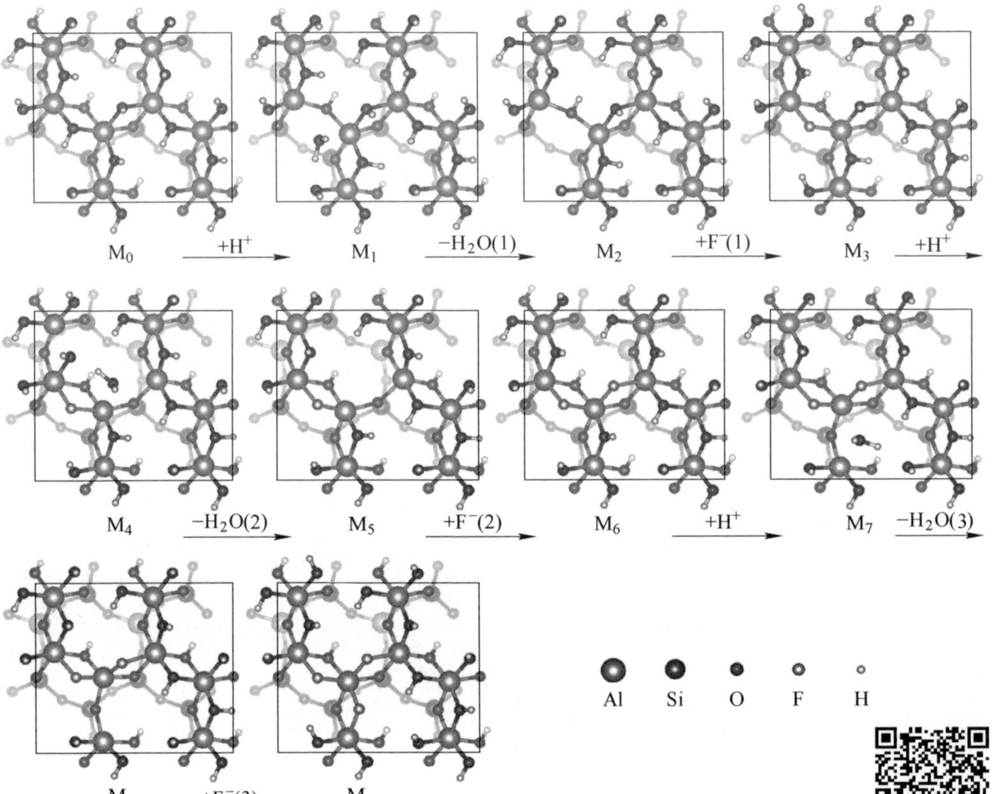

图 3-12　铝氧八面体结构氧原子脱除过程

彩图

三个表面水分子形成过程 $M_0 \to M_1$、$M_3 \to M_4$ 和 $M_6 \to M_7$ 的体系相对势能都显著降低（见图 3-13），水分子的形成是极易发生的。表面水分子的脱除过程 $M_1 \to M_2$、$M_4 \to M_5$ 和 $M_7 \to M_8$ 的体系相对势能分别升高了 0.29 eV、0.94 eV 和 0.86 eV，第二个结构氧原子的脱除比第一个和第三个结构氧原子的脱除更加困难，与四面体结构氧原子脱除结果一样，结构氧原子的脱除也是八面体破坏的关键限制步骤。F^-落位缺陷结构过程 $M_2 \to M_3$、$M_5 \to M_6$ 和 $M_8 \to M_9$ 的体系相对势能再次降低，F^-的结合再次稳定了缺陷结构。

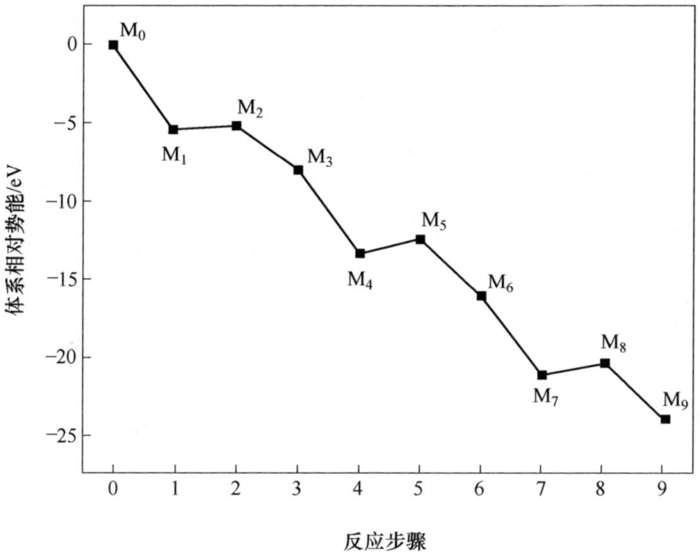

图 3-13　铝氧八面体结构氧原子脱除过程的体系相对势能变化

3.2.2.2　铝氧八面体中心铝原子的脱除

铝氧八面体结构氧原子脱除后，三个 F^- 取代表面羟基。随着 F^- 的不断增加，八面体结构变化如图 3-14 所示。当第四个 F^- 参与反应时（M_{10}），八面体下三角面的两个 Al—O 键发生断裂，中心铝原子被向外拉扯；当第五个 F^- 参与反应后（M_{11}），中心铝原子进一步向外迁移，Al—O 键被拉长；当第六个 F^- 参与反应后（M_{12}），仅剩的 Al—O 键完全断裂，但此时的铝氟多配体结构仍有两个 F^- 与相邻八面体配位而不能完全脱离结构表面；当第七个 F^- 作用后（M_{13}），中心铝原子才以 $[AlF_4]^-$ 的形式脱离矿物结构表面，这时铝氧八面体结构完全破坏溶出；继续添加 F^- 能够使 $[AlF_4]^-$ 转变为 $[AlF_5]^{2-}$ 的形式（M_{14}）。

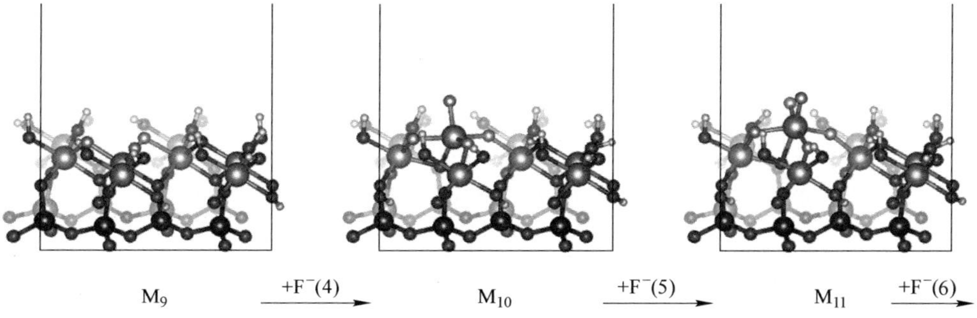

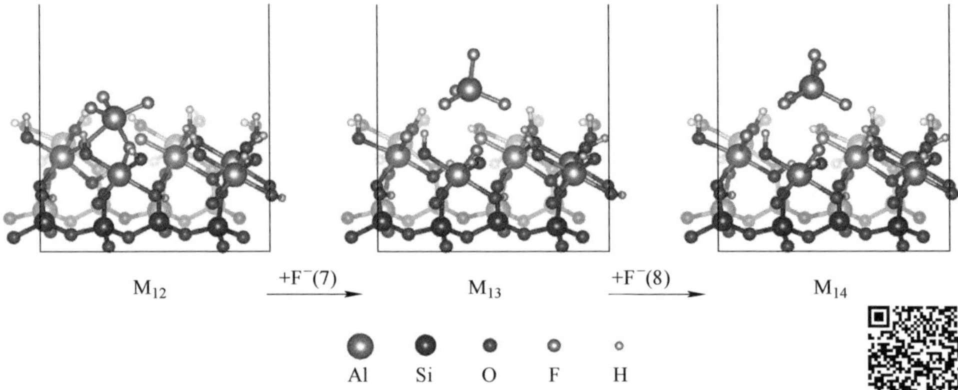

彩图

图 3-14　铝氧八面体中心铝原子脱除过程

F^-与中心铝原子作用过程的体系相对势能不断降低，尤其是在 F^-作用下 Al—O 键断裂过程最显著（见图 3-15），F^-比结构氧原子更容易与中心铝原子配位结合。相比四面体与破坏限制步骤的能量，即表面结构氧原子的脱除过程，八面体表面结构氧原子脱除所需能量最高为 0. 94 eV，而四面体表面结构氧原子脱除所需能量最低为 2. 19 eV、最高能为 2. 82 eV。因此，八面体比四面体更容易在氟离子作用下溶解破坏。

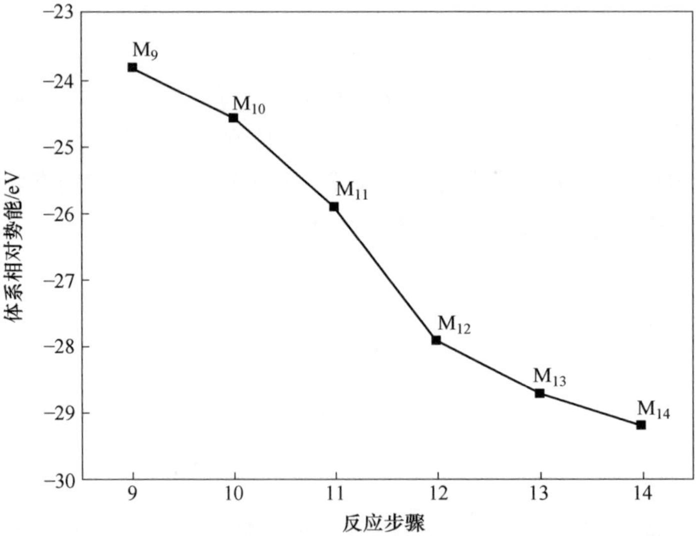

图 3-15　铝氧八面体中心铝原子脱除过程的体系相对势能变化

3. 2. 3　含氟体系云母结构的弛豫模型

云母结构破坏可分为以下步骤：（1）云母在酸性环境中首先发生 H^+释钾；

(2) H^+落位于云母四面体层的未饱和结构氧原子上形成表面羟基结构，脱羟基反应的发生实现结构氧原子的脱除，进而裸露出带正电荷的结构缺陷；(3) F^-作用于四面体结构缺陷处与四面体中心金属原子结合，随着 F^-的不断反应，将中心金属原子拉扯出矿物结构表面，四面体结构完全溶解破坏并裸露出八面体层结构；(4) H^+进入八面体层与结构氧原子反应并脱除，同样裸露出带正电荷的结构缺陷；(5) F^-作用于八面体结构缺陷处与八面体中心金属原子反应，将中心金属原子向外拉扯溶出。以上过程循序渐进，最后实现云母结构的破坏以及钒原子从八面体结构中的释放。云母结构弛豫过程如图 3-16 所示。因此，提高页岩提钒效果的关键在于增强 H^+和 F^-的含量以及反应活性，对于实际酸浸过程可通过增加硫酸和含氟助浸剂添加量以及提高浸出温度实现。

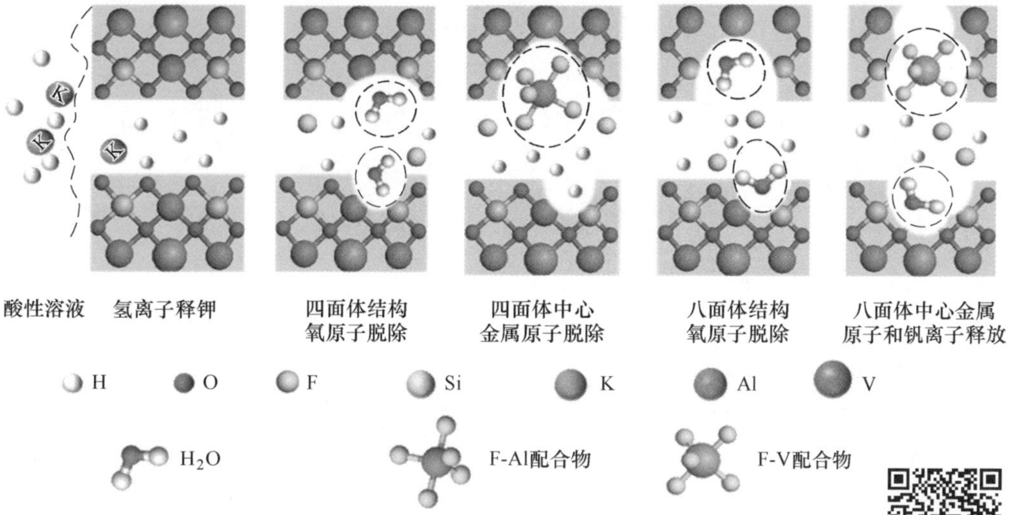

图 3-16　云母结构弛豫过程示意图

彩图

3.3　SO_4^{2-} 与 HSO_4^- 对云母结构的影响

3.3.1　SO_4^{2-} 与 HSO_4^- 对铝氧四面体的作用

钒页岩浸出的溶液环境中除了 F^-外，还存在 SO_4^{2-} 和 HSO_4^-。溶液中 SO_4^{2-} 和 HSO_4^- 对矿物结构的作用离不开 H^+的共同作用，H^+同样优先破坏结构氧原子裸露带正电缺陷的中心金属原子，然后带负电荷的 SO_4^{2-} 和 HSO_4^- 落位成键。与 F^-模拟过程相似，溶液中 SO_4^{2-} 对铝氧四面体的作用过程如图 3-17 所示，当结构氧原子脱除后，SO_4^{2-} 以顶角氧原子落位于缺陷结构处与四面体中心金属原子结合

（M_3 和 M_6），其中第二个 SO_4^{2-} 与中心铝原子结合后，两个 SO_4^{2-} 由于自身较大的体积以及彼此都带负电荷而相互排斥，同时给第三个结构氧原子脱除带来影响，使 SO_4^{2-} 在所剩的狭小空间下无法继续与中心铝原子发生反应，而一直游离在表面结构以外。

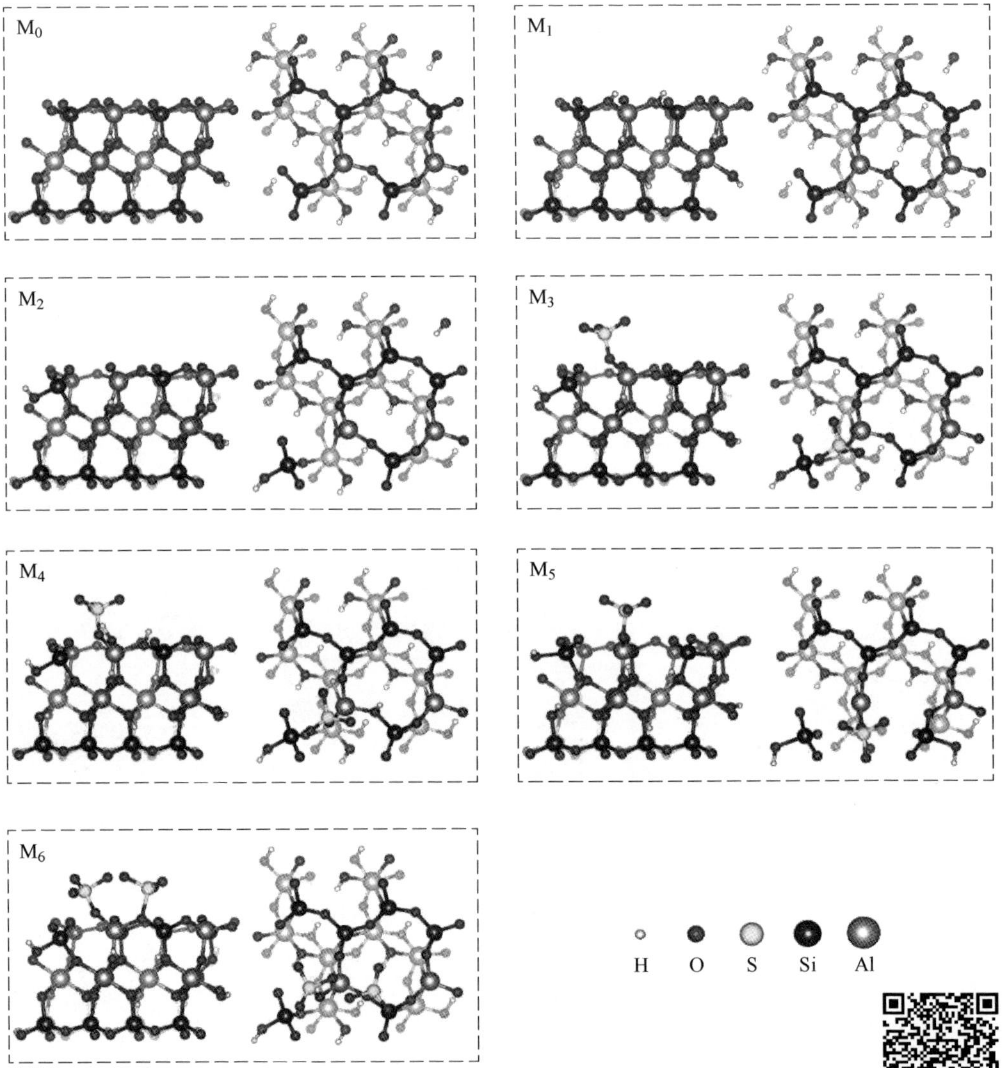

图 3-17　SO_4^{2-} 在云母四面体表面的作用

彩图

溶液中 HSO_4^- 对铝氧四面体的作用过程如图 3-18 所示，其结构变化与 SO_4^{2-} 相似，同样在两个 HSO_4^- 作用以后，未能提供足够的反应空间让第三个 HSO_4^- 落位，导致反应不能继续进行。相对于 F^- 作用过程，SO_4^{2-} 和 HSO_4^- 由于较大的空间位阻而使四面体中心铝原子释放过程发生受阻，导致云母溶解过程缓慢。

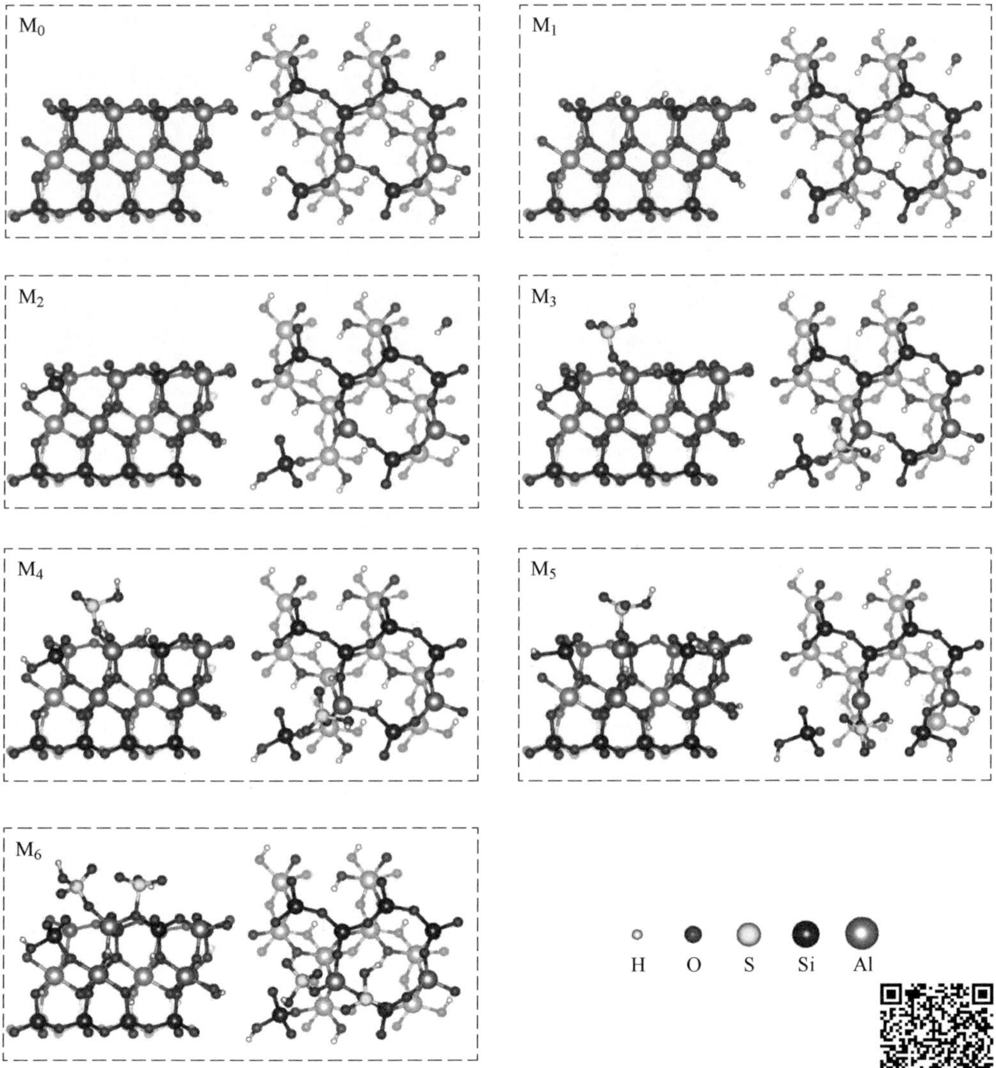

彩图

图 3-18　HSO_4^- 在云母四面体表面的作用

3.3.2　SO_4^{2-} 与 HSO_4^- 对铝氧八面体的作用

溶液中 SO_4^{2-} 和 HSO_4^- 同样落位于缺陷结构处与八面体中心铝原子结合，如图 3-19 和图 3-20 所示。当两个 SO_4^{2-} 或 HSO_4^- 与中心铝原子结合后（M_6），SO_4^{2-}

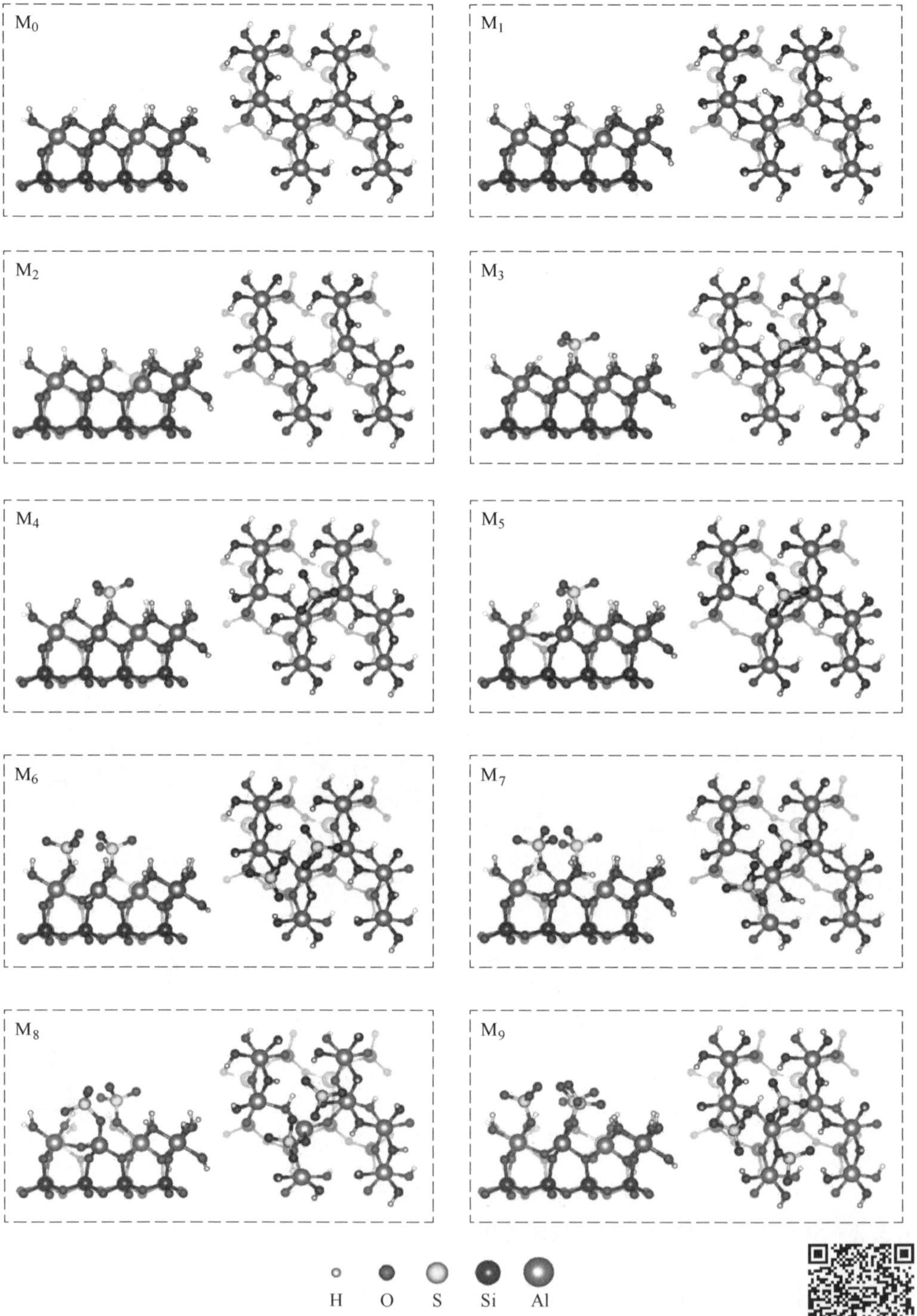

图 3-19　SO_4^{2-} 在云母八面体表面的作用

彩图

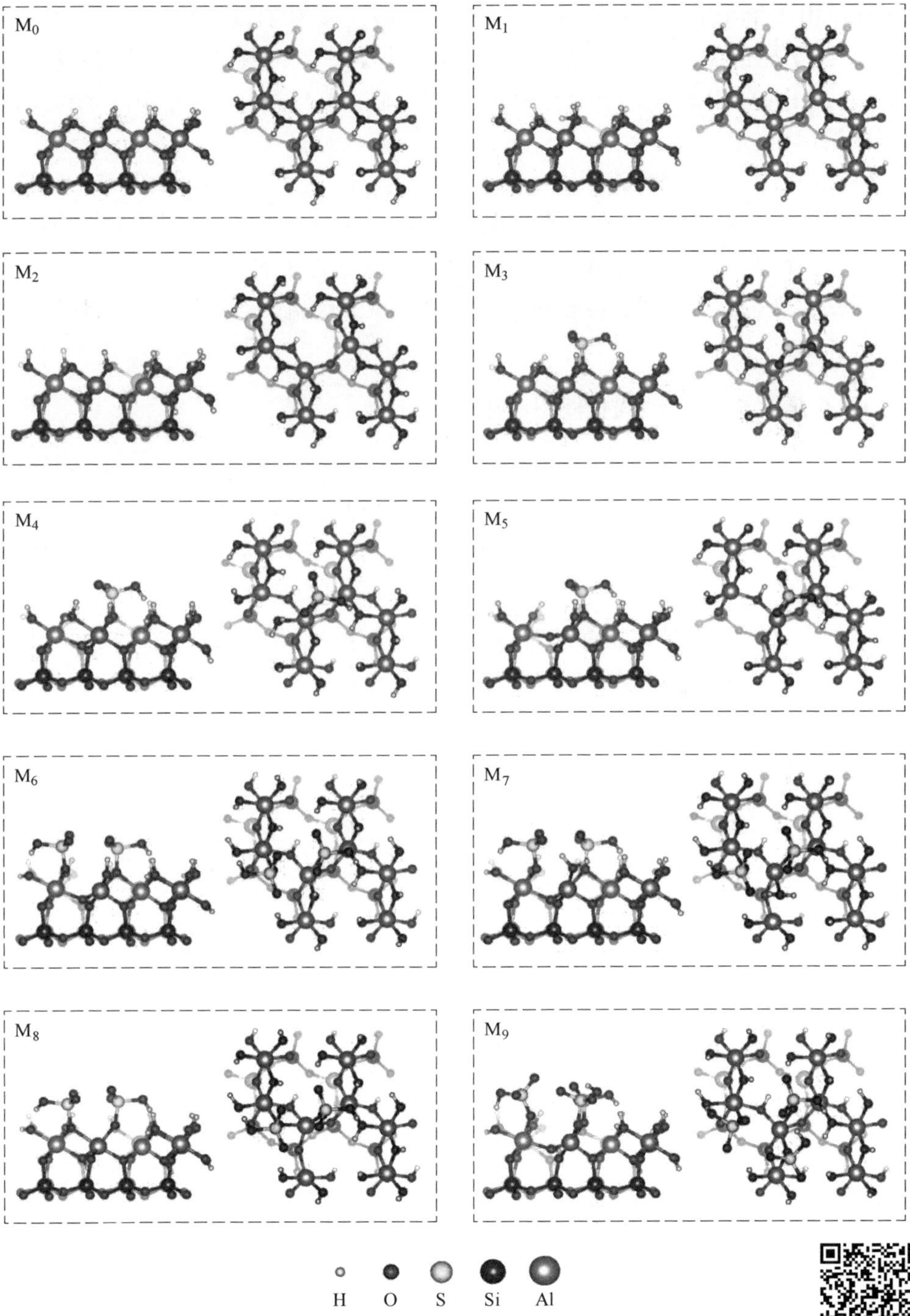

图 3-20 HSO_4^- 在云母八面体表面的作用

彩图

或 HSO_4^- 由于相互排斥而发生倾斜，当三个 SO_4^{2-} 或 HSO_4^- 与中心铝原子结合后（M_9），离子拥挤程度进一步加大，离子倾斜加剧，同时掩盖缺陷结构，使第四个 SO_4^{2-} 或 HSO_4^- 不能落位于中心铝原子上，无法参与配位反应，阻碍中心金属原子的溶出。

综上所述，钒页岩纯硫酸体系浸出过程中，SO_4^{2-}、HSO_4^- 虽然在 H^+ 的协同作用下对四面体和八面体的表面羟基具有一定的脱除效果，由于较大的 SO_4^{2-} 和 HSO_4^- 离子半径掩盖缺陷结构位点，限制了结构氧骨架溶解反应的进一步发生，进而无法实现中心钒原子的配位溶出，宏观体现为纯硫酸体系下的页岩提钒浸出效果较差。

3.3.3　硫酸体系下的 F^- 强化浸出机理

含氟助浸强化作用主要体现在 F^- 与钒的结合溶出作用，三种阴离子（F^-、SO_4^{2-}、HSO_4^-）作用下四面体结构氧原子脱除过程的体系相对势能存在差异，如图 3-21 所示。在阴离子作用于结构氧原子脱除后的结构缺陷时（$M_2 \rightarrow M_3$ 和 $M_5 \rightarrow M_6$），F^- 与中心铝原子结合后的体系相对势能均显著降低，而 HSO_4^- 与中心铝原子结合后体系相对势能都呈升高的趋势，SO_4^{2-} 也在第二个结构氧原子脱除后体系相对势能才有所下降。F^- 优先于 SO_4^{2-}、HSO_4^- 与四面体结构反应，并能够促进结构破坏。

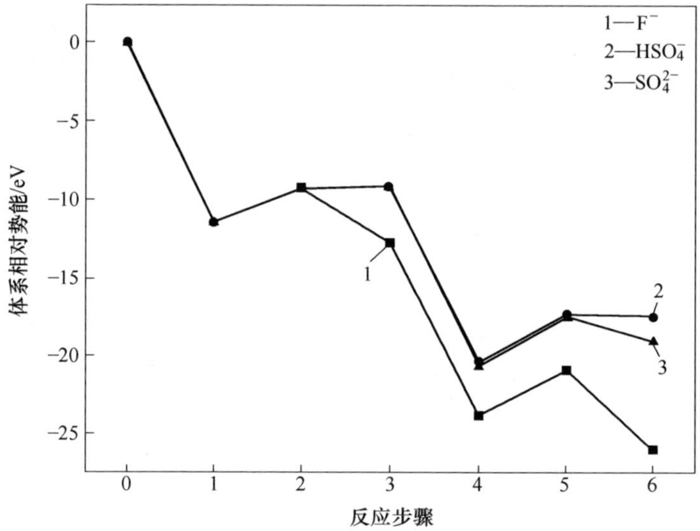

彩图

图 3-21　三种阴离子参与云母四面体结构破坏过程的体系相对势能变化

阴离子与八面体中心金属原子结合时（$M_2 \rightarrow M_3$、$M_5 \rightarrow M_6$ 和 $M_8 \rightarrow M_9$），三个 F^-作用的体系相对势能均显著降低，而 HSO_4^- 除了第一个 F^-参与配位反应后体系相对势能稍微降低，在第二个和第三个 F^- 作用时的体系相对势能都升高，SO_4^{2-} 在第三个 F^-参与反应时的体系相对势能也开始升高，如图 3-22 所示。F^-能够促进八面体结构破坏，而 SO_4^{2-}、HSO_4^- 的破坏效果不显著。

因此，含氟助浸剂的添加能够强化云母结构破坏，有效提高钒浸出率，其本质原因是 F^-具有较小的离子半径和电负性，空间位阻效应小，能够实现四面体结构和八面体结构的有效破坏，特别是在中心金属原子的配位溶出过程。

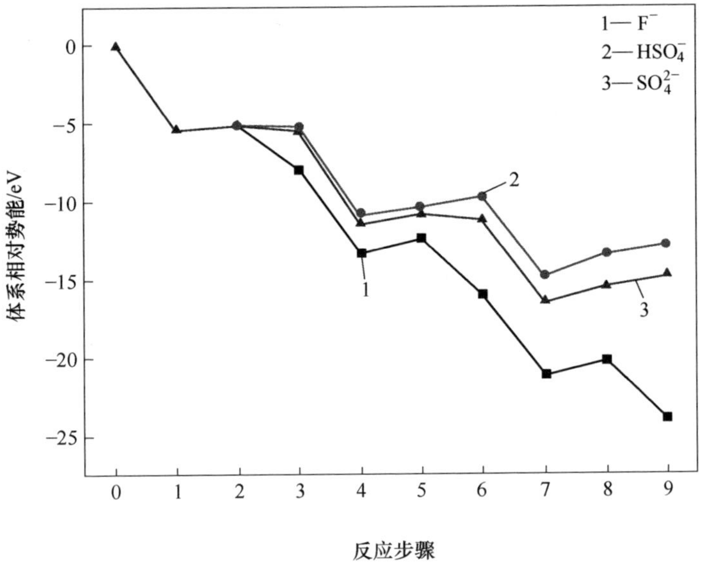

彩图

图 3-22 三种阴离子参与云母八面体结构破坏过程的体系相对势能变化

实际情况中，钒页岩含氟和无氟浸出体系浸出率确实存在显著差异，如图 3-23 所示。云母型钒页岩中铝的溶出代表着云母八面体结构的破坏，钒与铝的浸出变化是一致的，两种浸出体系下虽然钒和铝的浸出率均随浸出时间的延长不断增大，但是含氟浸出体系下钒和铝的浸出率均显著高于无氟浸出体系，且随时间变化该差距越来越大，证实了 SO_4^{2-} 和 HSO_4^- 具有一定的破坏作用，但是 F^-的加入能够显著强化云母结构的破坏，加快钒原子的释放。

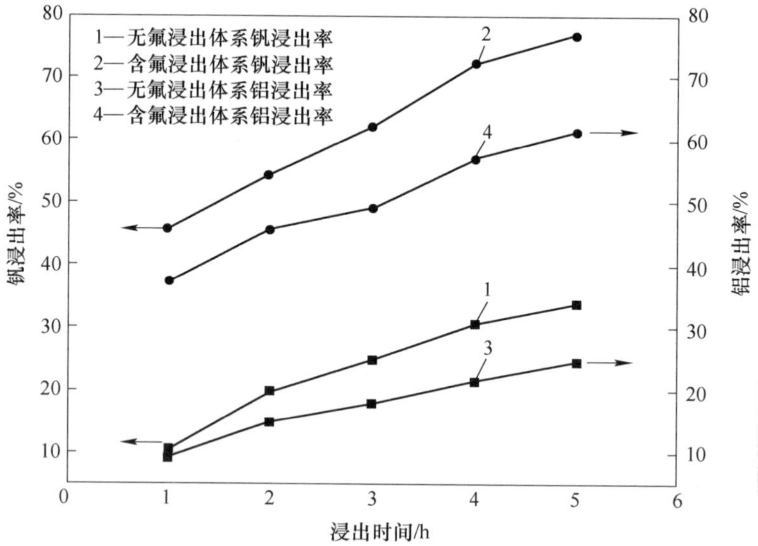

彩图

图 3-23　云母型钒页岩在含氟和无氟浸出体系下钒与铝的浸出率随浸出时间的变化

3.4　钙沉积强化层状 TOT 结构裂解

3.4.1　钙沉积现象

当前我国钒页岩生产过程仍多采用硫酸浸出，存在的主要问题：(1) 酸耗量居高不下，导致中和碱耗高、渣量大、难处理，这是由钒在云母及其次生矿物中的同晶置换所致；(2) 硫酸浸出可以获得高钒浸出率，但其浸出选择性差，有价与有害组分同步释放，分离难度增大，直接沉钒无法制备出纯度大于 99.5%的高纯钒产品。上述问题已成为制约钒页岩清洁生产的技术瓶颈。

从大量的试验数据挖掘中发现，钒页岩硫酸浸出过程关于钙盐的一个重要微观现象和作用——钙沉积应力裂解（SCC）。硫酸浸出过程钒页岩含钙矿物会溶解形成微溶钙盐液相环境，研究表明，尤其在液相环境受到过量碱金属硫酸盐诱导或超声波干预时，云母族矿物结构会受到钙盐沉积物（硫酸钙）在其表面的生长应力作用，使云母矿物表面结构产生应变，形成存在于表面或内延的孔隙和裂纹，如图 3-24 所示。

在地球化学理论中一些矿物在水溶液体系会成为重要的吸附剂，矿物表面的吸附-配位作用控制着矿物的溶解沉淀与晶体生长，表面官能团是矿物参与吸附配位作用的基本单元。地下水环境中 CO_2 的地质封存证明了造岩矿物云母表面具备诱导碳酸钙矿物沉淀的能力。封存后的碳酸钙多附着在云母矿物（基底）表面生长，从而引发了基底矿物不同程度的溶解。除此之外，云母矿物也常作为诱导金属或金属氧化物纳米颗粒、碳纳米管、柔性电子等物质沉积的基底。

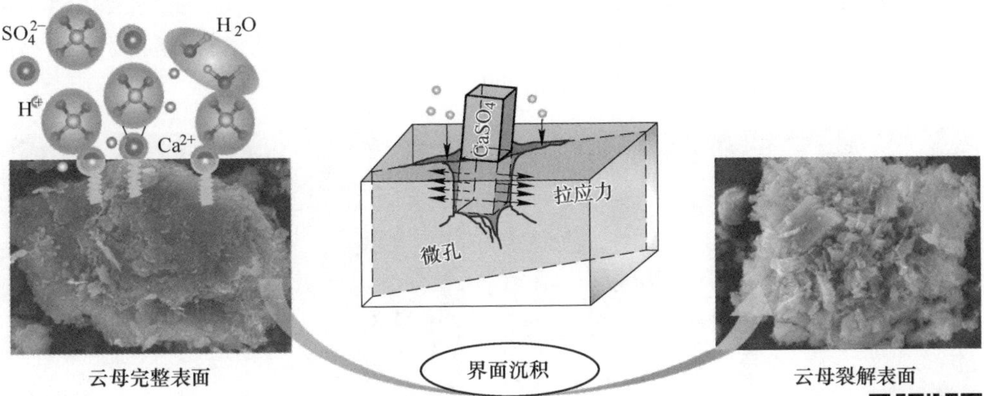

图 3-24 SCC 作用示意图

彩图

在云母族矿物层状结构中，［SiO_4］四面体连接成四面体片时，在基面上形成以硅氧烷基（—Si_2O）为边界的六边形空穴。当四面体片和八面体片相连时，这些空穴发生变形，由六方对称变为复三方对称。此时硅氧烷基并未羟基化，因其中的桥氧原子配位环境已被与它们配位的两个 Si^{4+} 饱和。当八面体片中的三价阳离子被二价阳离子置换以及四面体片中的 Si^{4+} 被三价阳离子置换时，晶格中产生永久电荷，由层间的复三角形空穴中一价或二价阳离子的络合作用来补偿。因此，云母族矿物的表面官能团除表面羟基外，还有离子交换位，直接影响溶解化合态与表面官能团之间络合反应的自由能，其密度决定了离子吸附容量。

以碳酸钙下伏沉积为例，在相同饱和度下，当表面负电荷最多的黑云母作基底时，碳酸钙成核密度最高，约达到 232 个/m^2；当表面负电荷最低的氟金云母作基底时，碳酸钙成核密度最低，约 50 个/m^2。换言之，云母族矿物主要解离面（001）晶面具有丰富的离子交换位，能够吸附络合离子。Ca^{2+} 与云母离子交换位能够发生强吸附络合反应，以（001）面电中性为基准，其占有率约可达 25%。研究发现，钒页岩硫酸浸出过程硫酸钙在云母基底表面的附着状态与基底溶解的增强有着密切的关系，基底溶解速率受到了基底表面与附着矿物的结构匹配程度影响。

SCC 作用产生的另一连锁效应是钙沉积物的界面脱黏。硫酸浸出过程因硫酸钙与云母基体之间发生物理界面结合，随着云母的不断溶解，云母基体强度会逐渐降低，必然会引起固液相界面扰动。在钒页岩浸出过程中，当浸出温度升至

170 ℃以上时，硫酸钙与云母基底之间的界面结合力被极大削弱，硫酸钙晶体加速脱黏。有学者研究同时发现，去除附着在基底矿物表面的沉淀相也可明显提高基底溶解速率。高温界面脱黏将有助于云母基底的溶解，但脱黏后基底表面遗留的孔隙为明矾石族矿物的水热沉淀提供了一种有利的局部环境，此时液相离子浓度和温度的保障使基底组分（如 Al、Fe）的溶解反应与其络合沉淀反应能够同时进行，孔隙内原位生成了明矾石沉淀相，如图 3-25（a）所示。

(a)　　(b)

图 3-25　明矾石固溶体原位沉淀（a）和固溶体在云母基底的嵌入（b）

彩图

明矾石族具有 $DM_3(TO_4)_2(OH)_6$ 超群结构，D、M、T 位能够存储多种金属离子。钒页岩中 K、Al、Fe、Ba、Cr 能够被稳定封存于 $DM_3(TO_4)_2(OH)_6$ 结构，形成明矾石固溶体与 V 分离，这一结果已被实验证实。这类固溶体在高温酸性溶液环境中具有较低的形成能，稳定性极佳。但伴随升温而来的还有钒浸出率的降低，在保证高杂质沉淀率与高钒浸出率之间似乎存在对立，如图 3-26 所示。究其原因是云母-硫酸两相界面发生了组分的溶解-沉淀连续反应，云母相与沉淀相产生一定程度的界面化学结合，固溶体镶嵌于基底中，基底裂隙生长停止，造成其溶解受阻，如图 3-25（b）所示。因此，可以通过抑制浸出初期沉积物硫酸钙的早期脱黏，增强硫酸钙与云母基底的界面结构匹配度，提高结合稳定性，在一定持续时间内保持稳定的成核密度，激发基底尽快尽早溶解。

3.4.2　钙沉积作用下的矿物颗粒裂解

3.4.2.1　难免离子对云母矿物表面的吸附-迁移行为

云母（001）面是其释放 K^+ 后产生的主要溶解反应界面，选取云母（001）晶面上两类位点分析 $CaSO_4$ 可能的沉积位置。云母四面体层是由四面体顶角氧相连形成的六元环网状结构，第一个位点是四面体组成的六元环孔腔，第二个位点是四面体层 Al 原子正上方，此处因释放 K^+而电荷不平衡。

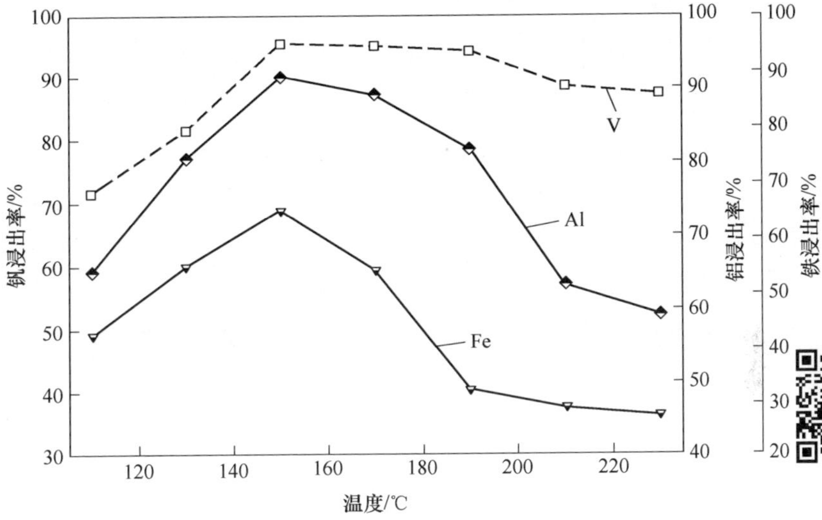

彩图

图 3-26 温度影响下钒页岩中的 V、Al、Fe 浸出率变化

Ca^{2+}、K^+、Na^+是钒页岩浸出过程的主要难免离子，首先考察这三种离子在上述（001）晶面位点的竞争吸附行为。研究表明，如图 3-27 所示，不论落位于何位点，K^+、Na^+与四面体六元环孔腔均未发生原子间的电子转移。Ca^{2+}的吸附与 K^+、Na^+不同，Ca^{2+}落位于六元环孔腔处，可与六元环上的原子发生电子共用，电子转移后均匀分布在六元环孔腔四周。但当 Ca^{2+}落位在 Al 原子上方时，电子转移行为没有出现。Ca^{2+}与六元环的电子完全共用充分说明了 Ca^{2+}与（001）晶面发生较强的吸附作用。对比三种离子的吸附能，Ca^{2+}具有最低的吸附能，因此 Ca^{2+}极易吸附于四面体六元环孔腔内。

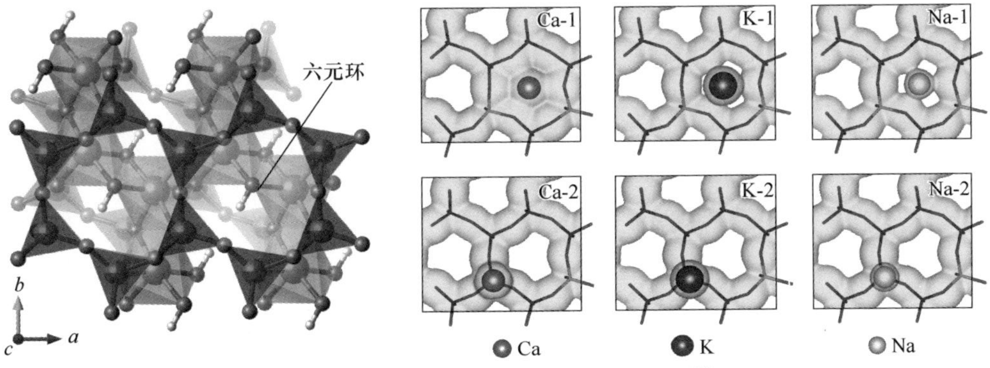

(a) (b)

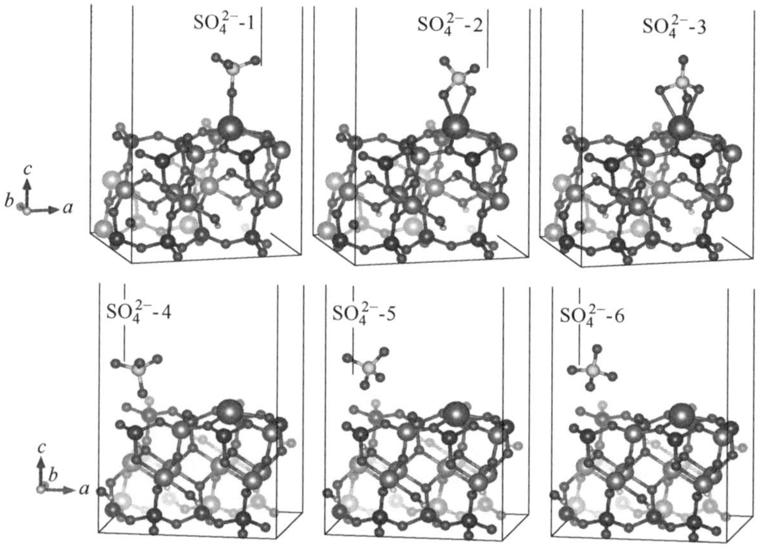

(c)

图 3-27　云母（001）晶面结构(a)和 Ca(Ⅱ)、K(Ⅰ)、Na(Ⅰ)可能吸附位点（b），Ca(Ⅱ)吸附后云母（001）晶面结构上 SO_4^{2-} 的最佳键合方式（c）

彩图

构建 Ca^{2+}吸附于（001）晶面的云母结构模型，选取了 6 种可能的 SO_4^{2-} 落位点，考察 Ca^{2+}与 SO_4^{2-} 的成键位置与形态。由图 3-28 可知，当 SO_4^{2-} 提供两个氧原子参与成键，且落位于 Ca^{2+}正上方时，SO_4^{2-} 与 Ca^{2+}的结合能最低，最容易成键成核生成 $CaSO_4$，从而与云母（001）晶面结构结合为一种新的稳定状态。云母（001）晶面为 $CaSO_4$ 沉积提供了适宜的界面环境，实现 $CaSO_4$ 界面生长，这一现象可通过扫描电镜观察。由于 Ca^{2+}落位于云母（001）面六边形空穴内，Ca^{2+}在离子交换位附近不断积聚，在界面处形成很高的过饱和度，故 $CaSO_4$ 晶体的成核生长也能够发生在云母四面体六元环孔腔中。此外，硫酸钙理论上侧向生长最佳，如果其沿轴向生长，有可能在充填裂纹后无法使裂纹沿其垂直方向膨胀扩展，基底溶解程度较低。

3.4.2.2　钙沉积作用下的颗粒裂纹生长规律

孔隙和裂纹的增殖能够显著增加浸出反应界面，降低整个体系界面反应自由能，促进钒的强烈释放。基于 Xoaotb 十进制孔隙分类标准，钒页岩颗粒孔隙可分为超大孔（$d>100$ μm，包含微裂纹）、大孔（1 μm$<d<$100 μm）、介孔（100 nm$<d<$1 μm）、过渡孔（10 nm$<d<$100 nm）和微孔（$d<$10 nm）。图 3-29 给出了不同时间钒页岩的浸出渣孔结构测定情况。

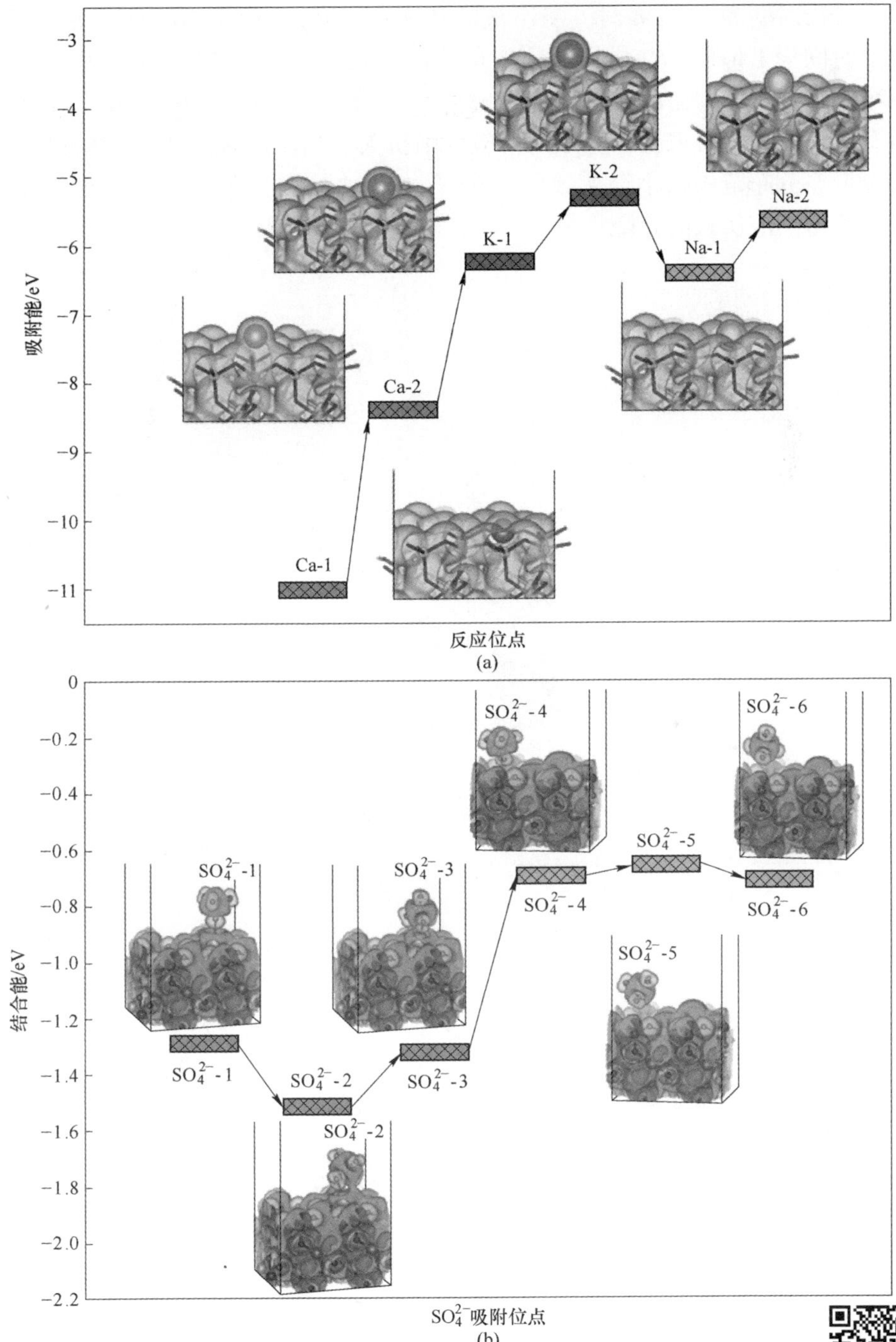

图 3-28 Ca^{2+}在云母（001）晶面不同落位点的吸附能（a）和 SO_4^{2-} 以不同结合形式与吸附 Ca^{2+}的云母（001）面的结合能（b）

彩图

当浸出时间为 45 min 时，浸出渣的孔喉比（R_{pt}）位于 30～45，分布较窄。当浸出时间为 1 h 时，R_{pt}增加，且分布宽化，R_{pt}位于 33～70 之间，表明孔喉尺寸减小，孔径增大。由此推断，在短时间（1 h）内大量孔隙即发出并增殖于旧孔内，这一变化将带来云母与酸的反应界面扩大。当浸出时间延长为 5 h 时，R_{pt}显著降低，分布范围缩小至 9～21，表明孔喉尺寸趋近于孔径大小，这是由于云母界面溶解反应所致的孔隙扩大。

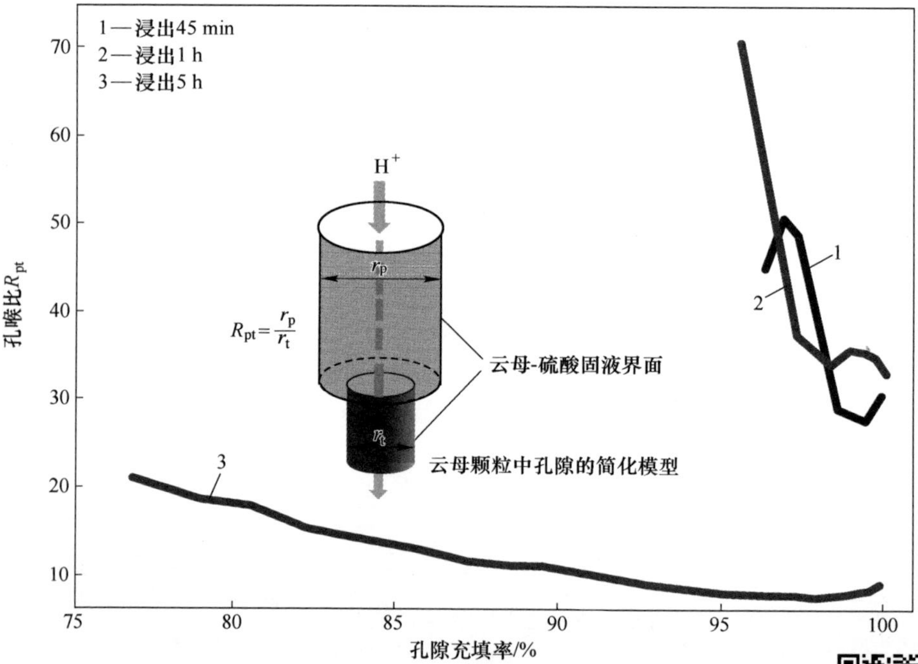

图 3-29　不同浸出时间所得的浸出渣孔喉比变化

（r_p 表示孔径，r_t 表示孔道内最窄处直径）

彩图

图 3-30 给出了不同时间钒页岩浸出渣的孔径分布曲线，研究发现，浸出渣为大孔基孔隙结构。大孔集中分布于 1～5 μm 和 5～20 μm 两个区间；介孔未呈现最可几分布，各孔径均匀；过渡孔和微孔体积低于大孔和介孔，分别在 10～80 nm 和 2～4 nm 区间内呈最可几分布。通过曲线积分计算得到不同时间钒页岩浸出渣中不同等级孔的占比、孔体积和孔表面积。随着时间的延长，大孔减少，但介孔、过渡孔和微孔增多，因此更小一级的孔隙在发生增殖。过渡孔和微孔表面积大于大孔和介孔。值得注意的是随时间的变化，微孔表面积由 1 h 的 1.6102 m^2/g 增加至 5 h 的 1.7867 m^2/g，这一变化释放了有益信号。一些微孔在 $CaSO_4$ 原位生长作用下增殖形成了新孔，使云母反应界面增加，四配位和六配位的铝不断裸露，界面反应活性增强。

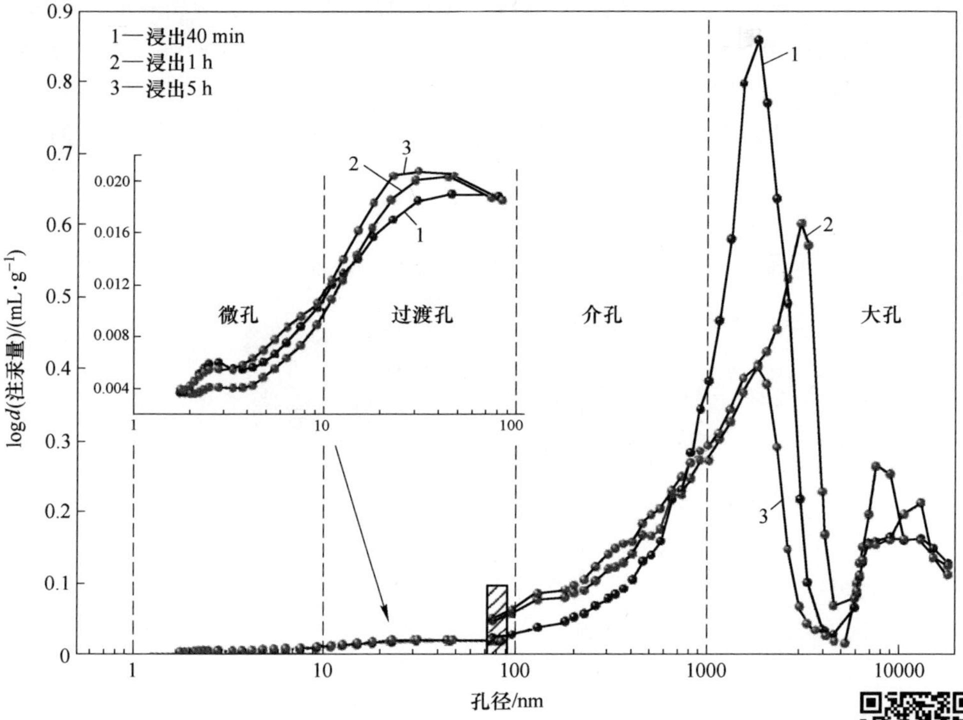

图 3-30 不同浸出时间钒页岩浸出渣的孔径分布曲线

彩图

3.4.2.3 $CaSO_4$ 界面生长与微裂纹生长之间的应力作用关系

钙沉积过程 $CaSO_4$ 晶体与云母颗粒之间形成了相界面。当 $CaSO_4$ 界面生长产生的应力载荷通过结合相界面传递到云母颗粒上时，云母颗粒开始承受载荷，连续的应力作用易造成颗粒开裂。若应力载荷反向传递，则云母颗粒将得到应力释放，会延缓颗粒自身裂纹的扩展。

当 $CaSO_4$ 晶体与云母基体物理结合时，如果 $CaSO_4$ 晶体与云母基体的弹性模量和膨胀系数二者严重失配，在界面处会产生很大的剪应力，造成基体的宏观裂纹，二者弹性模量关系可用增强复合材料的弹性模量公式来描述：

$$E^{c} = E^{m} + (E^{w} - E^{m})V_{w} \tag{3-3}$$

式中，E^{c} 为复合材料的弹性模量，GPa；E^{m} 为基体的弹性模量，GPa；E^{w} 为晶须的弹性模量，GPa；V_{w} 为添加晶须的体积分数，%。

由于 $CaSO_4$ 晶体和云母基体是两种不同的物质，存在形态差异或各向异性等，$CaSO_4$ 晶体和云母基体在热膨胀上不可能是一致的。基体中形成的残余应力计算公式为：

$$\sigma_{m} = (\alpha_{m} - \alpha_{w})E^{w}V_{w}\Delta T + V_{w}(E^{w}/E^{m} - 1) \tag{3-4}$$

式中，σ_m 为基体残余应力，N；α_m 为基体的热膨胀系数；α_w 为晶须的热膨胀系数；E^m 为基体的弹性模量，GPa；E^w 为晶须的弹性模量，GPa；V_w 为添加晶须的体积分数，%；ΔT 为热应力的温差，K。

根据式（3-3）和式（3-4）可知，基体中形成的残余应力可能存在两种情况：(1) $\alpha_w > \alpha_m$，此时基体承受压应力，晶须受拉应力，可导致基体强度增大；(2) $\alpha_m > \alpha_w$，此时基体承受拉应力，晶须受压应力，此时应力如果超过基体的抗拉极，会在垂直方向产生微细裂纹。微裂纹形成机制示意如图 3-31 所示。

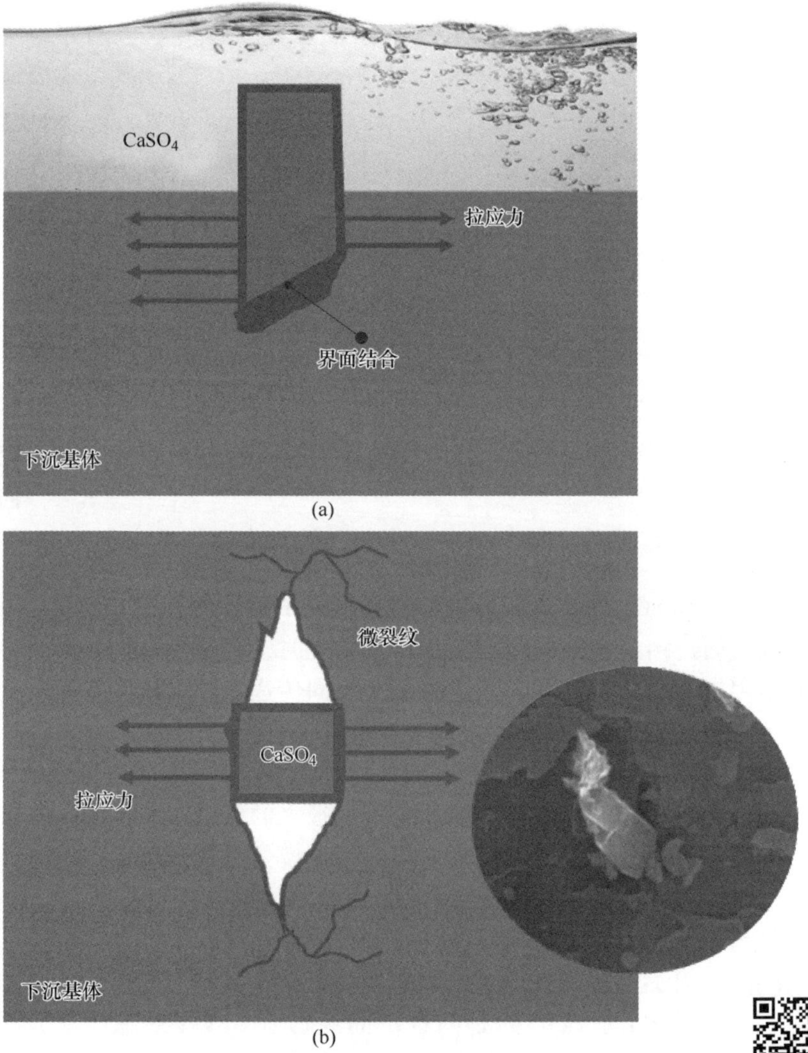

图 3-31　基底裂隙处硫酸钙最佳生长方向
（a）侧面方向；（b）垂直方向

彩图

在 $CaSO_4$ 界面生长过程中，云母基体会受到 $CaSO_4$ 颗粒尖端的应力作用。随着 $CaSO_4$ 晶体的长大，晶体长径比降低，横向尺寸增大，其侧向生长速率加快。重结晶使 $CaSO_4$ 晶体的晶内缺陷减少，晶体强度增大，其弹性模量增强。云母具有较高的弹性模量，但随着 H^+ 交换反应的不断进行，云母结构的点阵畸变程度增大，当云母结构中空位受到 $CaSO_4$ 晶体的应力作用时，其弹性模量减弱。在云母的弹性模量大于 $CaSO_4$ 晶体的弹性模量条件下，$CaSO_4$ 晶体在云母表面的生长会使载荷传递给云母基体，$CaSO_4$ 晶体对云母基体产生破坏作用。

矿物的结构、成分、化学键、配位数对矿物的热膨胀系数也产生较大的影响。化学键强度越高，矿物的热膨胀系数越小。由于云母层状结构具有强电负性，其热膨胀系数较低。随着云母的不断溶解，晶格中各种热缺陷的形成会造成局部点阵的畸变和膨胀，且云母结构中化学键强度逐渐减弱，导致热膨胀系数增大。硫酸钙具有较低的热膨胀系数，再结晶所形成的 $CaSO_4$ 由于晶内缺陷减少，键强增大，因此热膨胀系数降低。当云母基体的膨胀性高于 $CaSO_4$ 的膨胀性时，$CaSO_4$ 晶体尖端局部附近的云母基体承受拉应力，当此拉应力超过基体的抗拉极限后，就会在基体表面产生微细裂纹，随着 $CaSO_4$ 晶体的不断长大，微细裂纹扩展、增大。

由于云母与 $CaSO_4$ 晶体之间为物理结合，此时界面的黏结强度低于界面层的内聚强度，界面损伤的主要原因是界面黏结被破坏。在界面及其附近，微细裂纹扩展造成能量耗散，引起界面处脱黏，这个过程是界面逐渐破坏，有 $CaSO_4$ 晶体拔出后留下孔洞。因此，基于 Gurson-Tvergaard 模型和孔结构分析结果，基体损伤可能涉及两级孔洞的演化。云母基体上大孔洞由 $CaSO_4$ 晶体的脱黏产生，大孔洞或 $CaSO_4$ 晶体之间基体中的变形局部化带分布有小一级的孔洞，小一级孔洞增殖、长大，最后聚合形成裂纹。

3.4.3 钙沉积促进下的杂质组分沉淀

微裂纹诱导的钒云母结构弛豫释放机制，具体可概括为以下两方面。

(1) 云母-硫酸两相界面活性位点的产生。氧压酸浸过程中，云母与硫酸溶液之间的界面活性区域上 Al(Ⅲ)、V(Ⅲ) 与 H^+ 发生交换反应后会产生晶格空位。一旦 Al(Ⅲ) 和 V(Ⅲ) 的晶格空位形成，其局部附近将产生由三价电负性引起的电势场和由结构缺陷引起的机械势场。机械势场使 Al(Ⅲ) 和 V(Ⅲ) 空位附近的粒子向该空位偏移，弥补由于空位产生的结构缺陷带来的密度畸变。电势场吸引次临近的 Al(Ⅲ)、V(Ⅲ) 或 Si(Ⅳ) 原子向空位偏移，并排斥最邻近的 O 原子远离空位。在上述这种情况下，云母发生晶格弛豫，导致云母结构失稳，促使活性区域上 Al(Ⅲ) 和 V(Ⅲ) 原子不断被溶解。同时，溶液中 Ca^{2+} 受活性区域上空位电势场的吸引而有趋势向空位附近聚集。磨矿所带来的云母颗粒表面缺陷，降低了表面成核势垒，将进一步促进了 Ca^{2+}优先在云母结构的六元环空穴处聚集。

（2）$CaSO_4$ 重结晶与下伏沉积。当温度增加至 100 ℃以上时，低温产生的 $CaSO_4 \cdot 2H_2O$ 逐渐溶解和再结晶，在颗粒表面缺陷处再次形成 $CaSO_4$。与此同时，H^+吸附在云母颗粒表面，攻击活性区域上 Al(Ⅲ) 和 V(Ⅲ) 原子周围的 O 原子，导致氧缺失而产生晶格空位，增加了颗粒表面的结构缺陷。这个过程也强化了 $CaSO_4$ 在云母颗粒表面缺陷处的下伏沉积。$CaSO_4$ 重结晶过程中晶体强度增大，且发生取向生长，彼此搭接形成整体，增强 $CaSO_4$ 晶体在颗粒表面生长的稳定性。随着 $CaSO_4$ 晶体的长大，对云母颗粒基体产生了应力和应变，导致云母颗粒产生局部变形，进而发生裂解，增加云母内部结构与溶液之间的反应界面，强化云母溶解。

3.5　热活化高温畸变机理

3.5.1　焙烧过程钒云母结构畸变

储藏于地表或浅层的氧化型钒页岩往往优先被开采利用，赋存在其中的钒主要是以含钒氧化物的形式存在，该类矿石的提取难度低，工艺简单。随着开采矿床深度加深，氧化型钒页岩逐渐过渡为原生型钒页岩，研究发现，原生型钒页岩中钒主要以三价形式存在于云母类矿物晶格中，稳固的云母层状结构使得钒难以溶出。针对这种难处理的原生型钒页岩已经形成了多种工艺，应用最广的是火法焙烧提钒工艺。钒页岩焙烧过程发生物相转变，钒页岩在 800 ℃焙烧 1 h 后原矿中的方解石分解为石灰，黄铁矿氧化为赤铁矿，云母峰有所减弱但是并没有消失，如图 3-32 所示。焙烧后钒页岩中云母的（002）衍射峰从原来的 8.87°向低角度偏移至 8.78°，而纯云母的（002）衍射峰同样从原来的 8.83°向低角度偏移至 8.76°。根据布拉格衍射方程 $2d\sin\theta = n\lambda$，计算出钒页岩中云母的晶面间距从 0.999 nm 增大至 1.009 nm，同样纯云母的晶面间距从 1.004 nm 增大至 1.012 nm，说明经过焙烧后云母结构仍然完整，但是晶格发生了膨胀。

钒页岩焙烧过程主要有四个反应阶段（见图 3-33）：（Ⅰ）60～140 ℃失重 0.68%，在 108 ℃时失重速率最快，且反应吸热，主要发生自由水的脱除；（Ⅱ）420～500 ℃失重 0.92%，在 460 ℃时失重速率最快，且反应放热，主要发生黄铁矿的氧化；（Ⅲ）500～720 ℃失重 11.87%，在 609 ℃时失重速率最快，且反应放热，有机碳质的热解；（Ⅳ）720～830 ℃失重 3.09%，在 756 ℃时失重速率最快，且反应吸热，主要是方解石的分解或云母的脱羟基。纯云母在 450 ℃开始失重（Ⅴ），最快失重速率发生在 736 ℃（Ⅵ），且该过程吸热，此时已开始发生脱羟基反应，同时证明钒页岩中的云母在焙烧过程也发生脱羟基反应。

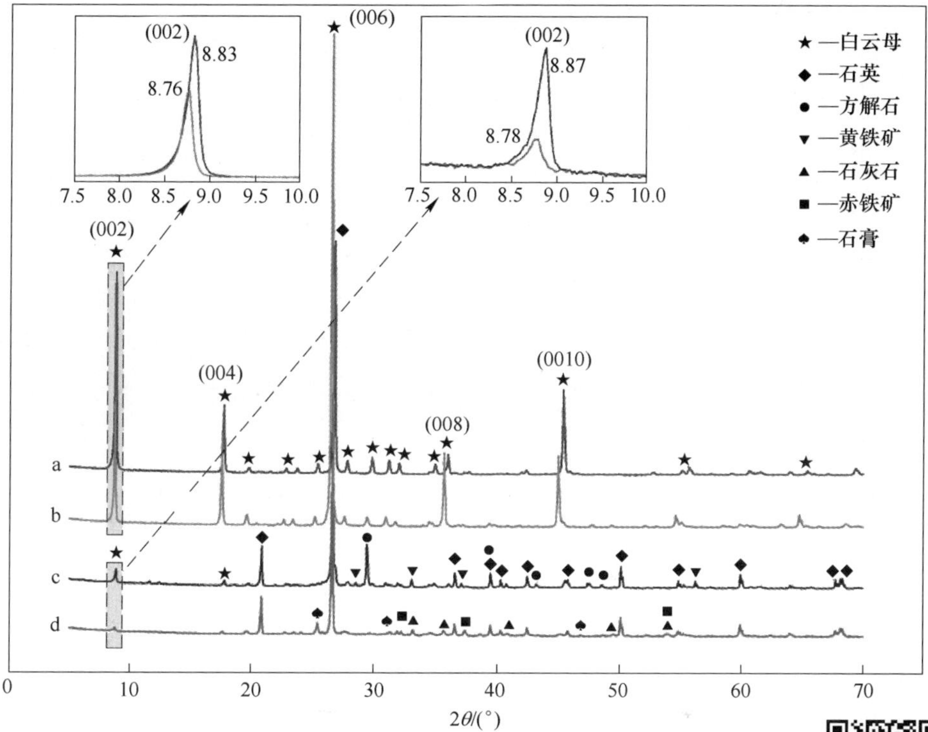

图 3-32 矿物焙烧前后 XRD 图谱

a—云母原矿；b—云母焙烧矿；c—钒页岩原矿；d—钒页岩焙烧矿

彩图

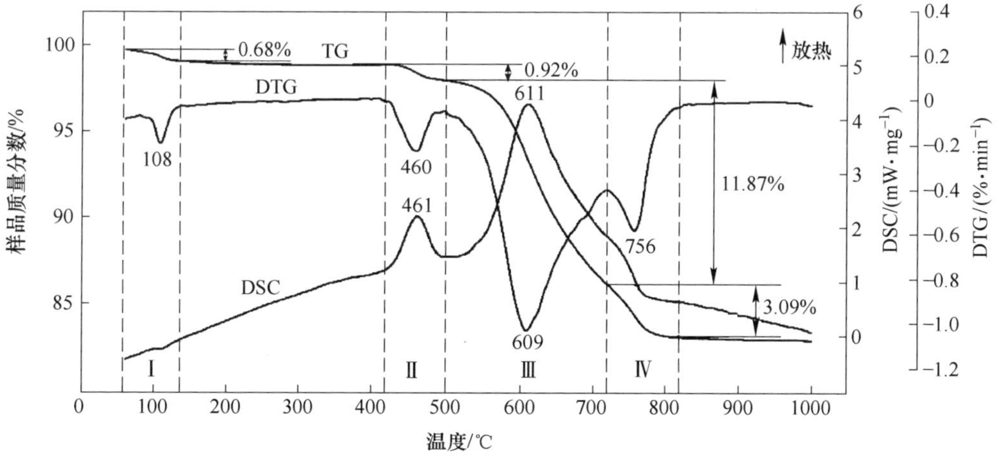

(a)

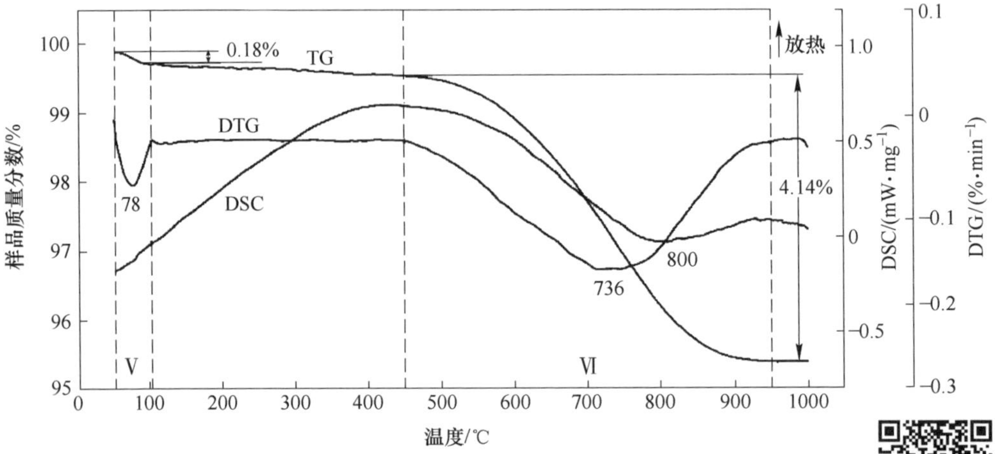

(b)

彩图

图 3-33　钒页岩和云母 TG-DSC 热重曲线

（a）钒页岩；（b）纯云母矿物

$$K(Al,V)_2(Si_3AlO_{10})(OH)_2 = K(Al,V)_2(Si_3AlO_{10})O + H_2O \quad (3\text{-}5)$$

钒页岩焙烧后化学键发生变化（见图 3-34），其中 3626 cm^{-1}处的云母羟基伸

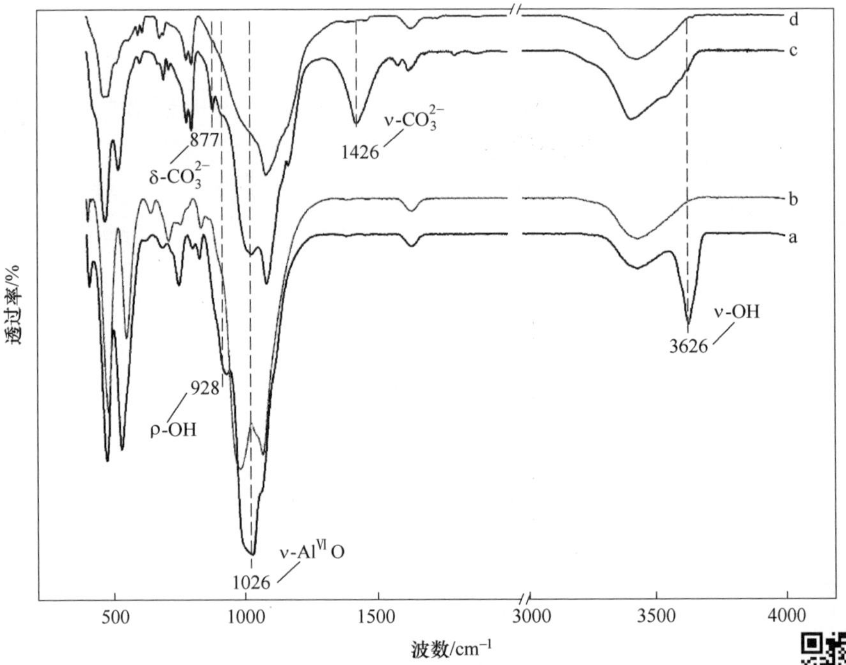

彩图

图 3-34　矿物焙烧前后红外图谱

a—云母原矿；b—云母焙烧矿；c—钒页岩原矿；d—钒页岩焙烧矿

缩振动峰（ν-OH）和 928 cm^{-1}处的云母羟基摆动峰（ρ-OH）消失，1026 cm^{-1}处的云母铝氧八面体伸缩振动峰（ν-$Al^{VI}O$）也消失。除此之外，1426 cm^{-1}处的伸缩振动峰（ν-CO_3^{2-}）和 877 cm^{-1}处的弯曲振动峰（δ-CO_3^{2-}）消失，代表方解石分解完全，产生 CO_2。因此，钒页岩中云母的晶格结构转变是由云母八面体层发生脱羟基反应导致的。

页岩中钒主要以类质同象的形式占据云母结构中的八面体，八面体脱羟基反应必然改变钒原子的价键结构，其畸变程度直接影响钒释放难度。含钒云母不同程度脱羟基后的晶胞体积都发生明显的膨胀，在 *a*、*b* 方向最为显著，见表 3-1。同时八面体脱羟基反应不能自发进行，需要能量的输入；随着脱羟基程度的加深，所需要的能量逐渐增多。

表 3-1 钒云母不同程度脱羟基结构的晶胞参数和脱羟基反应体系的相对势能

晶格参数	*a*/nm	*b*/nm	*c*/nm	*α*/(°)	*β*/(°)	*γ*/(°)	晶胞体积 /nm^3	ΔE /eV
VM	1.049	0.911	2.066	90.03	95.68	89.99	1.96338	—
VM-1H_2O	1.050	0.913	2.068	90.04	95.58	89.92	1.97275	1.18
VM-2H_2O	1.050	0.916	2.064	90.10	95.37	89.90	1.97723	2.54
VM-3H_2O	1.051	0.918	2.065	90.06	95.35	89.72	1.98460	3.60
VM-4H_2O	1.051	0.921	2.063	90.18	95.36	89.50	1.98949	4.46
DVM（VM-8H_2O）	1.053	0.931	2.070	89.99	95.07	89.97	2.02029	8.36

含钒云母完全脱羟基结构的轴向畸变累积存在差异，如图 3-35 所示。其中，*a* 轴方向的原子间距在脱羟基后基本增大，钒原子所在的八面体层（O2）膨胀最为显著，特别是钒原子与两边原子的间距分别增大了 0.004 nm 和 0.002 nm。脱羟基后 *b* 轴方向变化最为显著，八面体层中相近原子的间距（$d_{(2\text{-}3)}$和 $d_{(4\text{-}1)}$）增加明显，都超过 0.020 nm，相应的较远原子间距（$d_{(1\text{-}2)}$和 $d_{(3\text{-}4)}$）受到压缩。脱羟基发生在 $d_{(2\text{-}3)}$和 $d_{(4\text{-}1)}$之间，脱羟基后 Al—O—V 和 Al—O—Al 由原来的钝角变为共线平角，原子斥力增大了原子间距。*c* 轴方向上 TOT 单元层发生膨胀，但是 K^+所在的层间距有所减小，总体上云母晶格沿着 *c* 轴方向是增大的，与实际 XRD 分析中焙烧后云母 001 面发生膨胀的现象一致。

3.5.2 脱羟基云母溶解弛豫机理

3.5.2.1 层间 K^+置换

云母四面体层中三价铝取代四价硅带来的负电荷通过层间 K^+来平衡，层间的 K^+表现较强的离子键性，在酸浸过程中 H^+能够置换出层间 K^+。脱羟基反应

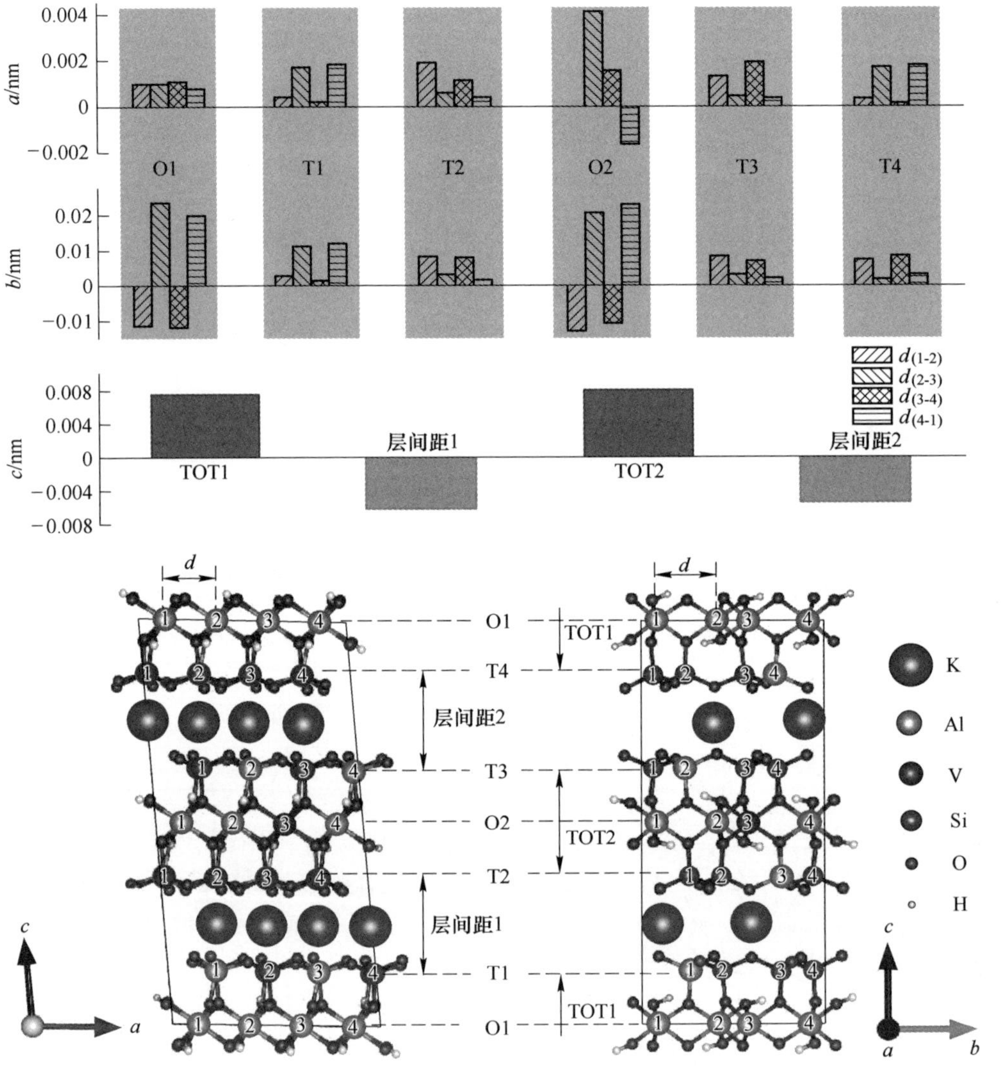

图 3-35　脱羟基反应各结构单元的畸变程度累积情况

彩图

改变了云母层间 K^+ 的键能强弱，影响 H^+ 对 K^+ 的置换溶出性能。含钒云母（VM）和脱羟基含钒云母（DVM）在发生 H^+ 置换 K^+ 后，H^+ 都会从原来的层间中心位置迁移至四面体层上，并与铝氧四面体上的未饱和结构氧原子结合，形成界面羟基，如图 3-36 所示。这一现象主要是由于原有的 K^+ 具有较大的离子半径，能够同时有效平衡上下两层四面体层的负电荷，但是 H^+ 的离子半径小，电荷相对集中而难以同时平衡上下两层的负电荷，只能向四面体层上迁移成键。在全部的 K^+ 被 H^+ 置换以后，H^+ 对称分布于上下两层的四面体上形

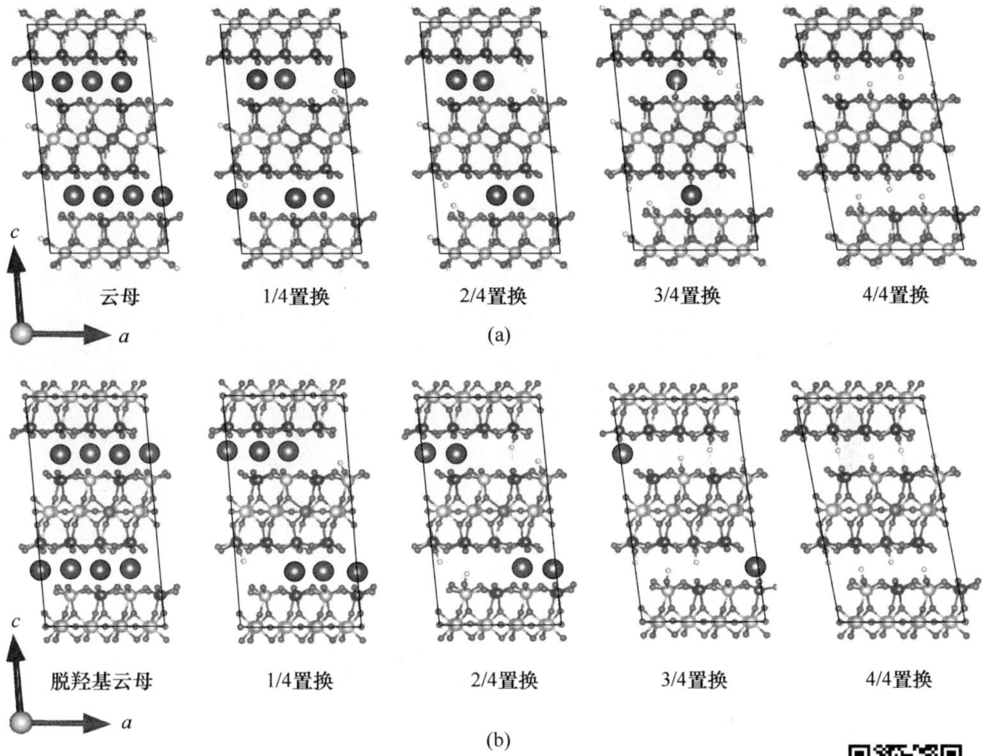

图 3-36　不同程度氢置换钾结构

（a）VM；（b）DVM

彩图

成界面羟基。

脱羟基 K^+被 H^+置换后形成界面羟基同样存在差异，如表 3-2 和图 3-37 所示。两种云母的界面羟基随着 K^+置换程度增大而增长，而界面羟基两侧的 Al—O 键和 Si—O 键随着置换程度的增大先增长后缩短，但都比未发生置换相应键长更长。相同化学键的键长越长，键能越弱。因此，层间 K^+的释放以及界面羟基的形成降低 Al—O 键和 Si—O 键的键能，促进四面体层的破坏。此外，DVM 在 H^+置换 K^+后 O—H 键、Al—O 键和 Si—O 键的键长都大于 VM 的键长，云母的焙烧脱羟基反应能够进一步松弛四面体结构，强化后续四面体层的溶解。

表 3-2　VM 和 DVM 的 K^+置换反应过程的未饱和结构氧原子上的键长变化

项目	置换程度	化学键	键长/nm				平均键长/nm
VM	0/4	Al—O	0.1770，0.1769	0.1771，0.1771	0.1776，0.1767	0.1771，0.1771	0.1771
		Si—O	0.1609，0.1610	0.1609，0.1610	0.1609，0.1610	0.1610，0.1610	0.1610

续表 3-2

项目	置换程度	化学键	键长/nm				平均键长/nm
VM	1/4	O—H	0.0979，0.0981	—	—	—	0.0980
		Al—O	0.1912，0.1908	—	—	—	0.1910
		Si—O	0.1712，0.1713	—	—	—	0.1712
	2/4	O—H	0.0978，0.0978	0.0978，0.0978	—	—	0.0978
		Al—O	0.1913，0.1916	0.1917，0.1915	—	—	0.1915
		Si—O	0.1712，0.1713	0.1716，0.1713	—	—	0.1713
	3/4	O—H	0.1002，0.1003	0.0979，0.0980	0.1003，0.1004	—	0.0995
		Al—O	0.1899，0.1899	0.1918，0.1916	0.1894，0.1886	—	0.1902
		Si—O	0.1699，0.1701	0.1713，0.1711	0.1698，0.1704	—	0.1704
	4/4	O—H	0.1015，0.1017	0.1017，0.1016	0.1017，0.1019	0.1018，0.1017	0.1017
		Al—O	0.1882，0.1882	0.1886，0.1882	0.1884，0.1881	0.1887，0.1883	0.1883
		Si—O	0.1689，0.1689	0.1690，0.1689	0.1688，0.1693	0.1690，0.1689	0.1690
DVM	0/4	Al—O	0.1781，0.1785	0.1786，0.1785	0.1791，0.1782	0.1785，0.1784	0.1785
		Si—O	0.1615，0.1614	0.1617，0.1617	0.1620，0.1619	0.1617，0.1616	0.1617
	1/4	O—H	0.0982，0.0983	—	—	—	0.0982
		Al—O	0.1924，0.1932	—	—	—	0.1928
		Si—O	0.1720，0.1718	—	—	—	0.1719
	2/4	O—H	0.0985，0.0987	0.0995，0.0994	—	—	0.0990
		Al—O	0.1922，0.1927	0.1933，0.1933	—	—	0.1929
		Si—O	0.1724，0.1721	0.1730，0.1729	—	—	0.1726
	3/4	O—H	0.1017，0.1018	0.1000，0.0999	0.1024，0.1019	—	0.1013
		Al—O	0.1895，0.1901	0.1917，0.1920	0.1901，0.1897	—	0.1905
		Si—O	0.1702，0.1700	0.1721，0.1722	0.1699，0.1705	—	0.1708
	4/4	O—H	0.1019，0.1019	0.1021，0.1018	0.1021，0.1017	0.1019，0.1017	0.1019
		Al—O	0.1887，0.1891	0.1890，0.1889	0.1890，0.1890	0.1890，0.1890	0.1890
		Si—O	0.1691，0.1693	0.1696，0.1698	0.1696，0.1703	0.1696，0.1698	0.1697

3.5.2.2　四面体溶解及铝的溶出

VM 和 DVM 的四面体层结构没有明显的差异，其溶解过程是一致的。云母

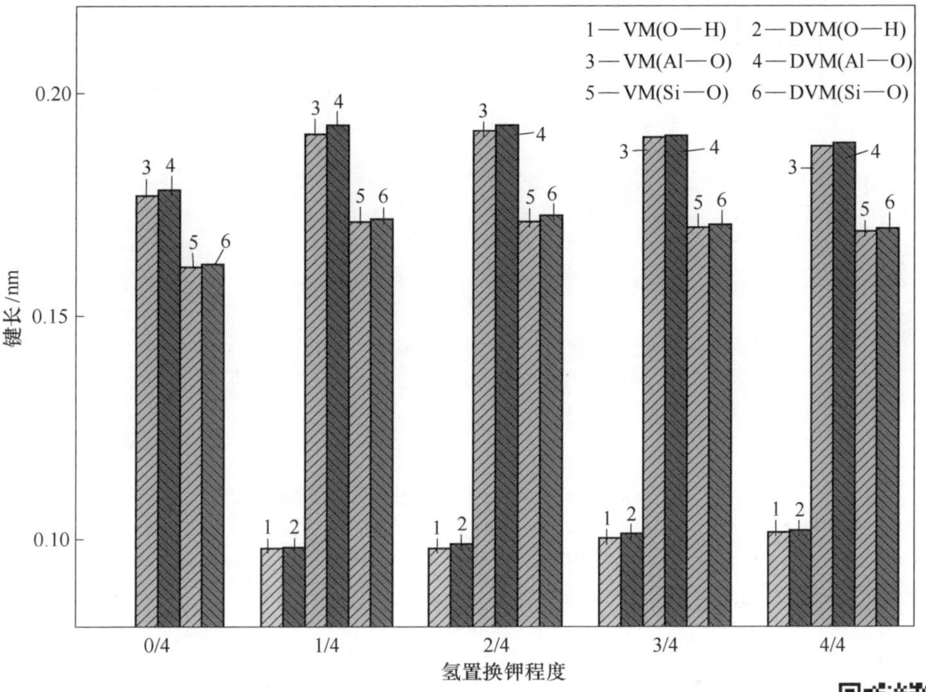

图 3-37 VM 和 DVM 的 K^+置换反应过程的未饱和结构氧原子上的键长对比

彩图

溶解过程中硅氧四面体的结构稳定而不容易被破坏溶出，云母四面体层的破坏优先发生在铝氧四面体的溶解上。铝氧四面体的破坏离不开 H^+与 F^-的共同作用，主要是结构变化带来的缺陷和电荷转变使得 H^+与 F^-能够交替与四面体反应，达到破坏结构的目的。DVM 中铝氧四面体的溶解过程同样分为两个阶段：(1) 四面体表面结构氧原子在 H^+和 F^-作用下的脱除；(2) 四面体中心原子在 F^-作用下的溶出。

铝氧四面体表面三个结构氧原子依次脱除，缺陷结构依次与 F^-反应，如图 3-38 所示。具体步骤如下：初始表面结构在两个 H^+作用下与结构氧原子形成表面结构水，结构水脱除后裸露出带正电的结构缺陷，吸引 F^-与四面体中心金属原子发生配位反应，此时第一个结构氧原子完全脱除，然后重复以上步骤实现第二个结构氧原子和第三个结构氧原子的脱除。DVM 在每个结构氧原子脱除后铝氧四面体的结构都有所调整。第一个结构氧原子脱除后，铝氧多面体坍塌形成近似三角面，而随着 F^-的结合再次恢复到四面体结构；第二个结构氧原子和第三个结构氧原子脱除后，铝氧多面体却向内塌陷，和相邻硅氧四面体一样争夺八面体层内的结构羟基而保持四面体结构，同样随着 F^- 的进一步反应使其再次还原为倒立四面体结构。

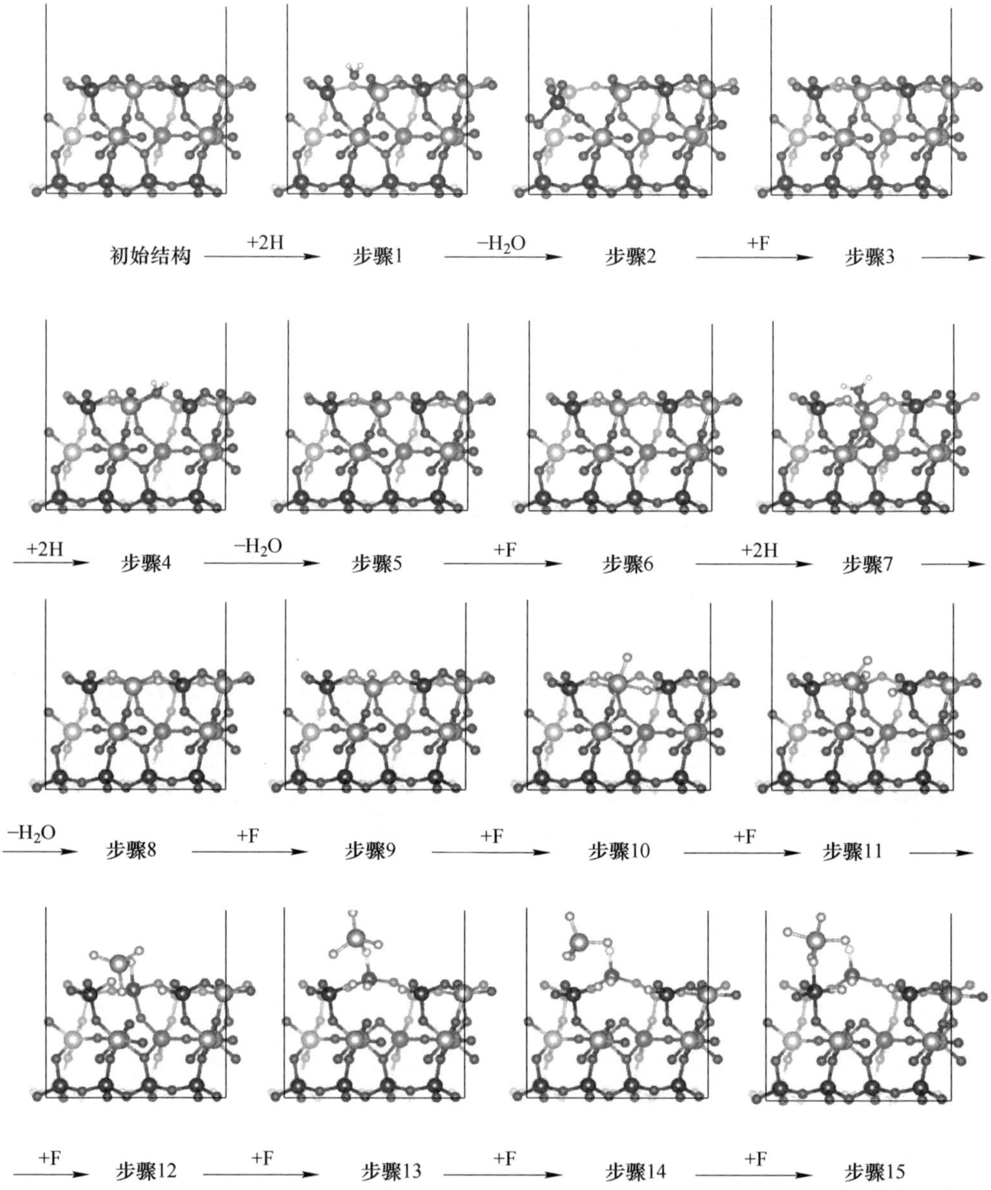

图 3-38　DVM 中铝氧四面体结构铝原子脱除过程

彩图

铝氧四面体表面结构氧原子脱除后，尽管有三个 F^- 替代氧原子，但是由于电荷不等价导致缺陷处显正电荷，会继续吸引 F^- 吸附落位。随着 F^- 的不断增加，F^- 不断与中心铝原子结合。在 F^- 作用的结构中，随着 F^- 的不断作用 DVM 四面体仅剩的顶角 Al—O 键键长从 0. 166 nm 增加到 0. 186 nm；第六个 F^- 作用后，仅剩的 Al—O 键完全断裂，但所得的铝氟多配体仍有两个 F^- 与四面体硅原子共用，而不能完全脱离结构表面，同时相邻的硅氧四面体也在 F^- 的作用下向外偏移；当第七个 F^- 作用后，中心铝原子才以［AlF_4］$^-$ 的形式脱离矿物结构表面，这时铝氧四面体结构完全破坏溶出；进一步添加 F^- 能够使［AlF_4］$^-$ 转变为［AlF_5］$^{2-}$ 的形式。

3.5.2.3　八面体溶解及钒的溶出

脱羟基云母八面体溶解过程同样分为两个阶段：(1) 八面体表面结构氧原子在 H^+ 和 F^- 作用下的脱除；(2) 八面体中心金属原子在 F^- 作用下的溶出。与四面体结构氧原子脱除不同的是八面体表面的两个结构氧原子已羟基化，但表面羟基的脱除过程是一致的。

钒氧八面体结构氧原子顺序脱除，并依次与 F^- 反应，如图 3-39 所示。

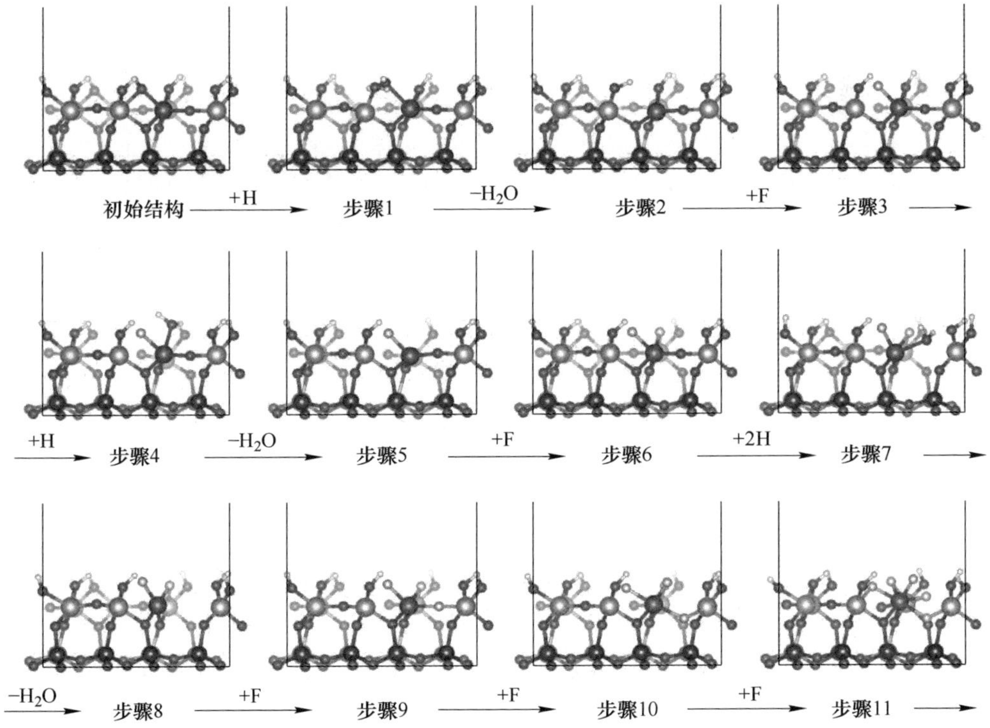

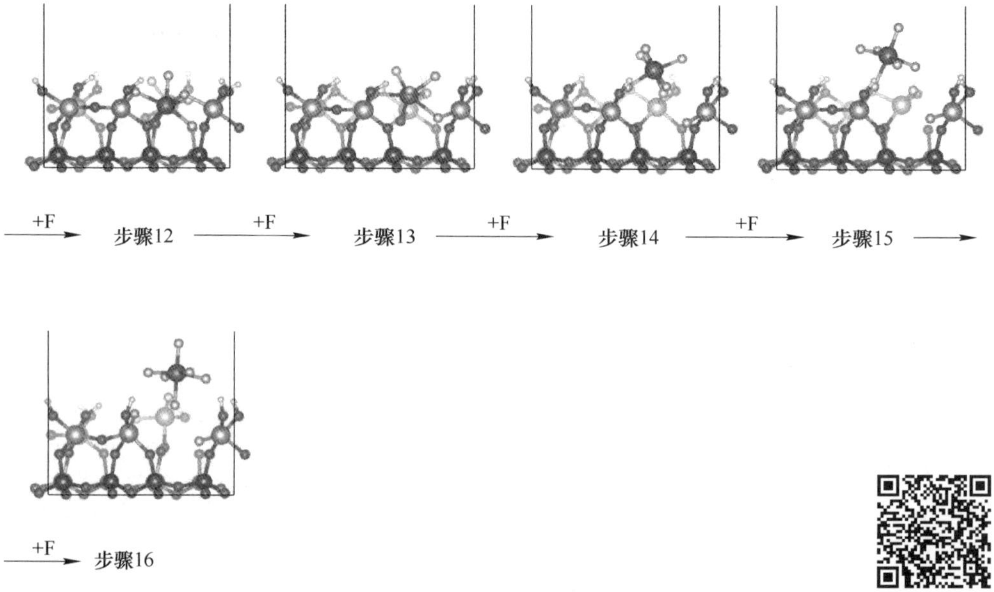

彩图

图 3-39　DVM 钒氧八面体结构金属原子脱除过程

具体步骤如下：初始表面羟基化结构继续在 H^+作用下形成表面结构水分子，结构水脱除后裸露出带正电荷的结构缺陷，吸引 F^-与八面体中心金属原子结合，完成表面第一、第二个结构氧原子的脱除。八面体间桥接氧原子需在两个 H^+作用下形成结构水分子，实现第三个结构氧原子的脱除。脱羟基云母的钒氧八面体结构氧原子脱除并没有发生塌陷现象，也没有对相邻的结构产生大的影响，只是配位数降低。钒氧八面体结构氧原子脱除后，三个 F^-与中心钒原子成键。当第四个 F^-参与反应时，钒氧八面体下三角面的两个 V—O 键发生断裂，中心钒原子被向外拉扯；当第五个 F^-参与反应后，中心钒原子进一步向外迁移，V—O 键被拉长；当第六个 F^-参与反应后，DVM 中仅剩的 V—O 键完全断裂，但所得的钒氟多配体结构仍有两个 F^-与相邻八面体配位而不能完全脱离结构表面；当第七个 F^-作用后，DVM 的中心钒原子脱离矿物结构表面，当 DVM 的钒氧八面体结构完全破坏溶出时，相邻的铝氧八面体也向外偏移，说明 DVM 中钒的溶出能够带动铝的溶解。

3.5.3　钒浸出差异性

脱羟基前后云母在释钾、四面体和八面体溶解过程的体系相对势能都有显著的差异，直接体现在高温脱羟基强化钒释放的效果。K^+释放过程中，脱羟基发生前后的云母在前 3/4 的 K^+被 H^+置换时的取代能都大于 0，这一过程需要能量的输入才能反应；然而最后 1/4 的 K^+被 H^+置换时的取代能小于 0，该阶段能够自发进行。整体上 K^+被置换的反应是越来越容易发生。脱羟基云母在 1/4 和 3/4 的 K^+置换反应的取代能相对于云母的 H^+置换过程显著降低，同时脱羟基云母的释钾累计取代能也显著低于云母，如图 3-40 所示。因此，焙烧后含钒云母更容易在 H^+作用下实现层间 K^+的溶出。

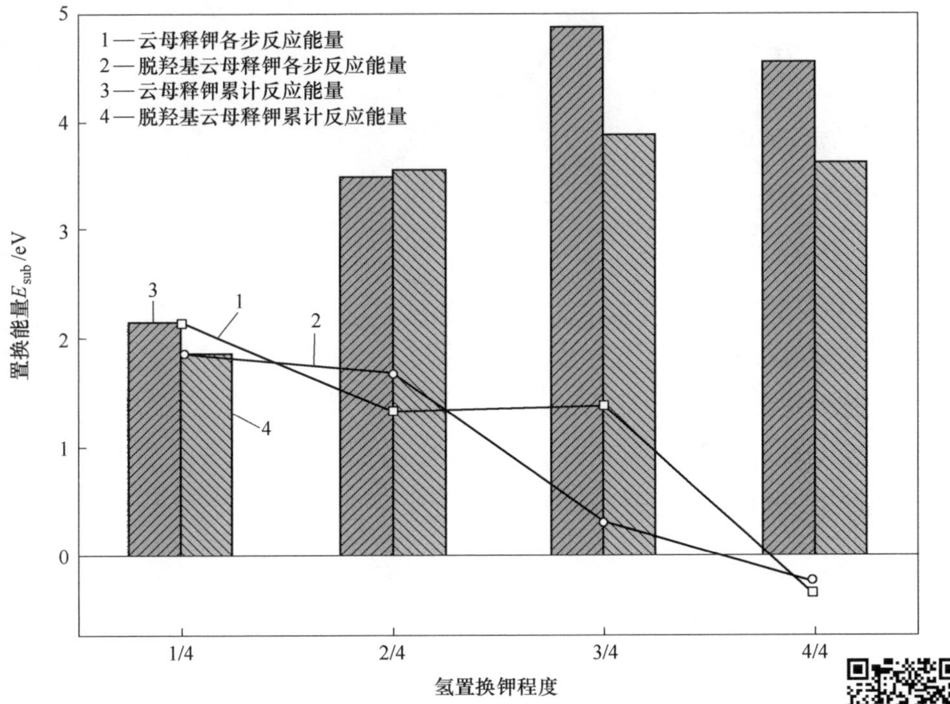

图 3-40　VM 和 DVM 在氢置换钾过程的置换能量对比

彩图

四面体破坏过程的体系相对势能如图 3-41 所示，无论是 VM 还是 DVM，H^+吸附反应过程的体系相对势能都显著降低，H^+的吸附是易发生的。但是结构氧原子的脱除存在反应能垒，整体上结构氧原子的脱除需要能量输入才能发生，是铝氧四面体破坏的关键限制步骤。VM 的三个结构氧原子脱除过程所需能量分别为 1.67 eV、1.39 eV 和 0.31 eV，而 DVM 的三个结构氧原子脱除过程所需能量分别为 0.60 eV、0.88 eV 和−0.47 eV。含钒云母脱羟基后显著降低了结构氧原子脱除的反应能垒，特别是第三个结构氧原子的脱除能够自发进行。F^-落位缺陷结构过程的体系相对势能再次降低，F^-与中心铝原子的反应极易发生并再次稳定了缺陷结构。F^-的主要作用是利用自身强电负性和成键能力，与中心铝原子配位结合并将其不断向外拉扯直至完全脱离矿物晶体结构。因此，脱羟基反应能够降低含钒云母铝氧四面体结构氧原子脱除的反应能垒，强化四面体层溶解破坏。

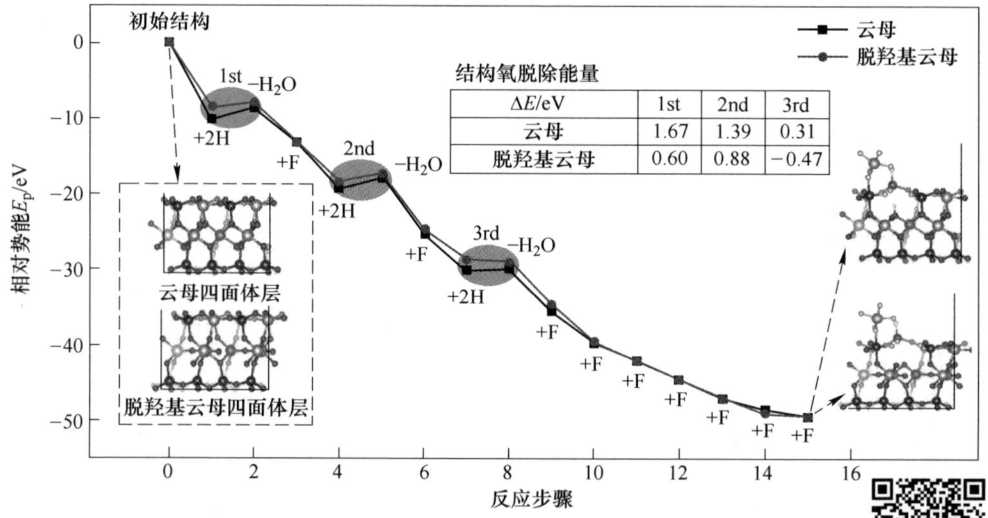

图 3-41　铝氧四面体结构氧原子脱除过程的体系相对势能变化

彩图

八面体破坏过程的体系相对势能如图 3-42 所示，三个表面水分子形成过程的体系相对势能都显著降低，水分子的形成是易发生的。但是结构水

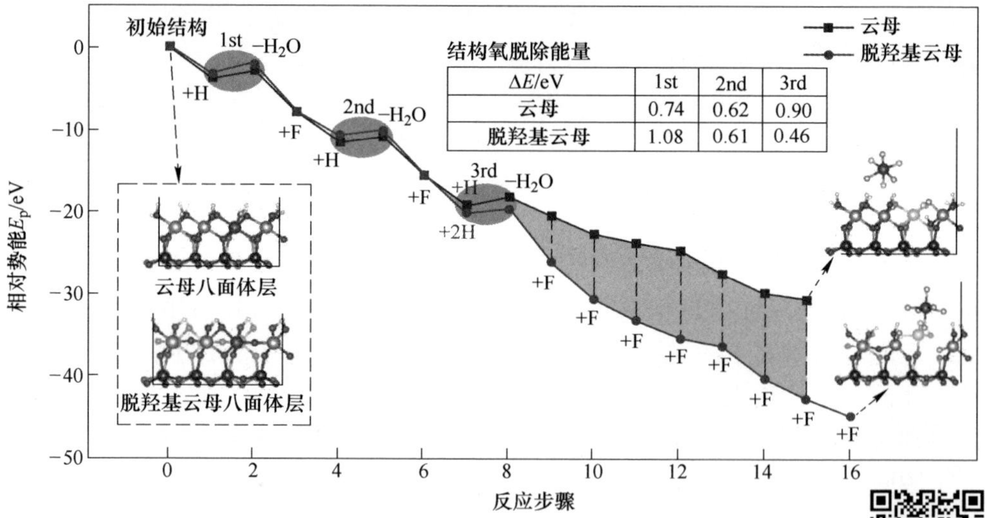

图 3-42　钒氧八面体中心金属原子脱除过程的体系相对势能变化

彩图

的脱除同样需要跨过反应能垒，结构氧原子的脱除也是钒氧八面体破坏的关键限制步骤。除了第一个结构氧原子脱除时 DVM 的反应能垒高于 VM，其他两个结构氧原子脱除时 DVM 的反应能垒都低于 VM。同时在 F^-配位拉扯八面体中心金属原子过程中，脱羟基钒云母的体系相对势能显著低于钒云母，最大相差 11.93 eV。

所以，脱羟基反应能够加快 F^-对八面体中心钒原子的配位反应，强化钒氧八面体溶解破坏以及钒的释放。

针对焙烧前后钒页岩的元素浸出规律进行对比，钒页岩原矿在 800 ℃条件下活化得到焙烧矿，原矿和焙烧矿在硫酸体积浓度 20%、氟化钙用量 5%（质量分数）、液固比 2∶1、浸出温度 95 ℃的条件下浸出，高温焙烧后钒页岩中云母的主要组成元素 K、Al、V 浸出率随时间的变化如图 3-43 所示。原矿浸出过程中 K、Al、V 三种元素的浸出率具有较好的相关性，但是钒的浸出率低于 70%。焙烧矿浸出 5 h 后 K、Al 和 V 的浸出率分别提高了 8.83%、8.63%和 23.60%，焙烧后含钒云母晶格更容易溶解破坏，同时钒浸出率提升速率显著高于钾和铝，说明含钒云母脱羟基后能够显著加快钒原子的溶解释放。

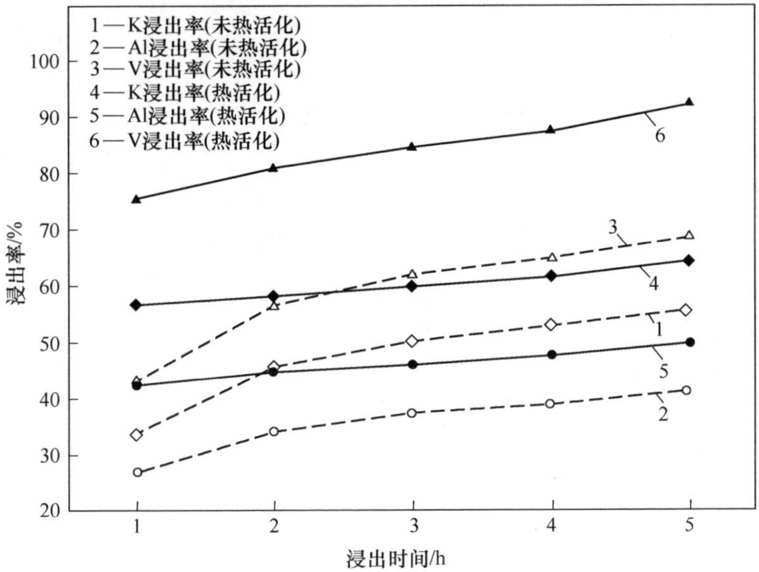

彩图

图 3-43 钒页岩焙烧前后 K、Al、V 浸出率随时间变化

3.6 钒页岩电磁热效应与矿相解离

3.6.1 溶液体系局部高温热点

在固体材料的微波高温处理领域，提出了电场极化来解释烧结系统中的扩散

增强现象。相邻电介质粒子狭窄间隙中的最大电场强度远高于施加的电场强度。对于介电损耗相对较高的物质，电场极化将带来极高的升温速率和局部高温（也被称为高温热点）。这些高温热点通常出现在颗粒接触界面上非常小的区域，因此很难实际测量，在微波加热实验中测量的观测温度通常不可靠，它们可能远低于实际的反应温度，这种电场极化和热点的分析需借助模拟方法来实现。

在空气环境下进行钒页岩颗粒的高温热点观察试验。在微波产生后发现，两个钒页岩颗粒在极短的时间内（1~3 s）接触点处出现剧烈起火现象，未接触的部分没有观察到这种现象，如图 3-44 所示。颗粒接触部分的矿物结构存在大量孔洞、裂纹，甚至出现熔融后的痕迹，表明接触局部产生的温度极高。模拟结果表明，空气环境下在微波辐射后钒页岩颗粒之间的最大电场强度达到 2.5×10^4 V/m，最高温度达到 1400 ℃，如图 3-45 所示。

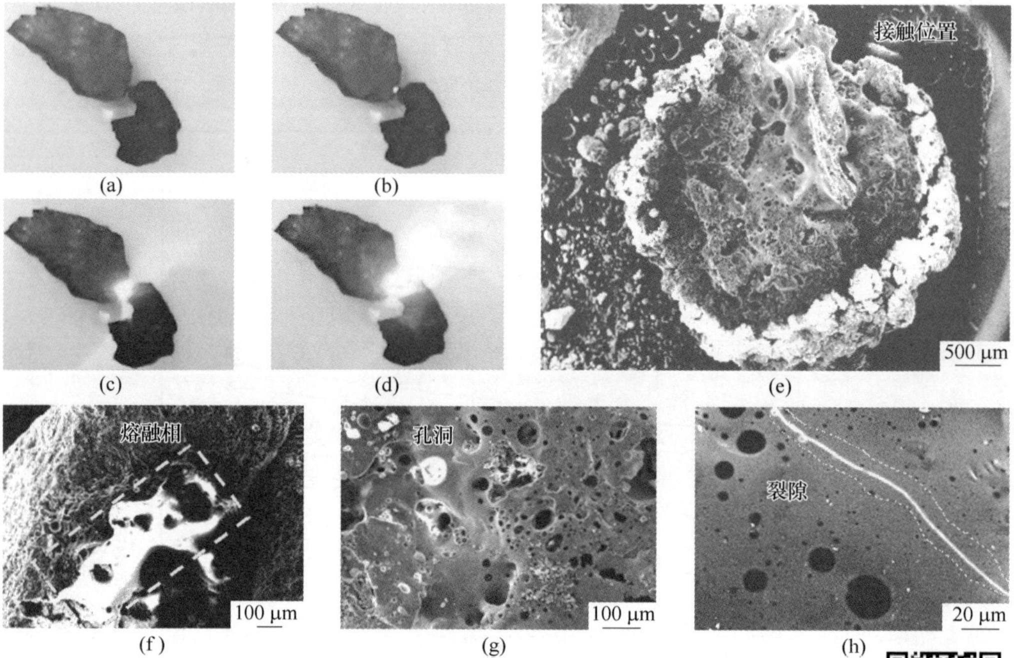

图 3-44　空气中的高温热点生成过程和接触点处矿物的 SEM 图像

（a）t=0 s；（b）t=1 s；（c）t=2 s；（d）t=3 s；

（e）接触位置；（f）熔融相；（g）孔洞；（h）裂隙

彩图

相对介电常数用于表示材料吸收电磁能的能力，由于水和钒页岩的相对介电常数较大，均属于强吸波物质，溶液环境对钒页岩形成了一种电磁屏蔽效果，因此溶液环境下钒页岩颗粒间是否仍存在高温热点需要进一步验证，如图 3-46 所示。将粒径为 2~3 cm 的钒页岩颗粒置于含有 100 mL 的 RO 水的烧杯中，随后将

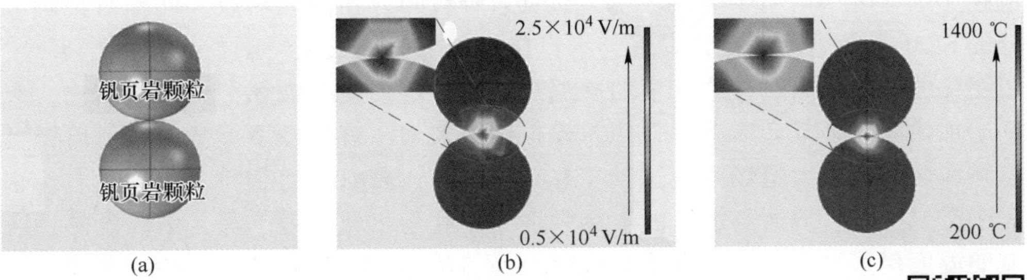

图 3-45 钒页岩电场强度和温度场模拟
（a）钒页岩颗粒；（b）电场强度；（c）温度场

彩图

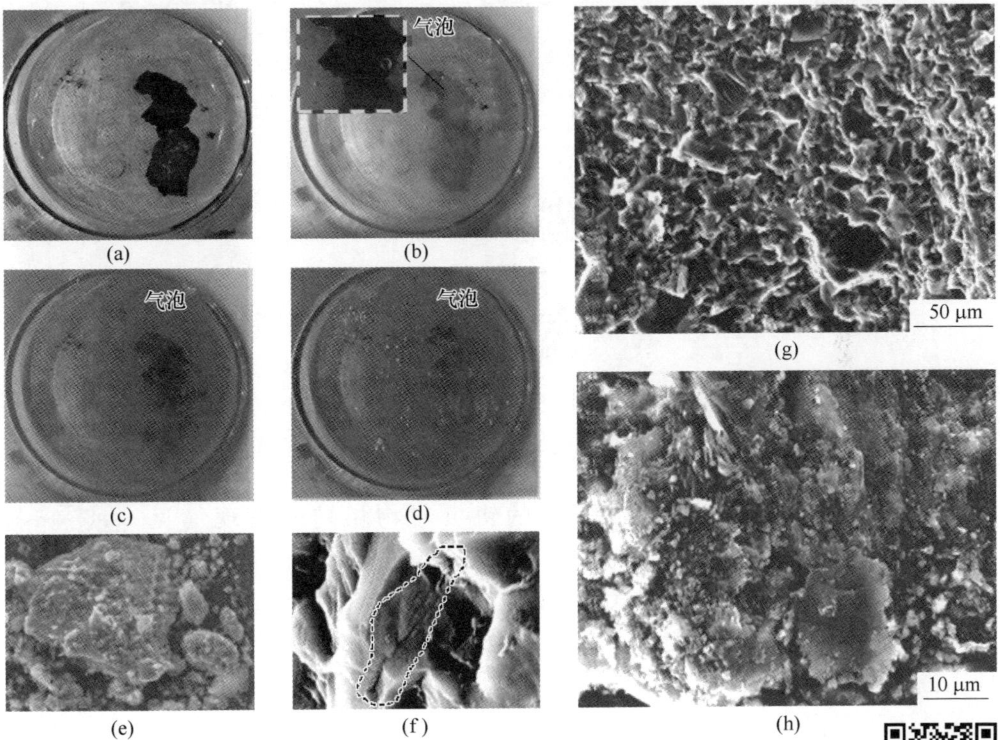

图 3-46 溶液环境中的高温热点生成过程和接触点处矿物的 SEM 图像
（a）$t=0$ s；（b）$t=20$ s；（c）$t=40$ s；（d）$t=50$ s；
（e）碎屑；（f）裂纹；（g）原矿；（h）接触部分

彩图

烧杯放入微波反应器（频率 2.45 GHz，输入功率 550 W）中并启动；然而，试验并未发现与空气环境下类似的起火现象；但是，与钒页岩颗粒直接接触的水先于其他区域沸腾，表明水与钒页岩颗粒接触位点处的温度高于其他区域，也在一定程度上证明了溶液环境下钒页岩颗粒间存在高温热点。同样对接触部分的 SEM 图像进行分析，发现与水直接接触部分的钒页岩颗粒表面产生裂纹，表明微波加热浸出过程中产生的高温热点在一定程度上破坏了钒页岩结构，有利于加快浸出环节介质溶解作用；模拟结果表明，溶液环境下微波辐射后钒页岩颗粒之间的最大电场强度达到 1.9×10^4 V/m，最高温度达到 365 ℃左右。相比于空气环境，溶液环境下的电场强度和温度均出现显著下降，但高温热点区域的温度仍远高于原溶液环境温度（见图 3-47），因此高温热点的存在能够强化浸出环节。

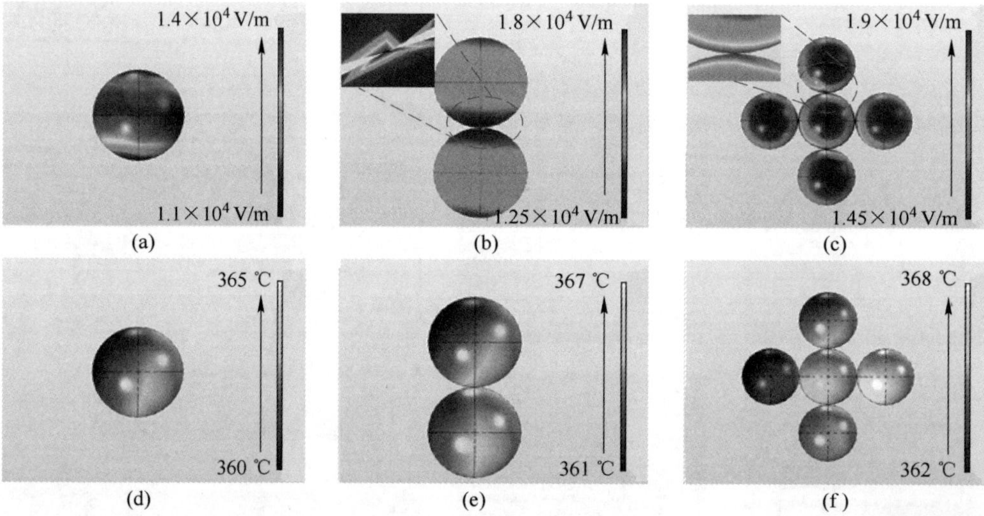

图 3-47　溶液环境下钒页岩电场（a）~（c）和温度场（d）~（f）模拟

彩图

通过对比常规浸出和微波浸出的钒页岩物相转变发现（见图 3-48），微波浸出渣中的云母衍射峰强度远低于原矿和常规浸出渣，表明微波在浸出过程中极大地促进了云母的溶解，也促进了云母中的钒释放进入溶液。此外，常规浸出渣中硫酸钙主要以石膏（$CaSO_4\cdot2H_2O$）形式存在，而微波浸出渣中硫酸钙主要以硬石膏（$CaSO_4$）形式存在。相关研究表明，石膏在 160 ℃下浸出 10 min 会迅速变成 $CaSO_4\cdot0.5H_2O$（半水石膏），当浸出时间为 4 h 时半水石膏完全变成柱状硬石膏晶体。通过分析不同浸出时间的微波浸出渣的物相特征可以观察到（见图 3-49），随着浸出时间的增加，石膏（1 h）首先转化为半水石膏（2 h），最后完全脱水变为硬石膏（4 h）。

有趣的是，常规浸出渣中的硫酸钙散布在云母周围，而微波浸出渣中硫酸钙嵌入云母内部，如图 3-50 所示。这是因为在微波浸出初始阶段，石膏在白云母颗粒的表面缺陷上成核并生长，然后出现针形硬石膏并附着在白云母表面。随着

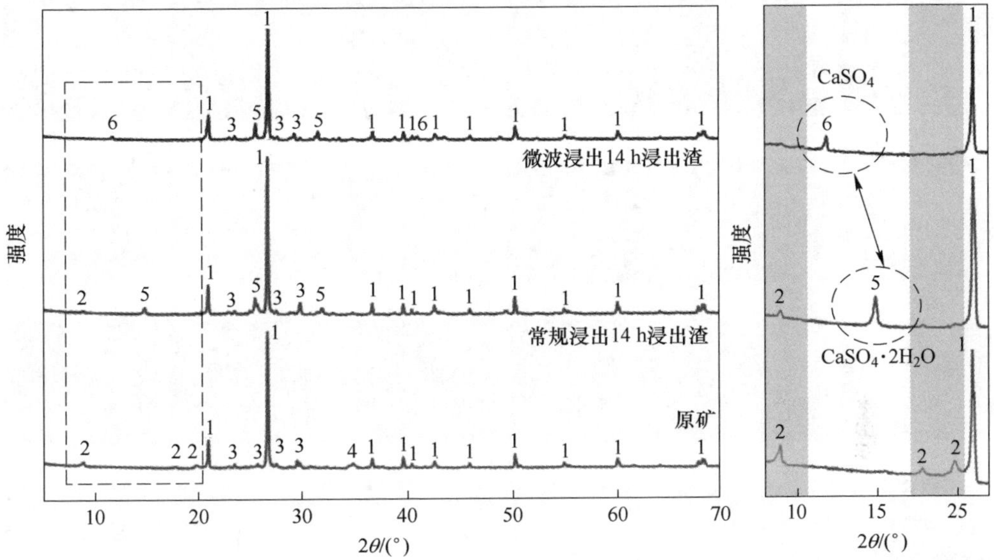

图 3-48 原矿和不同加热方式下浸出渣的 XRD 图谱

1—石英；2—云母；3—长石；4—方解石；5—$CaSO_4 \cdot 2H_2O$；6—$CaSO_4$

彩图

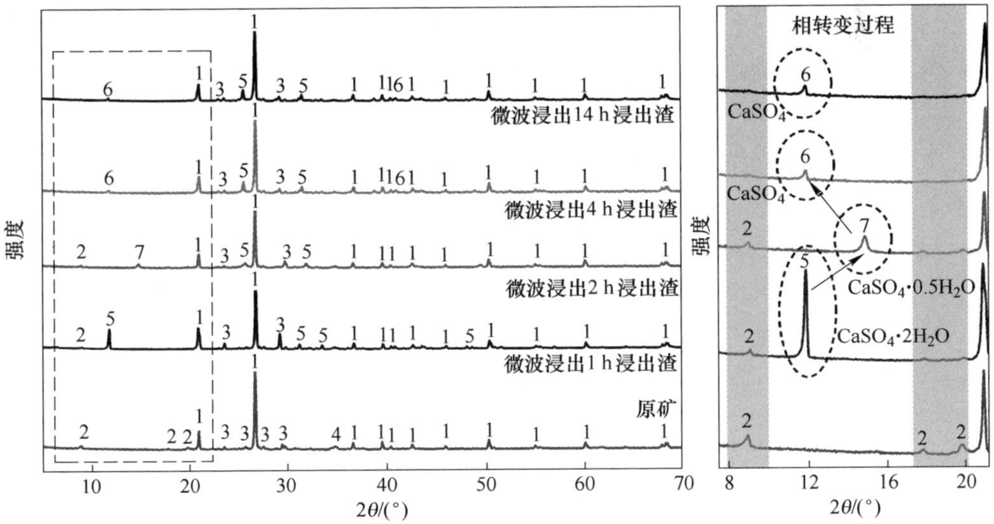

图 3-49 不同浸出时间微波浸出渣的 XRD 图谱

1—石英；2—云母；3—长石；4—方解石；

5—$CaSO_4 \cdot 2H_2O$；6—$CaSO_4$；7—$CaSO_4 \cdot 0.5H_2O$

彩图

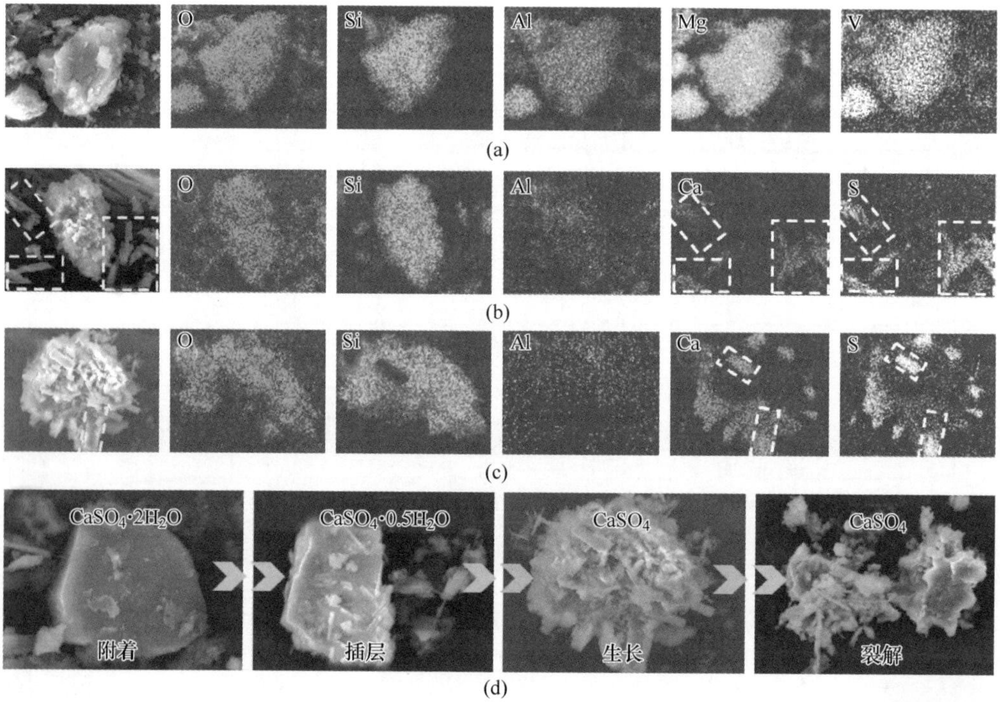

图 3-50　不同时间浸出渣的比较

（a）（b）常规浸出 4 h 后的浸出渣；（c）微波浸出 4 h 后的浸出渣；（d）不同浸出时间的微波浸出渣 SEM 图像和 EDS 元素图

彩图

时间的增加，硬石膏的纵横比增加，一些硬石膏晶体重叠生长，嵌入云母颗粒内部，硬石膏在白云母颗粒表面生长产生的应力和应变导致云母颗粒的局部变形和开裂。

基于石膏转化为硬石膏的必要条件和上述模拟结果，进一步证实了在微波辐射下，浸出过程中钒页岩颗粒间产生远高于系统温度的高温热点，同时高温热点促进硬石膏在含钒矿物表面嵌入生长，该生长产生的应力破坏了矿物结构，促进钒的释放。

微波浸出过程中，微波能量还改善了钒页岩矿物的表面能，如图 3-51 所示。表面能主要由极性部分和非极性部分组成，极性部分越大，其对于极性分子的吸引力也越强，浸出系统中硫酸属于极性分子。在常规浸出过程中，钒页岩的表面能随着浸出时间的延长而逐渐减小，0~14 h 时，钒页岩的表面能由 72. 46 mJ/m^2 降低至 68. 93 mJ/m^2，极性部分和非极性部分均有所下降。微波浸出过程中，钒页岩的表面能随着浸出时间的延长、微波功率的增加而逐渐增加，由 72. 46 mJ/m^2 增加至 77. 10 mJ/m^2，非极性部分表面能基本保持不变，但极性部分的表面能则由 25.41 mJ/m^2 增加至 31.99 mJ/m^2。单位矿物表面能越大，其表面分子越多。微波的能量输入越高，表面能就越高，且表面上的极性分子数量（硫酸分子）也就越多，从而通过强化界面反应提高浸出效率。

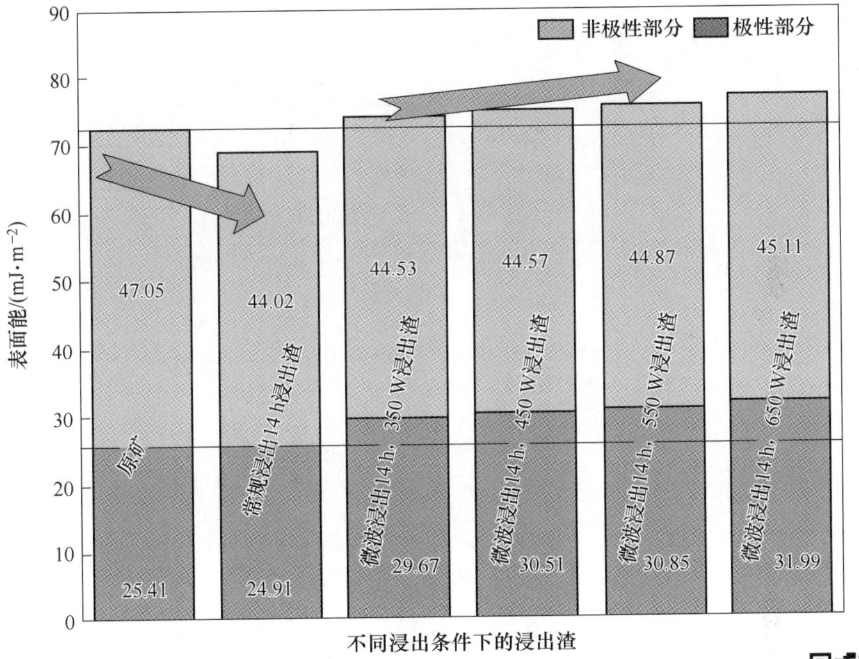

图 3-51　不同浸出条件下矿物的表面能

彩图

3.6.2　化学反应物—生成物迁移

微波能量可以显著降低浸出反应的活化能，从宏观动力学看，（见图 3-52），浸出过程主要由两个阶段控制：第一阶段受混合模型控制，第二阶段受化学反应控制。在第一阶段（0~4 h）和第二阶段（4~14 h），常规浸出的活化能分别为 41.57 kJ/mol 和 59.61 kJ/mol。微波能量可以将浸出过程的活化能分别降低到第一阶段（0~2 h）的 21.28 kJ/mol 和第二阶段（2~14 h）的 43.65 kJ/mol。微波的介入可以显著降低钒浸出反应的能量势垒，钒的浸出反应能够在更低的能量下开始，反应速度加快，从而提高了钒的浸出效率。

微波介入后，钒浸出反应速率常数和扩散系数随着温度的升高而增加，微波辐射下产生的高温热点将加速钒的浸出效率。云母在浸出过程中的反应可简化为：云母在硫酸和氟化钙的共同作用下分解为 K^+、AlF_5^{2-} 和 SiF_6^{2-}，可以通过模拟 K^+、AlF_5^{2-} 和 SiF_6^{2-} 的迁移规律来可视化微波增强浸出过程，如图 3-53 所示。

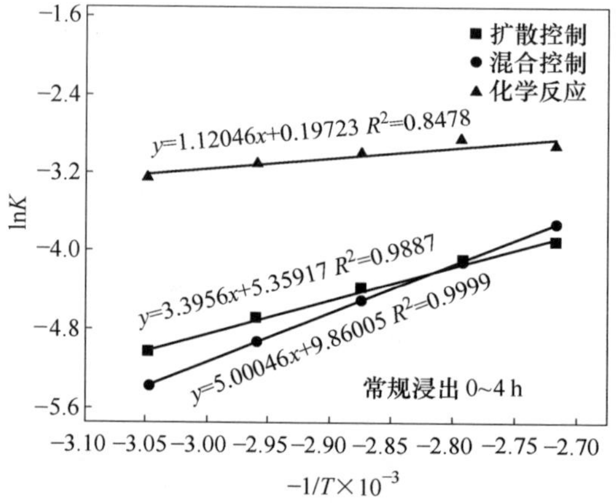
扩散控制
混合控制
化学反应
y=1.12046x+0.19723 R²=0.8478
y=3.3956x+5.35917 R²=0.9887
y=5.00046x+9.86005 R²=0.9999
常规浸出 0~4 h
lnK
−1/T×10⁻³
−1.6
−2.4
−3.2
−4.0
−4.8
−5.6
−3.10 −3.05 −3.00 −2.95 −2.90 −2.85 −2.80 −2.75 −2.70

(a)

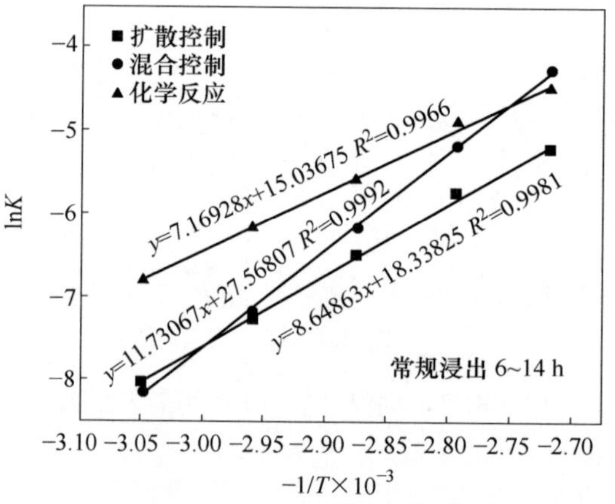
扩散控制
混合控制
化学反应
y=7.16928x+15.03675 R²=0.9966
y=11.73067x+27.56807 R²=0.9992
y=8.64863x+18.33825 R²=0.9981
常规浸出 6~14 h
lnK
−1/T×10⁻³
−4
−5
−6
−7
−8
−3.10 −3.05 −3.00 −2.95 −2.90 −2.85 −2.80 −2.75 −2.70

(b)

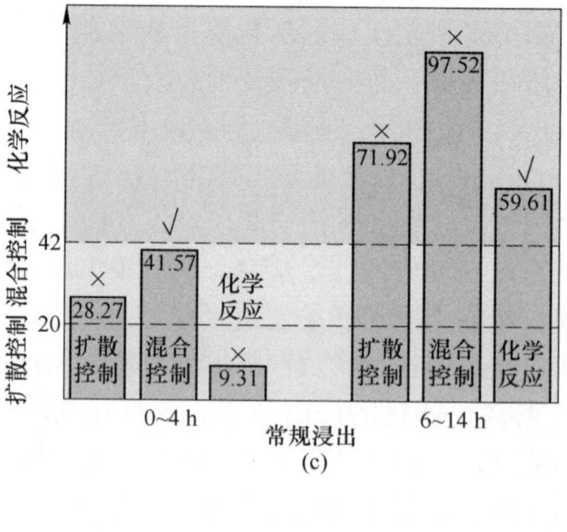
Ea/(kJ·mol⁻¹)
扩散控制 混合控制 化学反应
42
20
28.27
41.57
9.31
71.92
97.52
59.61
化学反应
扩散控制
混合控制
扩散控制
混合控制
化学反应
0~4 h
6~14 h
常规浸出

(c)

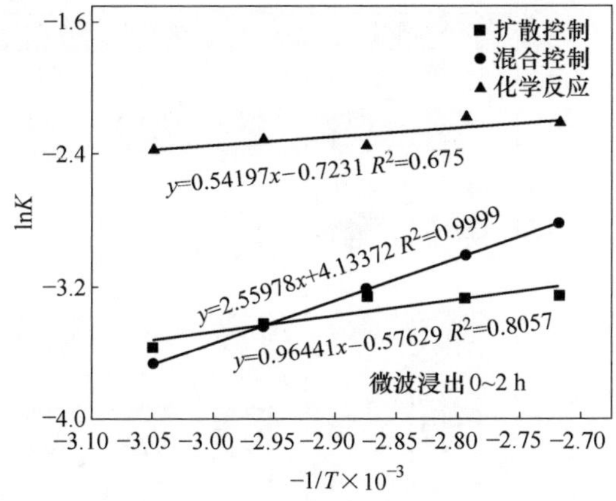

(d)

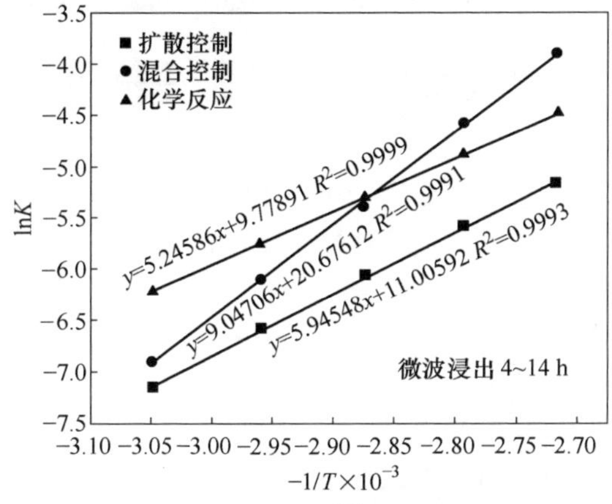

(e)

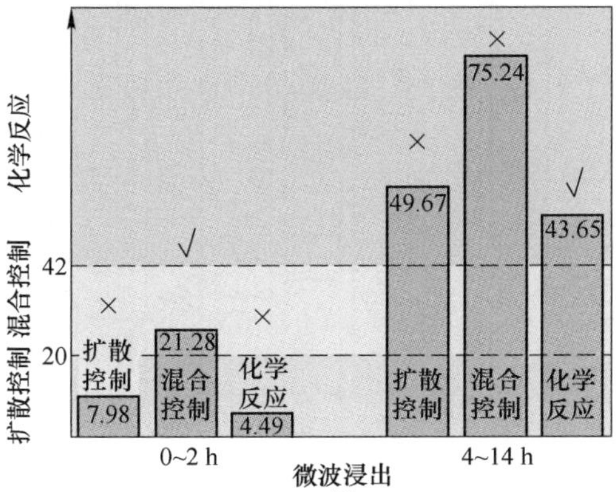

(f)

图 3-52 常规和微波浸出的动力学和活化能

(a) 0~4 h; (b) 6~14 h; (c) 常规浸出活化能;

(d) 0~2 h; (e) 4~14 h; (f) 微波浸出活化能

彩图

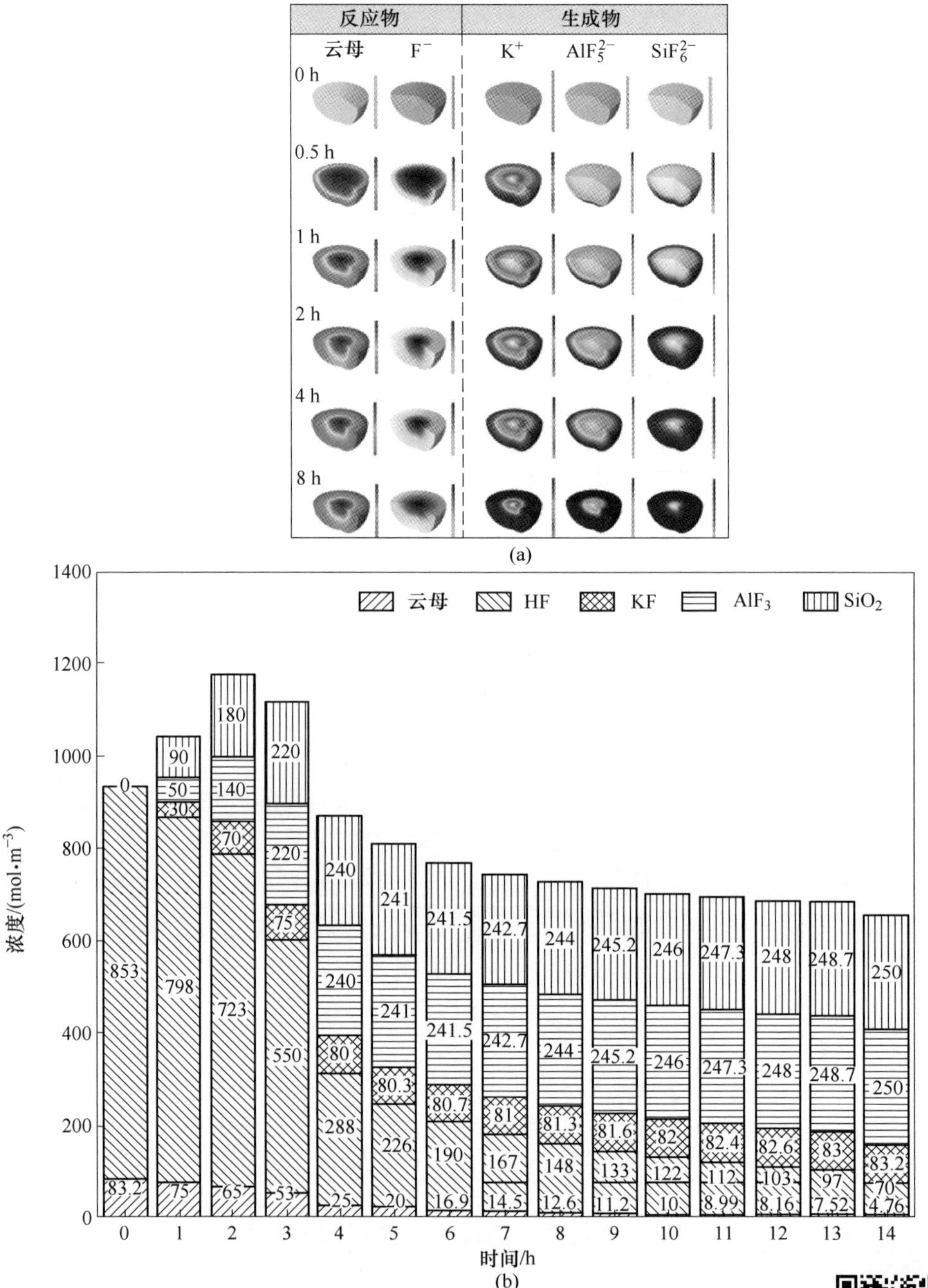

图 3-53　常规浸出条件下反应物与生成物的分布规律

（a）常规浸出反应物—生成物浓度分布；

（b）常规浸出反应物—生成物浓度随时间变化规律

彩图

根据基础试验数据，将初始云母浓度设置为 83.2 mol/m^3，F^-浓度设置为 853 mol/m^3，模拟了不同浸出时间下常规浸出系统内反应物和生成物的分布，发现浸出系统内部反应物的浓度始终高于外部，而生成物的浓度分布则相反，呈现内部低于外部的分布规律。在浸出时间 0~4 h 内，云母和 F^- 的浓度分别下降到 25 mol/m^{3}和 288 mol/m^3，K^+、AlF_5^{2-}和 SiF_6^{2-}的生成物浓度分别增加到 80 mol/m^3、240 mol/m^{3}和 240 mol/m^3；当浸出超过 4 h 后，反应物和生成物的浓度无显著变化。上述模拟结果与常规浸出动力学结果相一致。常规加热是一个热传递过程，在加热前期，外部温度高于内部温度并不断向内部传递温度使得整个溶液环境保持恒温，因此常规浸出系统的外部浸出反应速率高于内部，如图 3-54 所示。

同时，模拟不同浸出时间下微波浸出系统内反应物和生成物的分布，发现模拟结果与常规浸出差异显著，如图 3-55 所示。微波浸出系统外部反应物的浓度高于内部，而浸出系统内部生成物的浓度高于外部，在浸出时间 0~2 h 内，云母和 F^-的浓度分别下降到 13.5 mol/m^{3}和 157 mol/m^3，K^+、AlF_5^{2-}和 SiF_6^{2-}的产物浓度分别增加到 93.2 mol/m^3、264 mol/m^{3}和 264 mol/m^3；2 h 后反应物和生成物的浓度无显著变化。由于微波辅助浸出系统中存在“高温热点”，微波加热过程内部温度高于外部温度，故微波浸出系统的内部浸出反应速率高于外部系统。对比常规浸出生成物迁移规律可以看出，微波浸出反应达到平衡状态所需时间为常规浸出反应的 50%，并且微波浸出反应平衡态下的云母浓度更低，表明微波浸出过程中有更多的云母矿物得到分解。

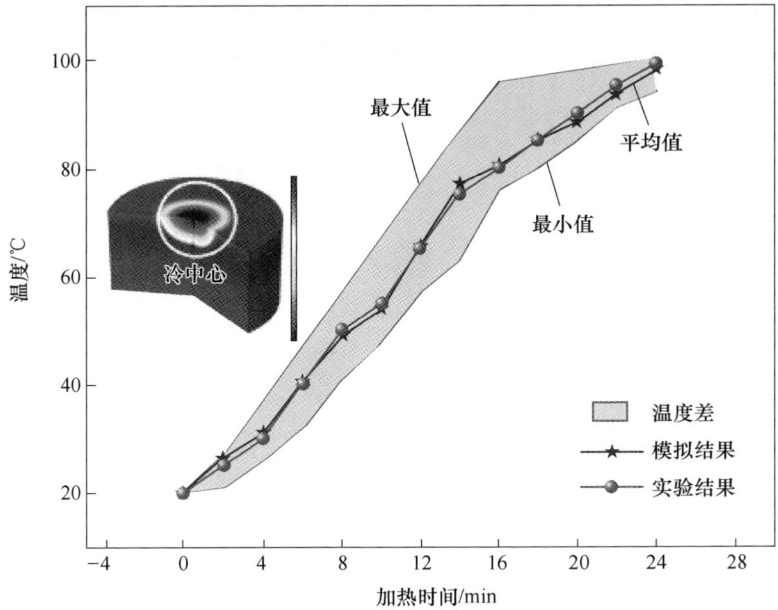

(a)

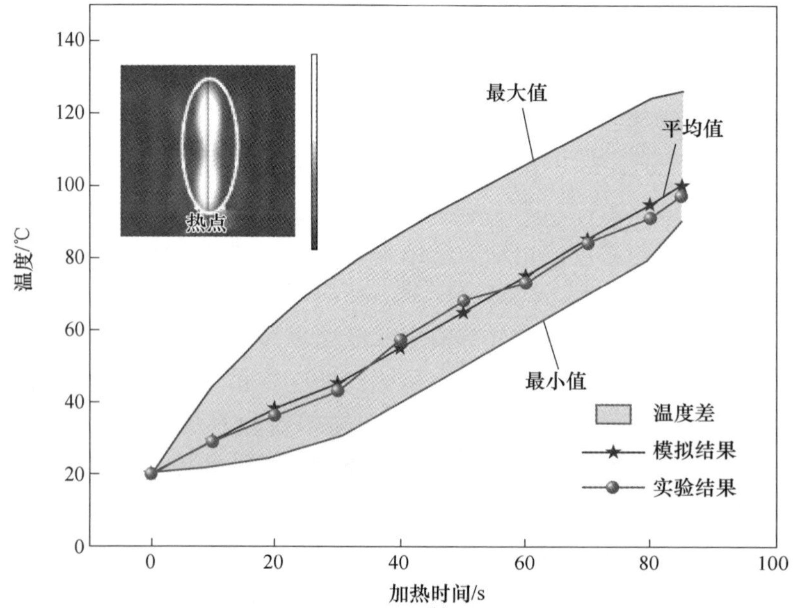

(b)

彩图

图 3-54　不同加热方式下浸出系统的温度分布
（a）常规加热；（b）微波加热

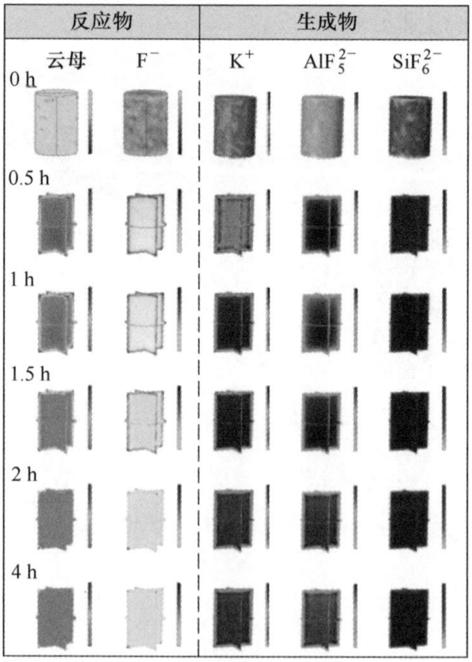

(a)

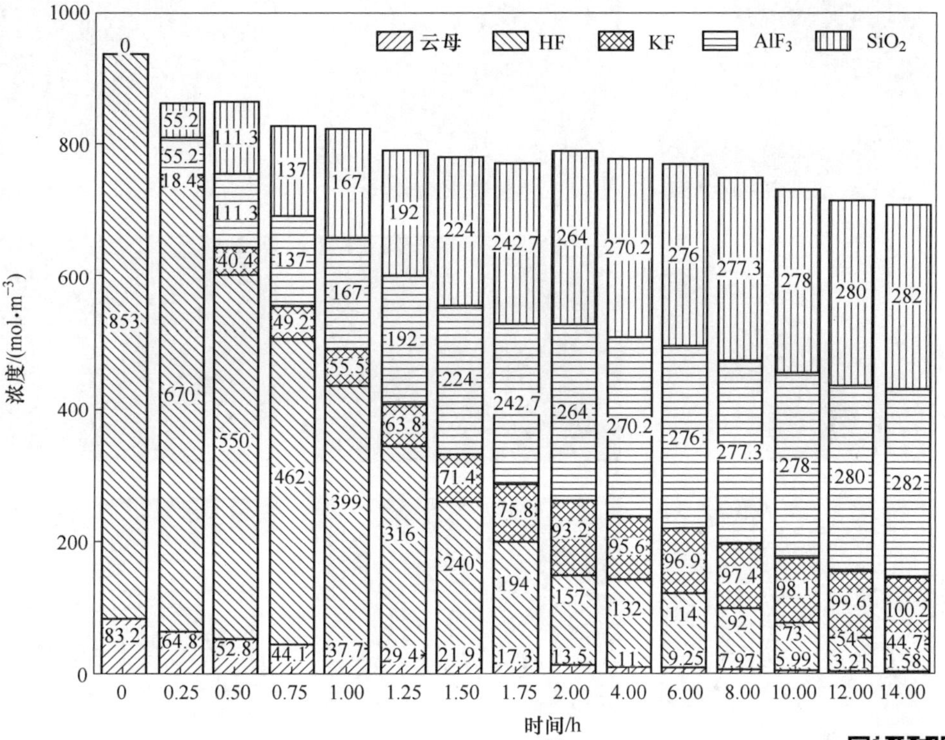

(b)

图 3-55　微波浸出条件下反应物与生成物的分布规律
(a) 微波浸出反应物—生成物浓度分布；
(b) 微波浸出反应物—生成物随时间变化的规律

彩图

3.6.3　含钒矿相解离

研究发现，钒页岩原矿中不同的矿物紧密交织在一起，微波辐照后，不同矿物间的相界面处产生丰富裂纹，尤其是碳质/黄铁矿与云母和石英等硅酸盐矿物之间的相界面，如图 3-56 和图 3-57 所示。钒页岩由云母、长石、方解石、石英、黄铁矿和碳质等矿物组成，其中黄铁矿和碳质属于强吸波物质，在微波场中经历介电损耗，导致微波能量以高温形式损失，而云母、长石、方解石和石英属于弱吸波物质，在微波场中不会被加热。因此，当钒页岩受到微波辐射时，不同矿相间形成显著的温度梯度，这将产生潜在的热应力来提高含钒矿相与脉石矿物之间的解离。

借助 COMSOL 仿真模拟直观地计算出钒页岩及其各物相在微波场内的物理属性（如电场强度、磁场强度、温度场和热应力）变化规律。首先对钒页岩颗

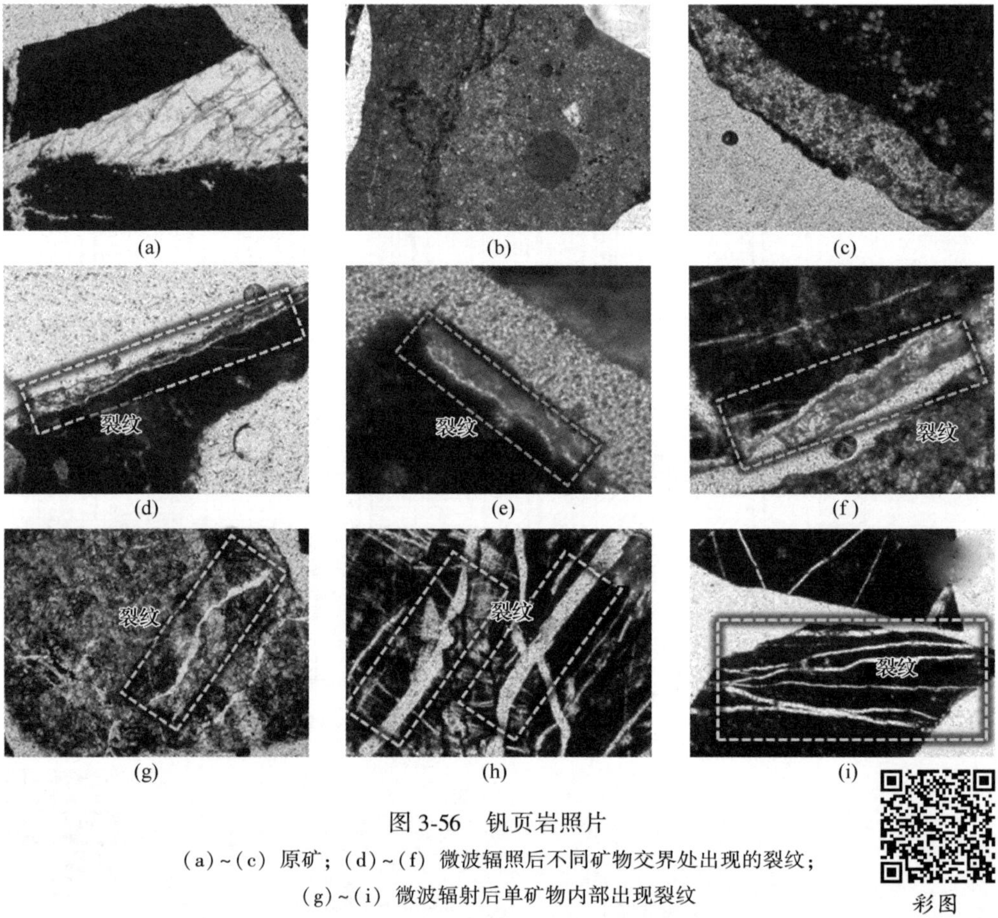

图 3-56　钒页岩照片

(a)～(c) 原矿；(d)～(f) 微波辐照后不同矿物交界处出现的裂纹；(g)～(i) 微波辐射后单矿物内部出现裂纹

粒在微波场内的物理属性变化规律进行研究，发现随着微波功率和钒页岩颗粒尺寸的增加，钒页岩颗粒的电场强度和磁场强度显著增加，如图 3-58 所示。单个钒页岩颗粒的电场强度为 $2.5\times10^4 \sim 8\times10^4$ V/m，而当钒页岩颗粒相互碰撞接触时，接触位置的电场强度会显著增加至 $4\times10^5 \sim 6\times10^5$ V/m，这种现象也被称为电场极化。值得注意的是，相互接触的钒页岩颗粒之间的尺寸差异越大，产生的电场强度越大。磁场强度的变化趋势与电场相似，但其增长幅度较小。

当电场极化产生的电压超过一定阈值时，会引起电击穿，因此电场强度会显著影响矿物的温度变化。钒页岩颗粒温度场变化规律表明，随着微波功率、微波辐照时间和颗粒尺寸的增加，钒页岩颗粒间的温度显著增加，如图 3-59 所示。在微波功率 2500 W、辐照 2 min 的条件下，单个钒页岩颗粒的温度为 200～400 ℃，而颗粒间的温度则在 700～1900 ℃。钒页岩颗粒间的温度远高于单个钒

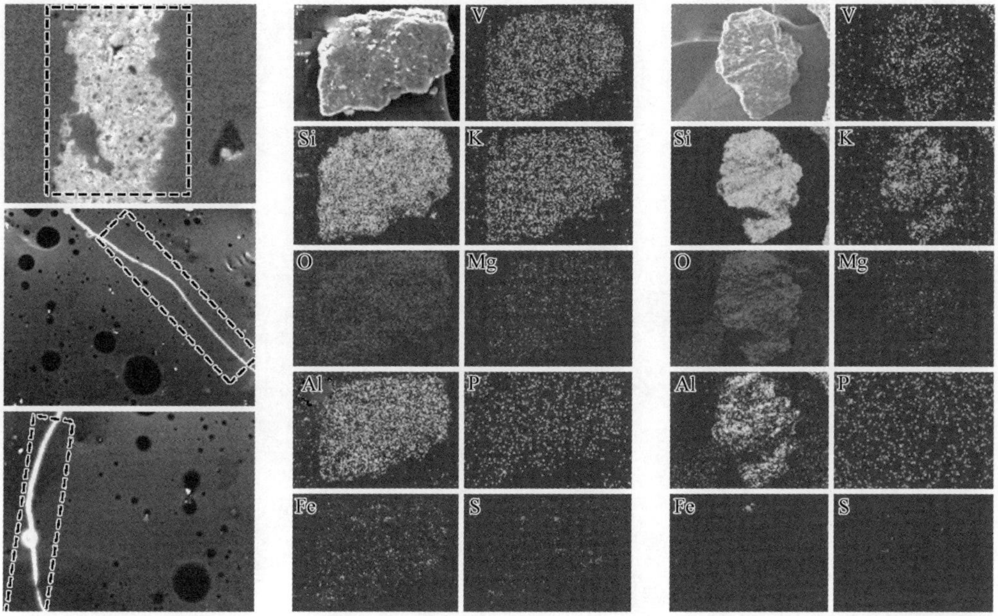

(a) (b) (c)

图 3-57 1500 W 微波功率下照射 2 min 30 s 的钒页岩样品的 SEM-EDS 图片（a）和（c）以及钒页岩原矿的 SEM-EDS 图片（b）

彩图

页岩颗粒，最高温度出现在两个颗粒的接触位置，此处被称为高温热点，高温热点与钒页岩颗粒其他区域之间的温差为 500～1500 ℃。值得注意的是，当粒径不均匀的颗粒相互接触时，高温总是集中在粒径较小的一侧，这表明在微波预处理中粒径较小的矿物优先升温。在实际微波预处理实验中，钒页岩颗粒在微波场作用下温度急剧升高，矿物结构在高温下被破坏、破碎、细化甚至熔融，这也解释了微波辐射对可磨性的改善程度呈现出先增加后减少的变化规律。因此，在实际操作中，有必要控制矿物的粒径、微波功率和辐照时间。

钒页岩中的主要矿物成分电-磁-热-应力场仿真模拟，如图 3-60 所示。不同矿物成分由于其相对介电常数不同而具有不同的电场强度，强吸波物质（炭质和黄铁矿）的电磁场强度大于弱吸波物质（云母、石英和方解石）。由于电磁损耗产生热量的机制，温度分布与电磁场具有相似的规律，传热特性是确定物相升温范围的又一主要因素。温度场模拟结果表明，随着钒页岩粒径和微波功率的增加，不同矿物成分的温度均有不同程度的升高，但炭质和黄铁矿的温度和升温速率远高于云母、石英和方解石。在微波功率 2500 W、辐照 2 min 的条件下，炭质温度升高至 1000～1400 ℃，黄铁矿温度升高至1500～2200 ℃，云母、石英和方

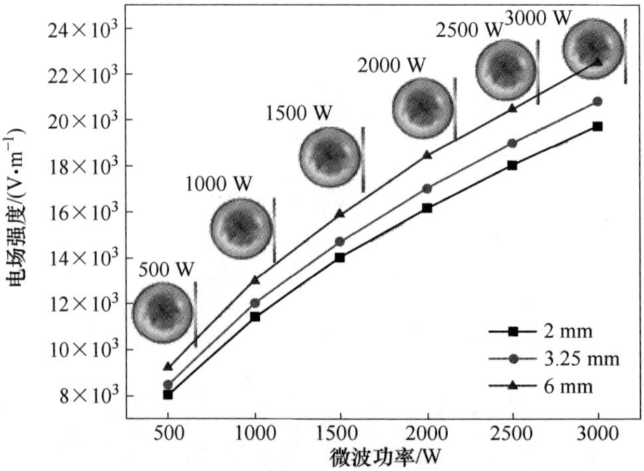
电场强度/(V·m⁻¹)
500 W
1000 W
1500 W
2000 W
2500 W
3000 W
2 mm
3.25 mm
6 mm
微波功率/W
(a)

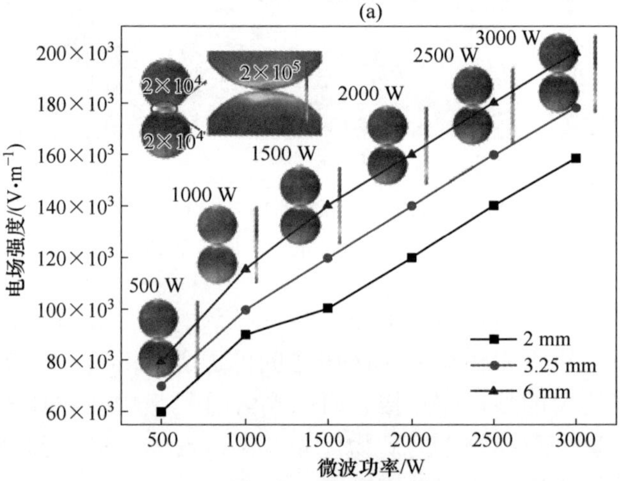
电场强度/(V·m⁻¹)
2×10⁴
2×10⁵
500 W
1000 W
1500 W
2000 W
2500 W
3000 W
2 mm
3.25 mm
6 mm
微波功率/W
(b)

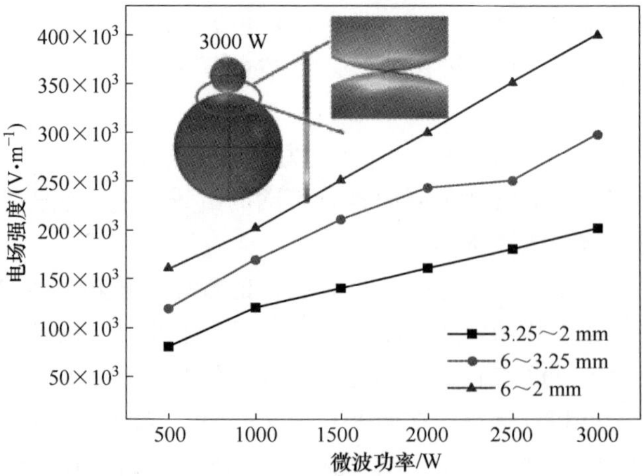
电场强度/(V·m⁻¹)
3000 W
3.25～2 mm
6～3.25 mm
6～2 mm
微波功率/W
(c)

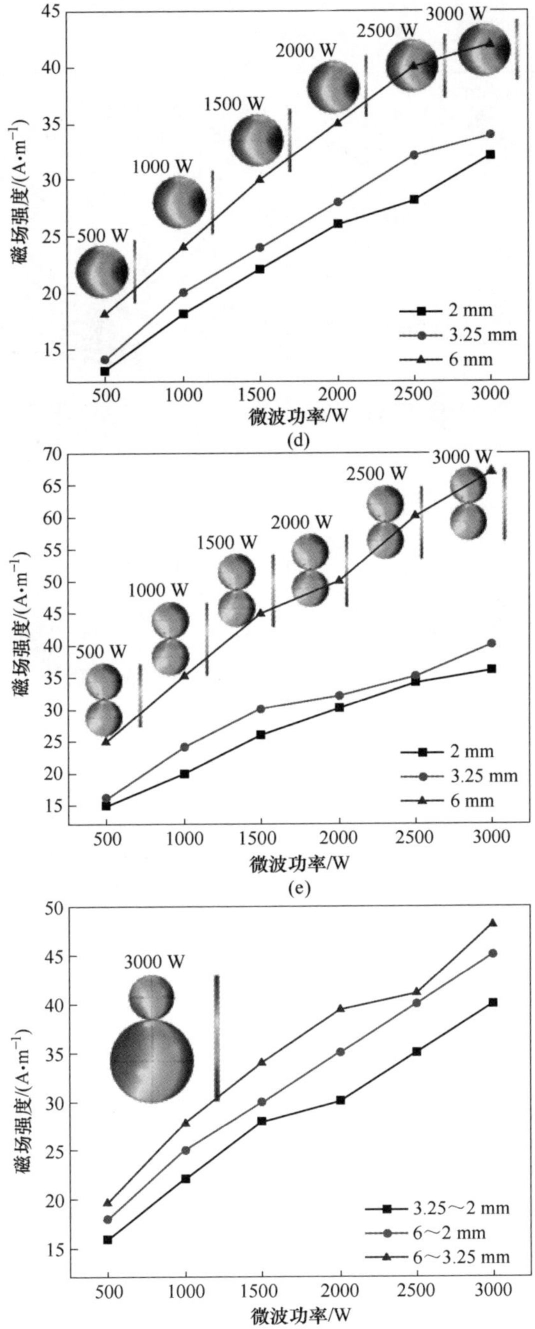

(d)

(e)

(f)

彩图

图 3-58 微波功率对钒页岩电场强度和磁场强度的影响

(a)(d)单钒页岩单颗粒；(b)(e)两个大小均匀的钒页岩颗粒；(c)(f)两个非均匀的钒页岩颗粒

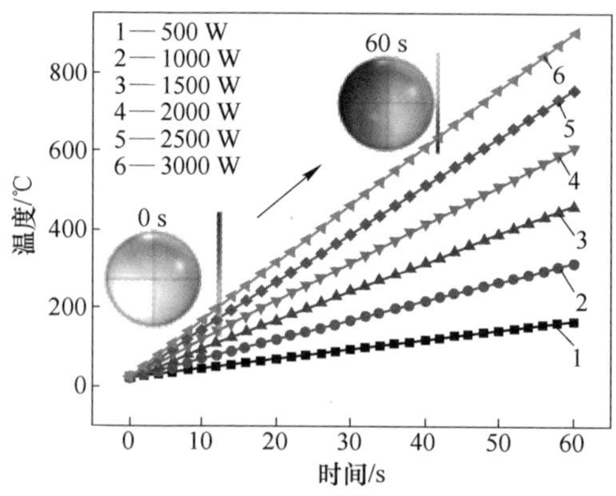
1—500 W
2—1000 W
3—1500 W
4—2000 W
5—2500 W
6—3000 W
60 s
0 s
温度/℃
时间/s
(a)

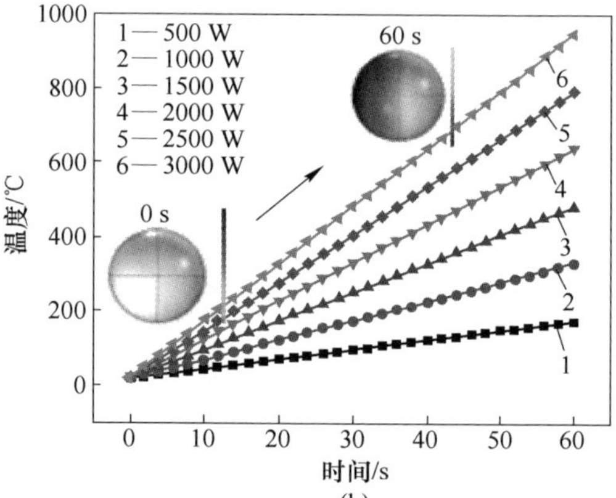
1—500 W
2—1000 W
3—1500 W
4—2000 W
5—2500 W
6—3000 W
60 s
0 s
温度/℃
时间/s
(b)

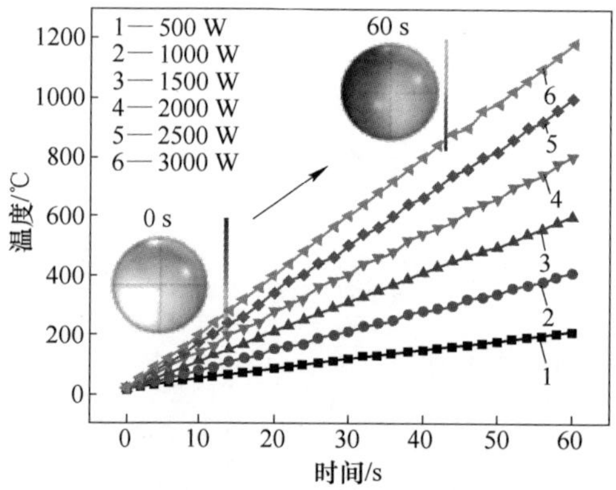
1—500 W
2—1000 W
3—1500 W
4—2000 W
5—2500 W
6—3000 W
60 s
0 s
温度/℃
时间/s
(c)

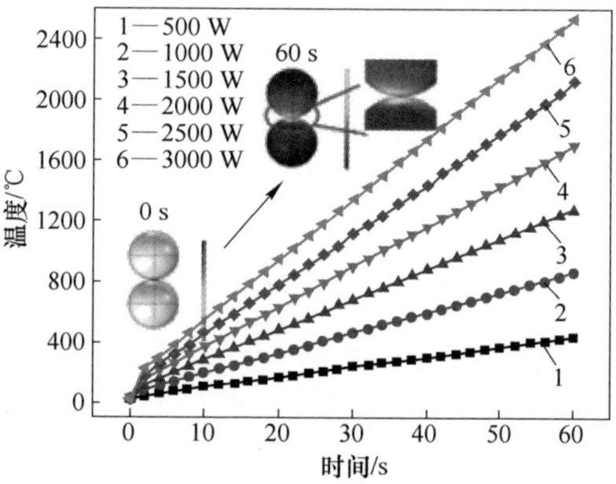
1—500 W
2—1000 W
3—1500 W
4—2000 W
5—2500 W
6—3000 W
60 s
0 s
温度/℃
时间/s
(d)

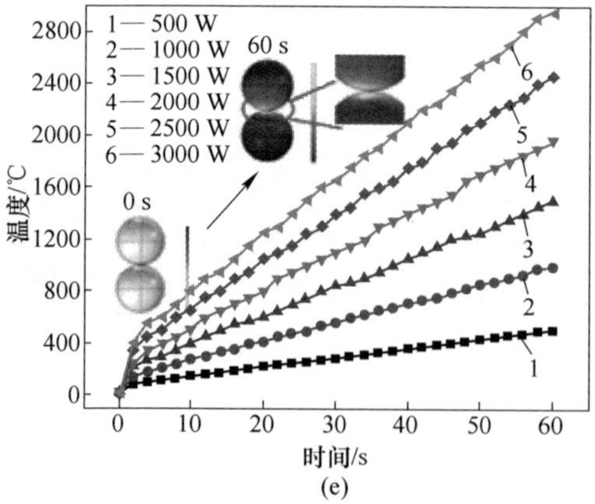
1—500 W
2—1000 W
3—1500 W
4—2000 W
5—2500 W
6—3000 W
60 s
0 s
温度/℃
时间/s
(e)

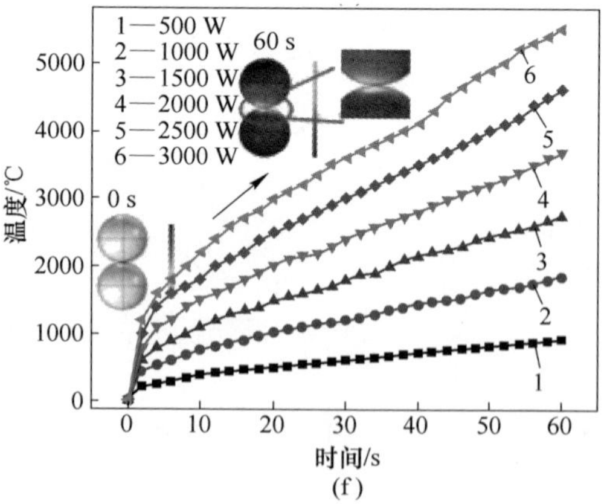
1—500 W
2—1000 W
3—1500 W
4—2000 W
5—2500 W
6—3000 W
60 s
0 s
温度/℃
时间/s
(f)

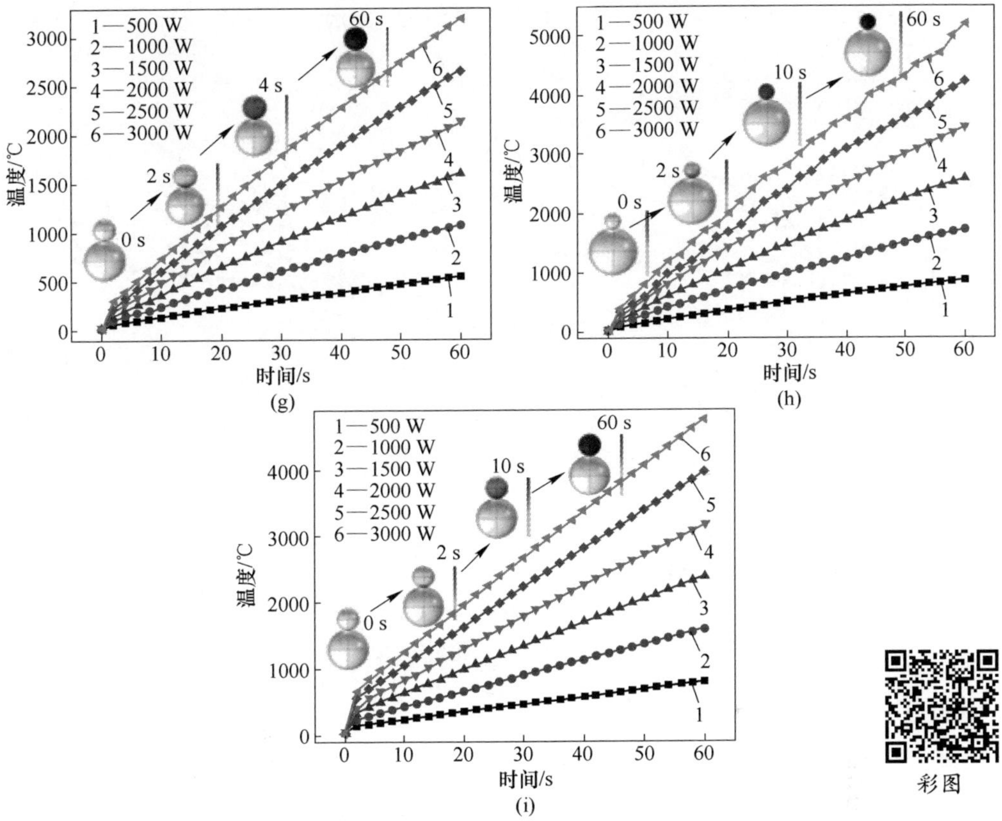

图 3-59 钒页岩在不同辐照功率下的温度分布

(a) 2 mm 单颗粒钒页岩；(b) 3.25 mm 单颗粒钒页岩；(c) 6 mm 单颗粒钒页岩；
(d) 均匀 2 mm 钒页岩颗粒；(e) 均匀 3.25 mm 钒页岩颗粒；(f) 均匀 6 mm 钒页岩颗粒；
(g) 非均匀钒页岩颗粒 (3.25 mm+2 mm)；(h) 非均匀钒页岩颗粒 (6 mm+2 mm)；
(i) 非均匀钒页岩颗粒 (6 mm+3.25 mm)

解石温度升高至 30~80 ℃。这是因为云母、石英和方解石虽然也有电荷积累，但它们的介电损耗低，产生的热量也相对较低；炭质和黄铁矿积聚了大量电荷，同时介电损耗高，在相同条件下，炭质和黄铁矿的电磁损耗远大于云母、石英和方解石，温度更高，升温速率更快。此外，黄铁矿的导热系数为 37.9 W/(m · K)，远高于其他矿物组分，导热速率更快。因此，黄铁矿在微波场中升温更快，受热更均匀。

上述研究发现，在微波场中，含钒云母与炭质和黄铁矿之间存在显著的温度和升温速率的差异，产生 800~2000 ℃的温差，导致云母与炭质和黄铁矿矿物之间产生巨大的热应力。因此针对云母-炭质和云母-黄铁矿在不同微波功率下进

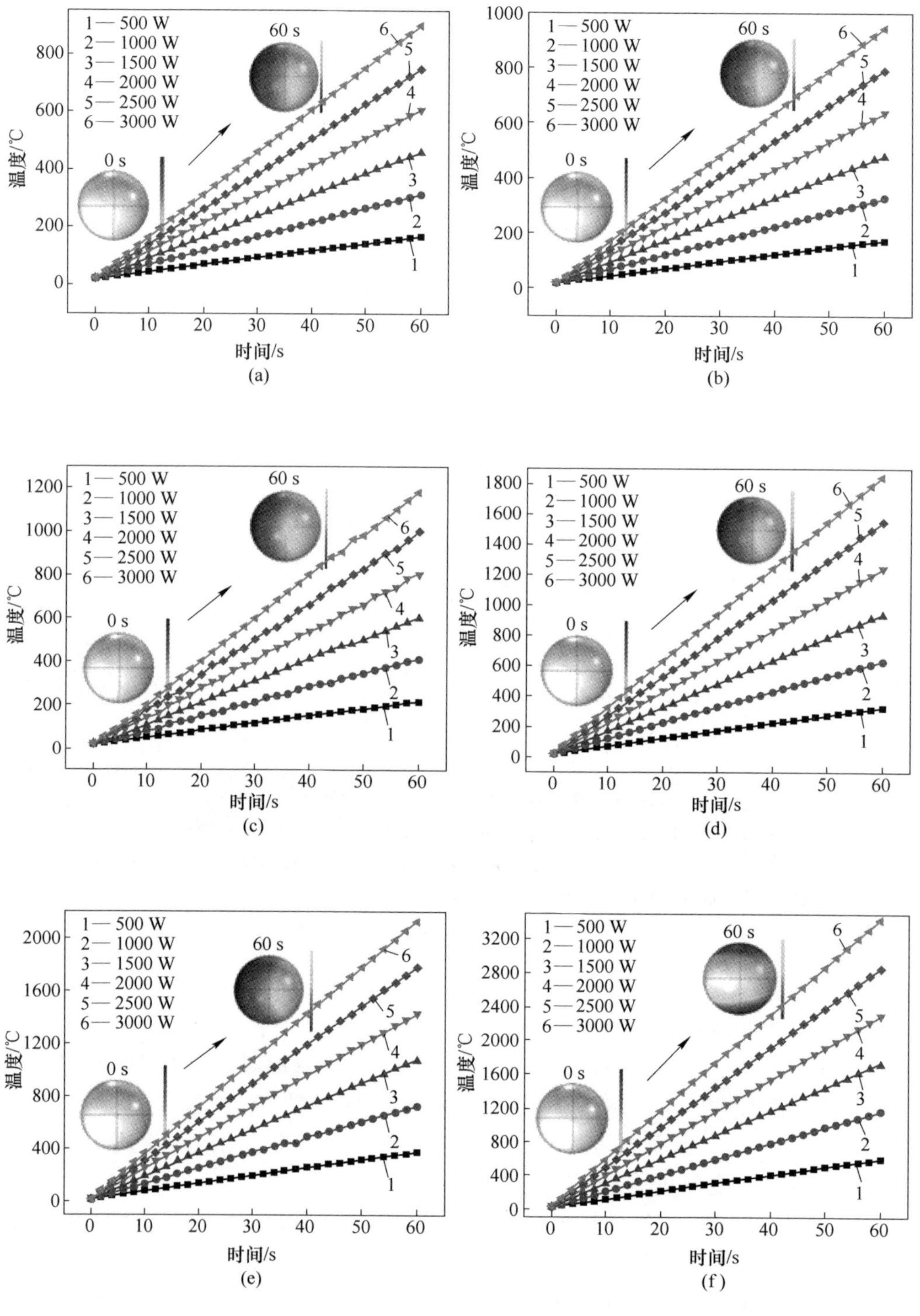
1— 500 W
2— 1000 W
3— 1500 W
4— 2000 W
5— 2500 W
6— 3000 W
0 s
60 s
温度/℃
时间/s
(a)
(b)
(c)
(d)
(e)
(f)

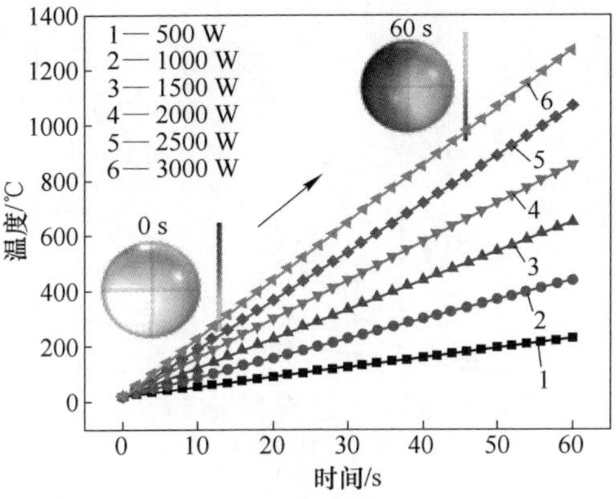
1— 500 W
2— 1000 W
3— 1500 W
4— 2000 W
5— 2500 W
6— 3000 W
60 s
0 s
温度/℃
时间/s
(g)

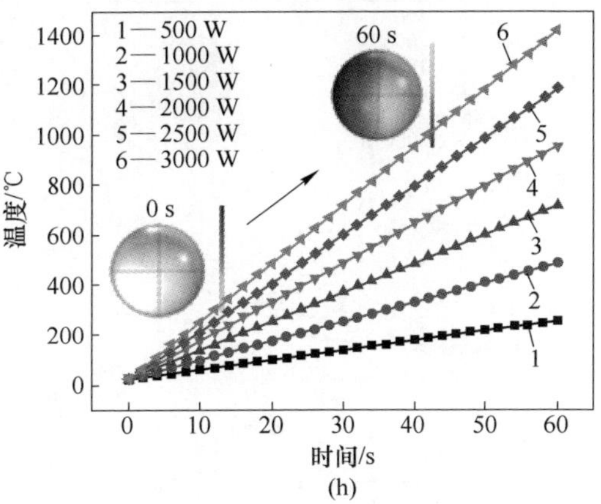
1— 500 W
2— 1000 W
3— 1500 W
4— 2000 W
5— 2500 W
6— 3000 W
60 s
0 s
温度/℃
时间/s
(h)

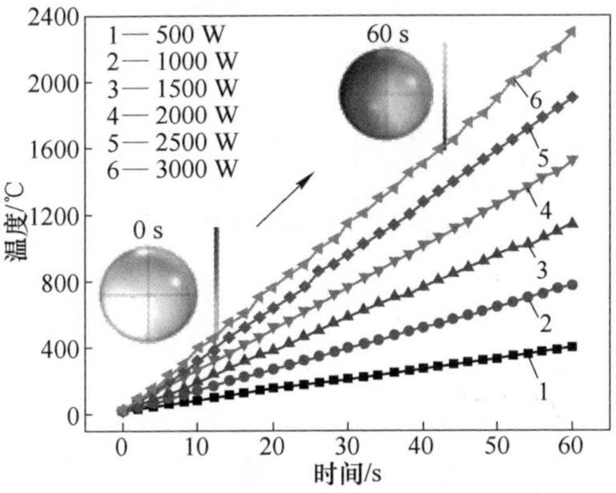
1— 500 W
2— 1000 W
3— 1500 W
4— 2000 W
5— 2500 W
6— 3000 W
60 s
0 s
温度/℃
时间/s
(i)

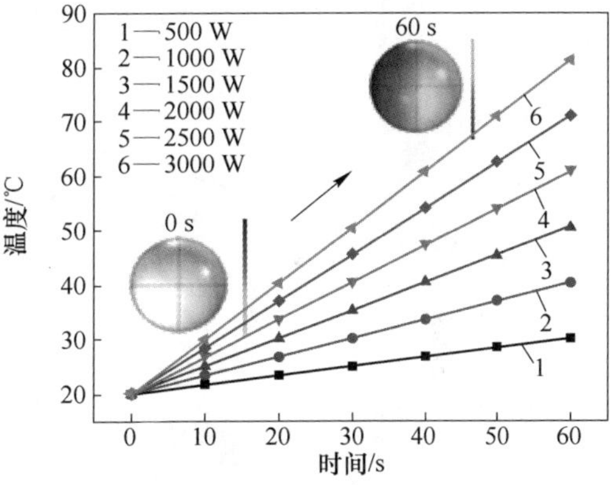
1— 500 W
2— 1000 W
3— 1500 W
4— 2000 W
5— 2500 W
6— 3000 W
60 s
0 s
温度/℃
时间/s
(j)

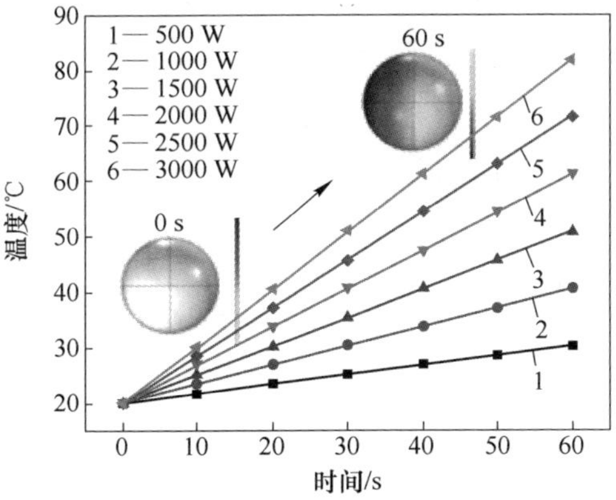
1— 500 W
2— 1000 W
3— 1500 W
4— 2000 W
5— 2500 W
6— 3000 W
60 s
0 s
温度/℃
时间/s
(k)

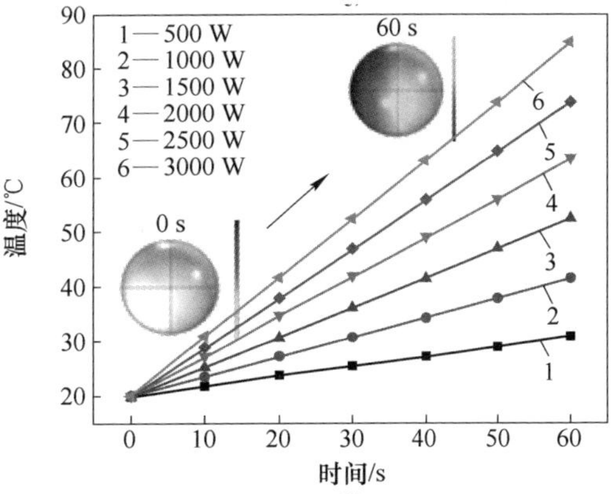
1— 500 W
2— 1000 W
3— 1500 W
4— 2000 W
5— 2500 W
6— 3000 W
60 s
0 s
温度/℃
时间/s
(l)

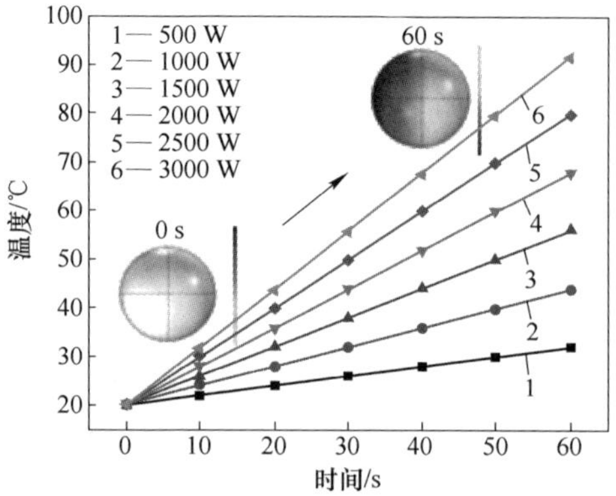

(m)

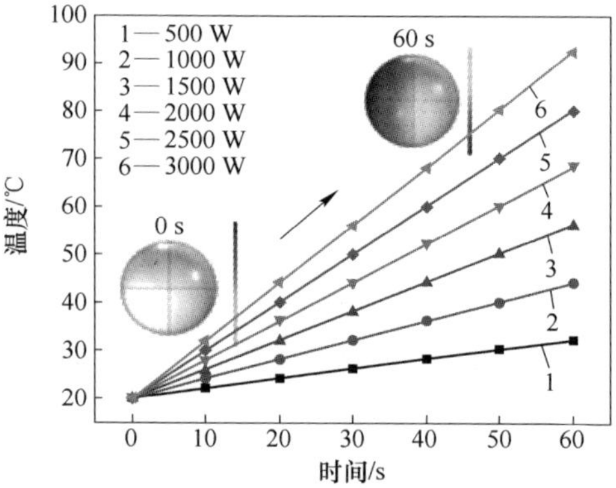

(n)

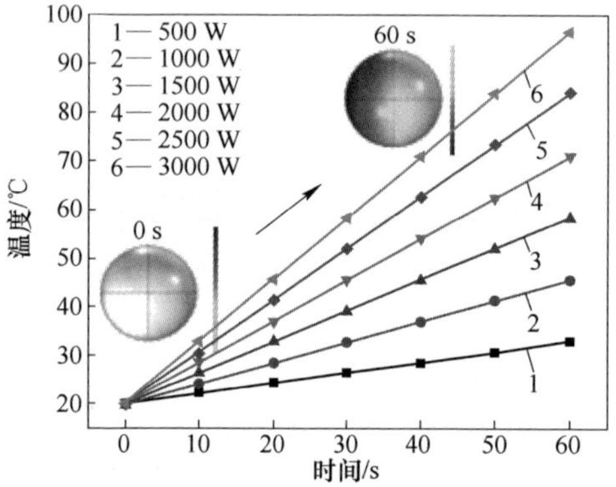

(o)

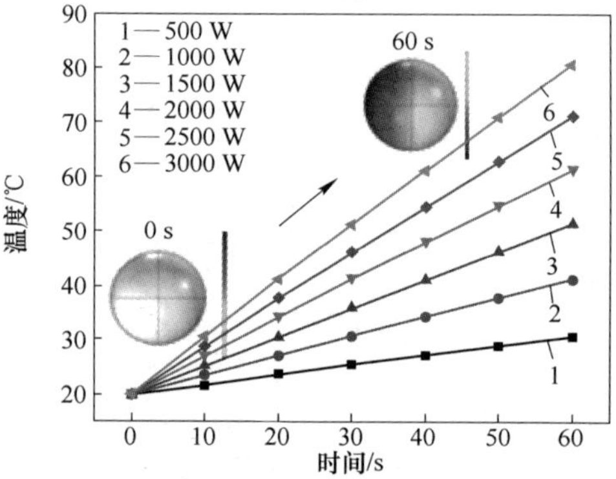

(p)

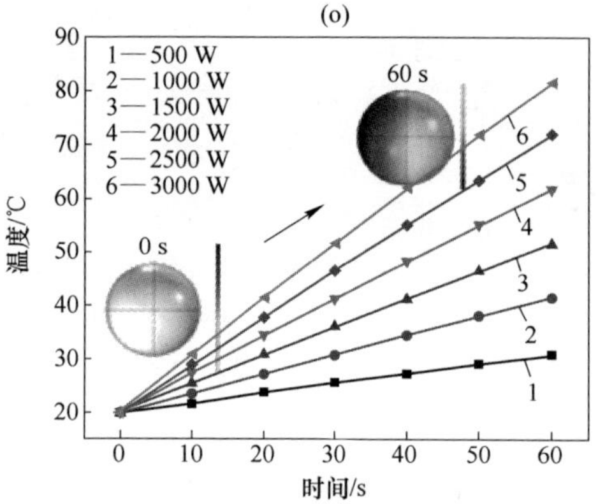

(q)

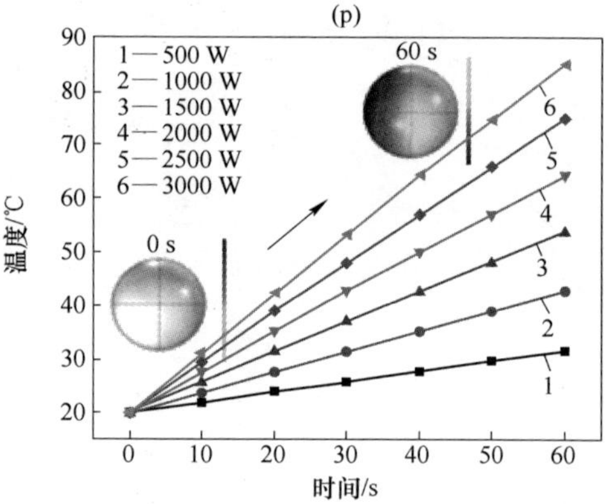

(r)

图 3-60　主要矿物成分温度分布模拟结果

（a）2 mm 单颗粒钒页岩；（b）3.25 mm 单颗粒钒页岩；
（c）6 mm 单颗粒钒页岩；（d）2 mm 黄铁矿；（e）3.25 mm 黄铁矿；
（f）6 mm 黄铁矿；（g）2 mm 炭质；（h）3.25 mm 炭质；（i）6 mm 炭质；
（j）2 mm 云母；（k）3.25 mm 云母；（l）6 mm 云母；（m）2 mm 石英；（n）3.25 mm 石英；
（o）6 mm 石英；（p）2 mm 方解石；（q）3.25 mm 方解石；（r）6 mm 方解石

彩图

行热应力模拟，如图 3-61 和图 3-62 所示。模拟结果表明，当云母和炭质被 500~2000 W 微波照射 1 min 时，热应力分别达到 74.2 MPa 和 792 MPa，足以破碎矿物颗粒。

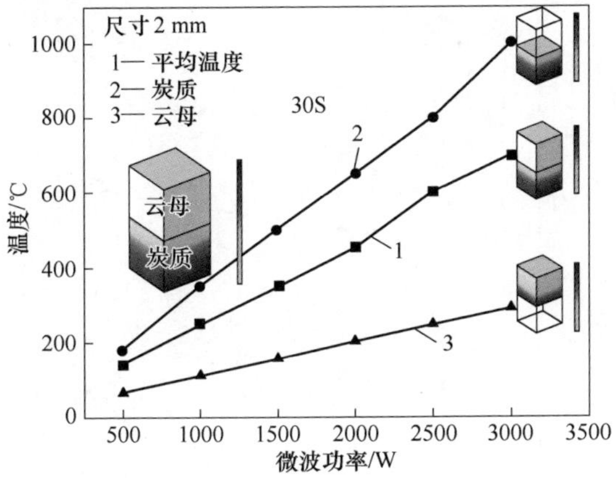

(a)

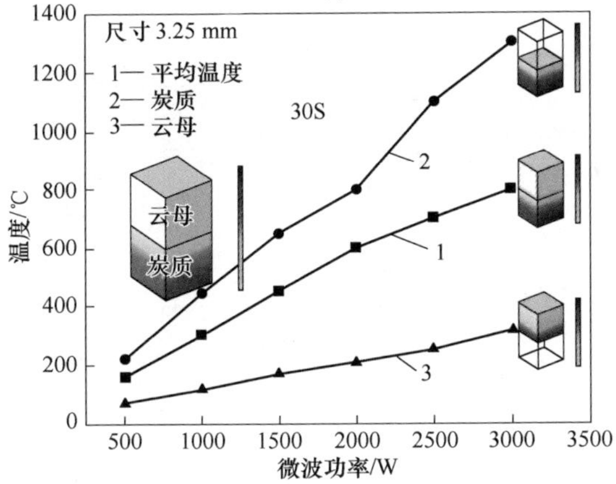

(b)

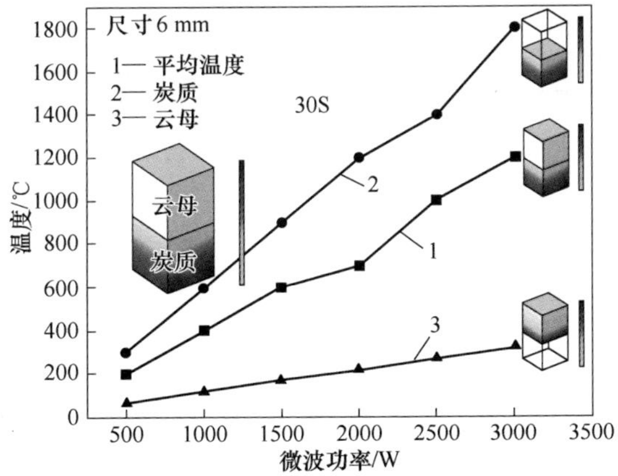

(c)

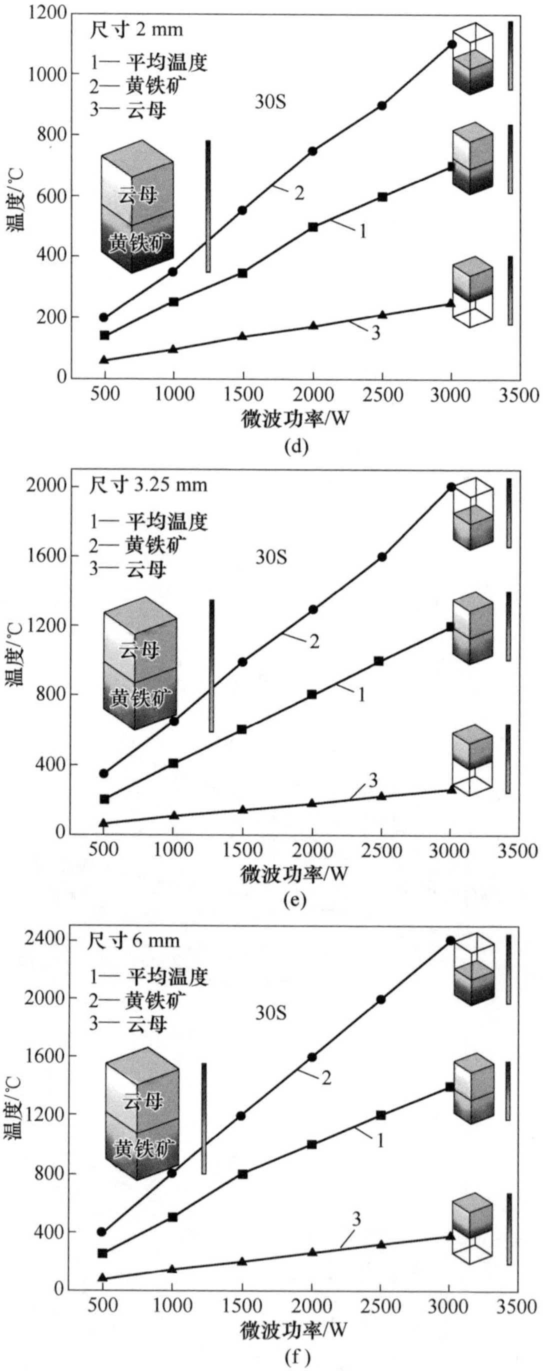

彩图

图 3-61　相邻矿物与云母颗粒之间的温度分布模拟结果

(a)~(c) 云母-炭质；(d)~(f) 云母-黄铁矿

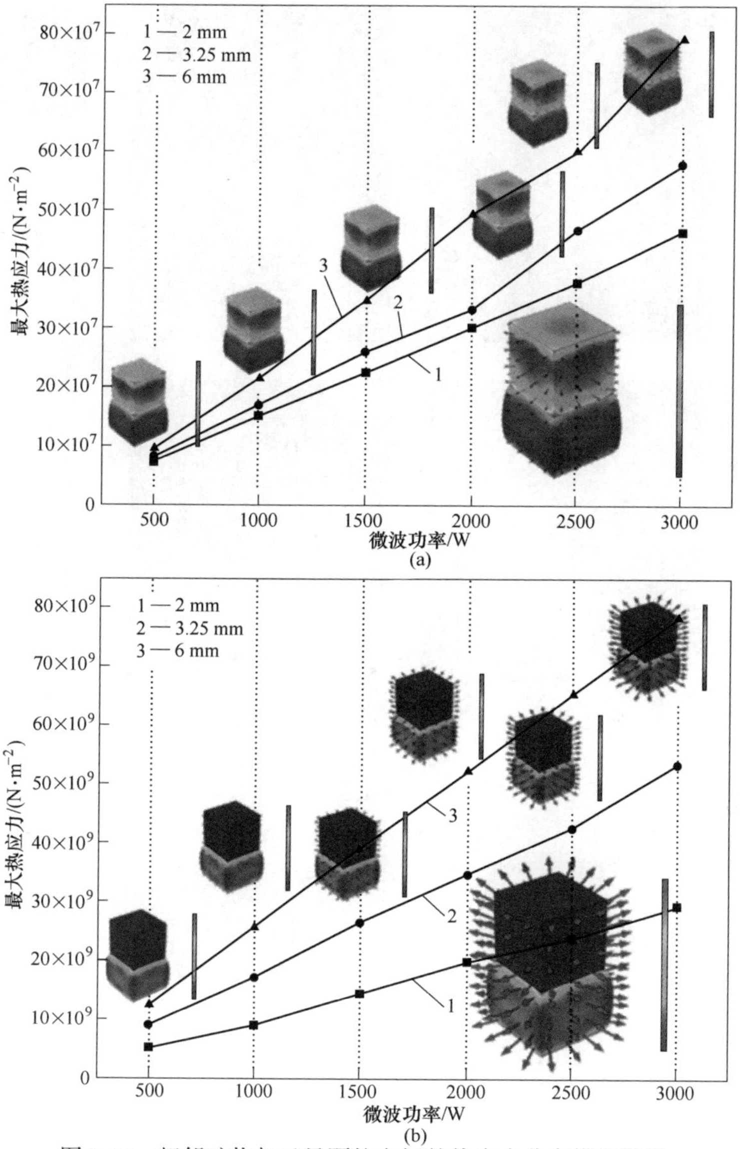

彩图

图 3-62 相邻矿物与云母颗粒之间的热应力分布模拟结果

（a）云母-炭质；（b）云母-黄铁矿

当云母和黄铁矿被 500～2000 W 微波照射 1 min 时，热应力分别达到 4.87 GPa 和78.5 GPa，黄铁矿足以被破碎。随着相邻钒页岩颗粒尺寸和微波功率的增加，热应力将达到非常高的水平。但实际上矿物在未达到模拟应力值时已经破裂。炭质和黄铁矿的内部出现最大热应力，可推断在实际钒页岩颗粒中，微波辐射引起的裂纹通常出现在界面周围热膨胀系数较高的矿物（炭质和黄铁矿）一侧，如图 3-63 所示。

图3-63　微波处理下不同矿物接触面处的温度(a)和应力(b)变化及矿物解离图像(c)

彩图

3.7 铁杂质原位钝化机理

杂质铁是影响页岩提钒产品纯度的最主要元素之一，受矿石风化氧化程度影响较大。页岩中杂质铁的赋存物相主要分为两类：原生型钒页岩中的黄铁矿和氧化型钒页岩中的赤铁矿。湿法酸浸过程中两种含铁物相都易溶解进入含钒溶液中，为实现杂质铁的源头分离去除，分别开发出两种原位钝化除铁方法：草酸界面钝化 FeS_2 和氟离子界面钝化 Fe_2O_3。

原生型钒页岩采用常规的硫酸浸出会将 FeS_2 溶解［反应方程式见式（3-6)］，V 和 Fe 的同步溶出导致净化富集难度增大。采用草酸直接浸出能够显著抑制 FeS_2 的溶解，使 Fe 浸出率从纯硫酸体系的 13.0%降低至 3.4%，实现 V 和 Fe 的源头选择性分离，如图 3-64（a）所示。氧化型钒页岩中的铁杂质主要以高价态的 Fe_2O_3 形式存在，在单一硫酸体系浸出下，Fe 浸出率超过 20%，V 和 Fe 的分离系数只有 0.06。添加 CaF_2 后 Fe 浸出率降低至 5%左右，浸出渣中出现 FeF_3 物相，如图 3-64（b）所示。

$$4FeS_2 + 3O_2 + 6H_2SO_4 \longrightarrow 2Fe_2(SO_4)_3 + 6H_2O + 8S \qquad (3-6)$$

原生型钒页岩浸出初期草酸在 FeS_2 界面生成稳定的草酸亚铁沉淀包裹矿物，表面钝化阻碍 H^+ 和 O_2 的接触，从而降低黄铁矿的反应活性［反应方程式见式（3-7)］。相比 $H_2C_2O_4$ 和 $HC_2O_4^-$，$C_2O_4^{2-}$ 在 FeS_2(100）面上的吸附能最低，$C_2O_4^{2-}$ 两个相邻羧基上的 O 原子分别与 FeS_2(100）面上的 Fe 原子成键，形成 Fe1-O1-C1-C2-O2-Fe2-S6-Fe1 七元环和 Fe1-O1-C1-C2-O2-Fe2-S3-S2-Fe1 八元环的稳定结构，如图 3-65（a）和（b）所示，使 Fe1-Fe2 原子间距从 0.389 nm 缩小为 0.380 nm，表面结构更为紧密，反应活性降低。

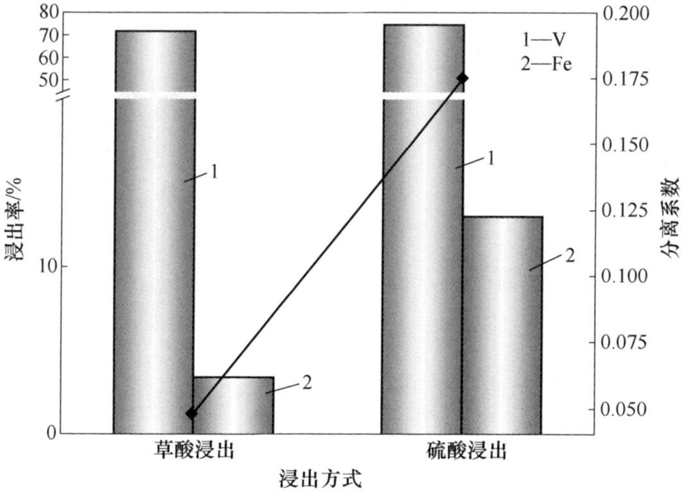

(a)

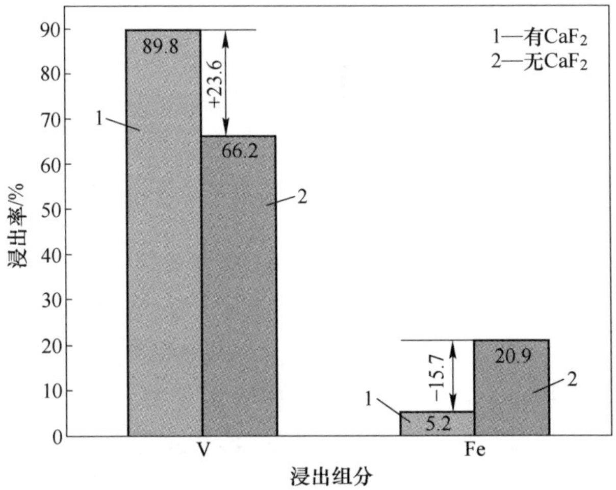

(b)

图 3-64　铁杂质源头钝化前后 V、Fe 浸出率变化

(a) 原生型钒页岩草酸钝化；(b) 氧化型钒页岩氟离子钝化

彩图

$$2FeS_2 + O_2 + 2H_2C_2O_4 \longrightarrow 2FeC_2O_4 + 2H_2O + 4S \tag{3-7}$$

氧化型钒页岩浸出过程对比：HF 和 F^- 在 $Fe_2O_3(001)$ 面上的吸附行为。图 3-65 (c) 和 (d) 示出，F^- 能够直接与表面 Fe 原子吸附成键，且吸附能为 −1.04 eV；HF 吸附于 $Fe_2O_3(001)$ 面后 H 和 F 分别与表面 Fe 原子和 O 原子成键，明确 F^- 能够在 Fe_2O_3 优先吸附形成 FeF_3，阻碍 Fe 的进一步溶出。

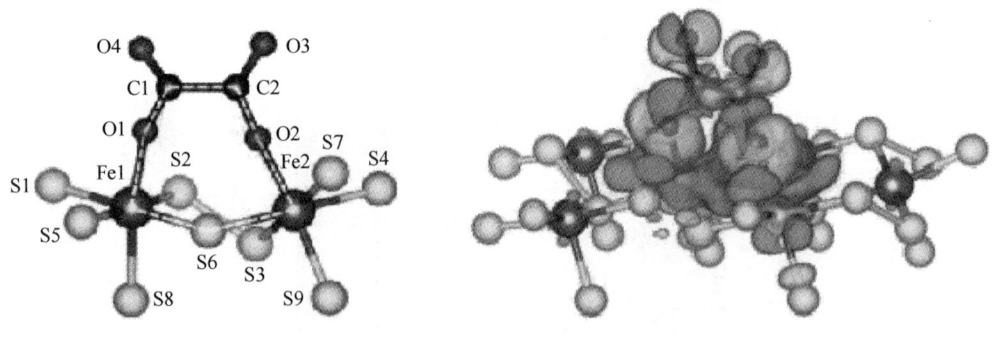

(a)　(b)

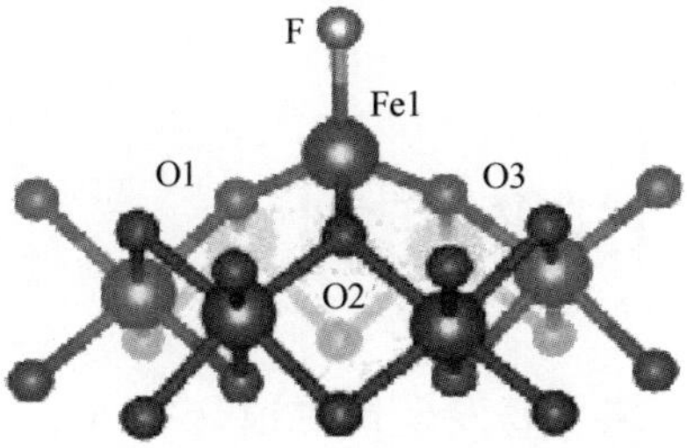

(c)

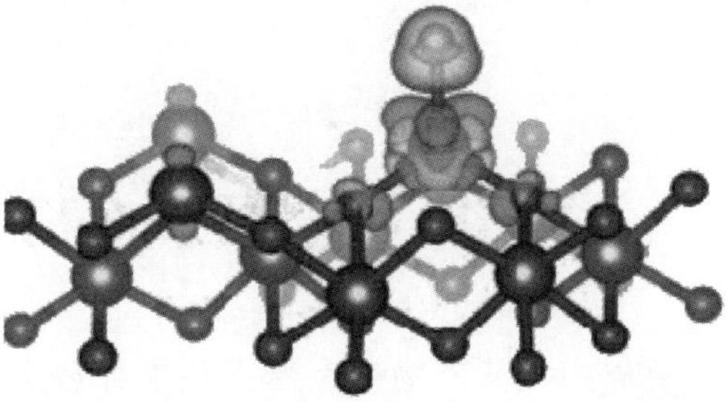

(d)

图 3-65 $C_2O_4^{2-}$ 和 F^-在不同含铁矿物的表面吸附状态

(a) $C_2O_4^{2-}$ 在 FeS_2 界面吸附结构；(b) $C_2O_4^{2-}$ 在 FeS_2 界面吸附后的电子转移；(c) F^-在 Fe_2O_3 界面吸附结构；(d) F^-在 Fe_2O_3 界面吸附后的电子转移

彩图

4 晶格钒的界面转化机制

页岩中钒从矿物强束缚力晶格释放到溶液环境主要发生钒氧键（V—O）的断裂及其与配位离子的结合溶出，该过程是由强作用力到弱作用力的转变。因此，查明钒原子在矿物晶格中和溶液环境中的配合状态转变过程十分重要，将为溶液环境单金属分离工艺提供关键理论指导。

氟作为一种重要配体，在钒原子从晶格释放后会形成 VF_6^- 而溶出，虽然该过程是界面反应过程的终态，但并不是溶液环境的终态。钒在水溶液中极易与水分子配位，形成水合钒离子结构。页岩酸浸液中多种金属离子并存，配位反应将更为复杂，各离子的配合状态随着溶液环境的改变而不断变换，处于动态平衡。酸性环境中钒氟离子状态受到钒离子和氟离子浓度、溶液 pH 值以及其他离子竞争关系的交互影响，但现阶段钒氟配位离子状态数据十分缺乏，尤其是不同价态的钒氟离子状态。经查阅相关文献与数据库，现有研究报道的钒氟离子仅有四价钒的 VOF^+(aq)、VOF_2(aq)、VOF_3^-(aq)、VF_4(l) 和五价钒的 VO_2F(aq)、$VO_2F_2^-$(aq)、VOF_3(aq)、VOF_4^-(aq)、VF_5(l)，缺乏中间离子状态，不能明确配位反应规律。

本章介绍钒原子在氟离子（F^-）作用下，从云母结构中迁移溶出过程的电荷变化及其释放过程的氧化转价本质。针对钒页岩浸出溶液环境分析了 V(Ⅱ)、V(Ⅲ)、V(Ⅳ) 和 V(Ⅴ) 离子溶剂化结构差异，模拟不同阴离子配位作用下的钒离子状态，确定离子结合位点及相应的吉布斯自由能，阐明了钒离子配合转化机制。

4.1 钒原子由矿物晶格的转价释放

4.1.1 二八面体云母中钒原子释放过程的价态转化

云母及其蚀变矿物是钒页岩中的最主要赋钒矿物。云母中钒原子的溶出过程随着 F^- 与钒原子的配位结合形式的变化，钒的价态必然发生改变，以参与反应的 F^- 数量为参考标准，分析钒原子 bader 电荷变化过程。图 4-1 所示为钒原子转价过程分为两个阶段：(1) H^+ 和 F^- 作用下的结构氧原子脱除过程；(2) F^- 作用下的钒原子配位迁移过程。

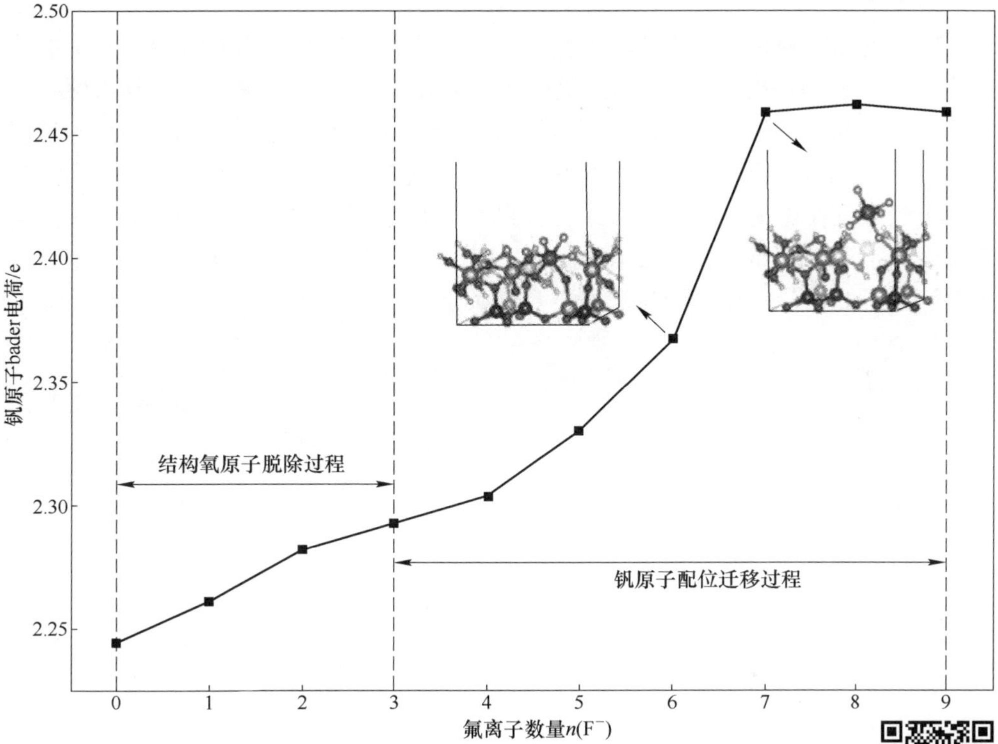

彩图

图 4-1 钒原子从白云母晶格释放过程的 bader 电荷变化
（钒原子 bader 电荷变化最大时 V—O 键完全断裂）

以白云母结构为例，分析二八面体云母的八面体结构氧原子脱除过程。当 F^- 与钒原子结合后，钒原子的价态开始缓慢升高，钒原子 bader 电荷升高 0.04。三个结构氧原子脱除后，F^- 继续参与反应，此时钒原子的氧化转价速率随着 F^- 的增加不断加快，当第 7 个 F^- 参与反应后，钒原子价态显著提升，此时 V—O 键完全断裂，钒原子正好脱离八面体结构的束缚，此时钒原子 bader 电荷为 2.46。随着 F^- 的继续反应，钒原子价态基本不再变化，钒原子与 F^- 保持六配位的形式。

在页岩提钒工艺效果评价中，常常将钒的氧化转价率看作是可溶性钒的参考指标，与焙烧过程相同的是在含氟酸浸提钒过程中钒的价态也出现上升。不论是火法高温或是湿法提取，钒原子从矿物晶格中的解离与释放过程本身是一种氧化转价过程。在溶液环境中该过程与配位环境直接相关，其本质就是 V—O 键断裂和 V—F 键生成带来的电荷转移。

4.1.2　三八面体云母中钒原子释放过程的价态转化

以金云母结构为例，介绍三八面体云母中钒原子释放过程的自身 bader 电荷变化，如图 4-2 所示。金云母初始钒原子的 bader 电荷为 2.08，白云母初始状态下钒原子的 bader 电荷为 2.25，但是两类云母钒原子释放后的 bader 电荷均升高至2.46，说明存在于金云母八面体中的钒原子价态比白云母的要低，在浸出过程中可被氧化程度更高。两类云母八面体结构氧原子脱除过程中，钒原子 bader 电荷都升高了 0.04，此时钒原子配位形式一致，为［VO_3F_3］八面体构型，进一步表明钒原子的转价过程与配位环境息息相关。

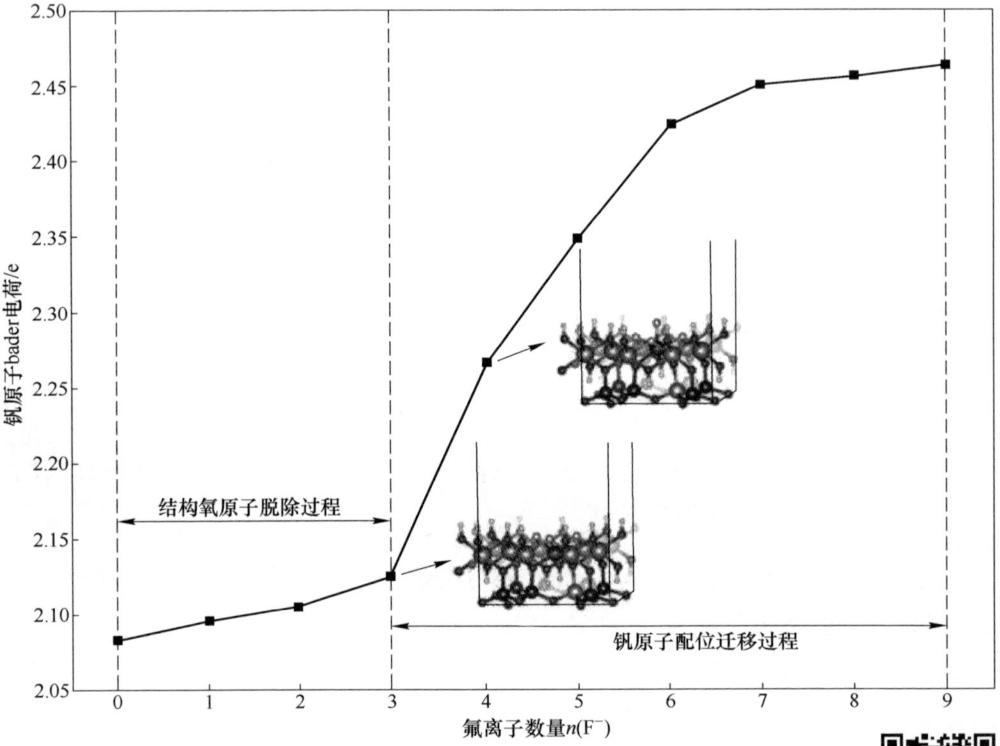

图 4-2　钒原子从金云母晶格释放过程的 bader 电荷变化
（钒原子 bader 电荷变化最大时只是 V—F 键的增加）

彩图

钒原子的配位迁移过程中，F^-继续参与反应，钒原子的氧化转价速率显著提升，但是随着 F^- 的增加，钒原子的氧化转价速率会开始变缓。金云母中钒原子配位迁移过程的氧化转价规律与白云母的恰恰相反，这说明金云母的 V—O 键键能更弱，易断裂，钒原子与 F^- 的相互作用更强，电子转移更为剧烈，即白云母中钒原子的氧化转价主要受 V—O 键的断裂影响，金云母中钒原子的氧化转价主要受 V—F 键的生成影响。

4.2 从晶格释放后的钒离子形态

4.2.1 四价钒离子态及配位反应

虽然经历了源头提取的氧化转价，但页岩酸浸液中仍存在一定量的四价钒离子。根据现有具备热力学量的四价钒离子状态，获得了 F^-浓度从 0 mol/L 增至 0.5 mol/L 时钒离子状态变化过程，结果如图 4-3 所示。

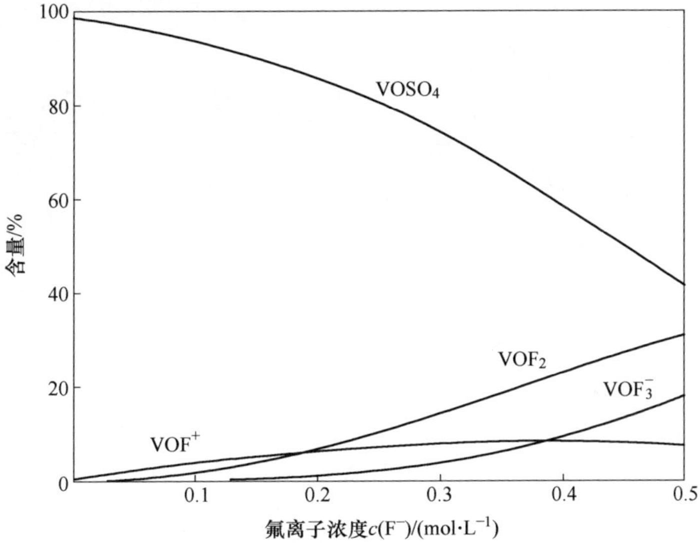

彩图

图 4-3 V-F-S-H_2O 系下四价钒离子状态随氟离子浓度的变化

（钒离子浓度为 0.03 mol/L，SO_4^{2-} 浓度为 1.26 mol/L，溶液 pH 值约为 0）

在无氟条件下，四价钒离子主要以 $VOSO_4$ 的形式存在，随着溶液中 F^-浓度的不断增加，VOF^+、VOF_2、VOF_3^- 依次出现，含量不断增多，说明 F^-与四价钒离子发生配位反应，并与 SO_4^{2-} 存在竞争；同时，随着 F^-浓度的增大，配位数不断增大。

由于受到热力学数据的限制，更多 F^-与钒离子的配位反应过程尚不明确。利用量子化学模拟，从离子结构和配位反应吉布斯自由能的角度研究四价钒离子与 F^-的多配合物离子状态，推断其在含氟酸浸液中的配位反应过程。

首先，初始的 VO^{2+}静电势显示钒原子一侧带有较强的正电荷，如图 4-4（a）所示，说明第一个配位反应是溶液中的阴离子与钒原子成键。观察 F^-、HSO_4^-、SO_4^{2-} 的配位结构，如图 4-4（b）~（d）所示，$HVOSO_4^+$、$VOSO_4$ 的 V—O(S) 键键长分别为 0.192 nm 和 0.185 nm，而 VOF^+的 V—F 键键长为 0.180 nm，键长越短键能越大，F^-与钒结合更为紧密。三个配位结构的静电势分布显示整体都带一定的正电荷，且钒原子上的正电荷最为显著。

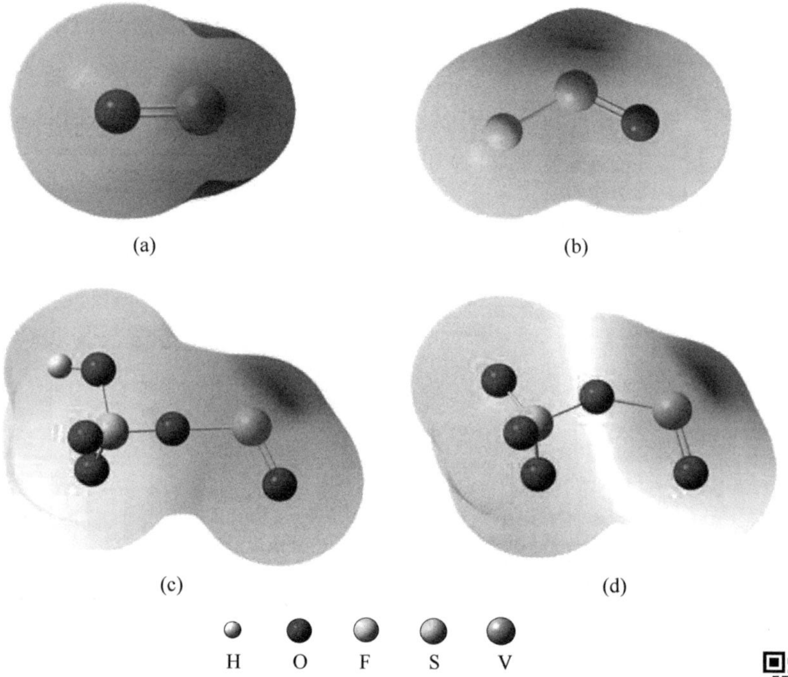

图 4-4　VO^{2+}配位反应结构的静电势分布

（a）VO^{2+}；（b）VOF^+；（c）$HVOSO_4^+$；（d）$VOSO_4$

（二维码彩图里，蓝色显正电，红色显负电）

彩图

以上配位反应的反应方程式和相应的吉布斯自由能变列于表 4-1。$\Delta G(VOF^+) < \Delta G(VOSO_4) < \Delta G(HVOSO_4^+) < 0$，$VOF^+$相对其他两种配位反应更容易发生，同时解释了在无氟或者含氟较少的情况下，四价钒离子能够以 $VOSO_4$ 形式存在。

表 4-1　四价钒离子配位反应过程的吉布斯自由能变（25 ℃）

配位反应方程式	$\Delta G/(kJ \cdot mol)^{-1}$
$VO^{2+}+F^- = VOF^+$	-171.97
$VO^{2+}+HSO_4^- = HVOSO_4^+$	-29.56
$VO^{2+}+SO_4^{2-} = VOSO_4$	-117.80

VOF^+的静电势显示钒原子所带正电荷较强，是配位反应的结合位点。分析 F^-、HSO_4^-、SO_4^{2-} 的配位结构，如图 4-5 所示，钒原子与周围的三个配位原子不在同一平面，VOF_2、$HVOFSO_4$、$VOFSO_4^-$ 静电势分布显示凸出的钒原子都带有

一定正电荷，能够继续与阴离子发生配位反应，而 $VOFSO_4^-$ 负电荷主要集中在 SO_4^{2-} 周围。以上配位反应的反应方程式和相应的吉布斯自由能变列于表 4-2，结果表明 VOF_2 生成反应最容易发生。

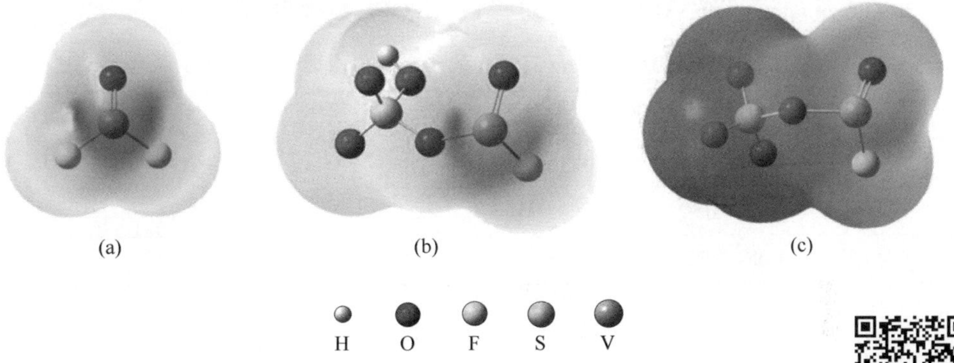

图 4-5 VO^{2+}配位反应结构的静电势分布

(a) VOF_2；(b) $HVOFSO_4$；(c) $VOFSO_4^-$

(二维码彩图里，蓝色显正电，红色显负电)

彩图

表 4-2 VO^{2+}配位反应过程的吉布斯自由能变（25 ℃）

配位反应方程式	$\Delta G/(kJ \cdot mol^{-1})$
$VOF^+ + F^- \longrightarrow VOF_2$	-169.69
$VOF^+ + HSO_4^- \longrightarrow HVOFSO_4$	-36.82
$VOF^+ + SO_4^{2-} \longrightarrow VOFSO_4^-$	-102.82

VOF_2 配位反应的结构如图 4-6 所示，V—F—O 形成四面体结构，三种配位

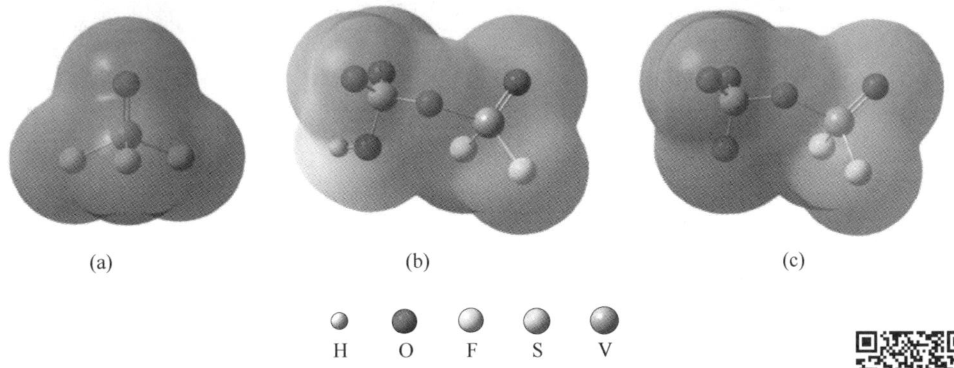

图 4-6 VOF_2 配位反应结构的静电势分布

(a) VOF_3^-；(b) $HVOF_2SO_4^-$；(c) $VOF_2SO_4^{2-}$

(二维码彩图里，蓝色显正电，红色显负电)

彩图

结构都带负电荷，但是 VOF_3^- 的电荷分布较为均匀。三个配位反应的吉布斯自由能变显示（见表 4-3），VOF_3^- 生成反应的 ΔG 最低，$HVOF_2SO_4^-$ 生成反应的 ΔG 大于 0。$HVOF_2SO_4^-$ 的 V—O(HSO_4^-) 键键长为 0. 203 nm，要远大于 VOF_3^- 的 V—F 键 0. 186 nm，说明 $HVOF_2SO_4^-$ 较难形成，VOF_3^- 结构更为稳定。

表 4-3　VOF_2 配位反应过程的吉布斯自由能变（25 ℃）

配位反应方程式	ΔG/(kJ · mol^{-1})
$VOF_2 + F^- = VOF_3^-$	- 113. 61
$VOF_2 + HSO_4^- = HVOF_2SO_4^-$	4. 77
$VOF_2 + SO_4^{2-} = VOF_2SO_4^{2-}$	- 46. 45

VOF_3^- 的负电荷使阴离子不能继续参与配位，只能与 H^+ 反应，如图 4-7 所示。该结构的 Mulliken 电荷显示氧原子为-0. 658e，三个氟原子分别为-0. 547e、-0. 554e、-0. 560e，H^+ 必然优先与氧原子结合形成羟基结构 $VF_3(OH)$。$VF_3(OH)$ 结构的 Mulliken 电荷显示羟基氧原子为-0. 527e，三个氟原子分别为-0. 363e、-0. 378e、-0. 381e，此时羟基氧原子能够继续优先结合 H^+ 形成结构水分子 $VF_3(H_2O)^+$。此过程中 V—O 键键长从 VOF_3^- 的 0. 161 nm 增加到 $VF_3(H_2O)^+$ 的 0. 194 nm，最终结构水分子脱除从而形成 VF_3^+。

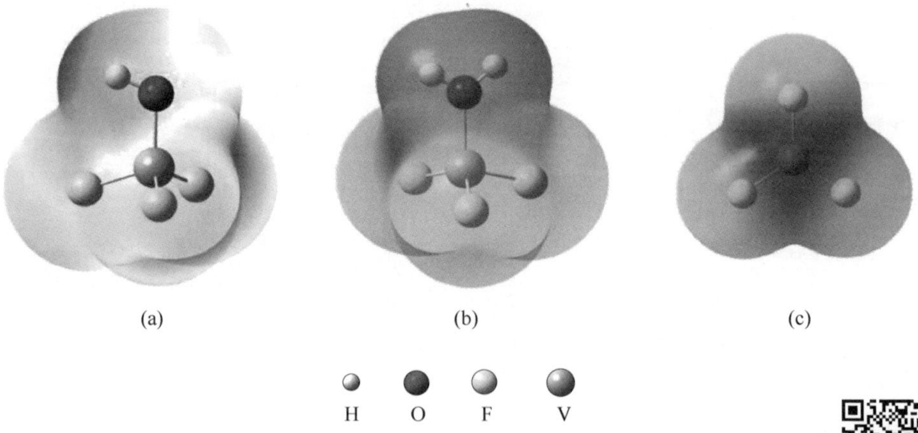

图 4-7　VOF_3^- 氧原子脱除反应过程的静电势分布

(a) $VF_3(OH)$；(b) $VF_3(H_2O)^+$；(c) VF_3^+

（二维码彩图里，蓝色显正电，红色显负电）

彩图

VOF_3^- 氧原子脱除反应过程的吉布斯自由能变列于表 4-4 中，羟基与结构水的形成过程都极易发生，但是结构水脱除反应的 ΔG 大于 0，$VF_3(H_2O)^+$ 脱水反应不能自发生成，需能量的介入。相关数据库有 VF_4 结构的热力学数据，说明实际溶液中可能存在 VF_4。

表 4-4 VOF_3^- 氧原子脱除反应过程的吉布斯自由能变（25 ℃）

配位反应方程式	$\Delta G/(kJ \cdot mol^{-1})$
$VOF_3^- + H^+ = VF_3(OH)$	-512.02
$VF_3(OH) + H^+ = VF_3(H_2O)^+$	-451.34
$VF_3(H_2O)^+ = VF_3^+ + H_2O$	94.19

VOF_3^- 脱氧产生的 VF_3^+ 正电荷集中于钒原子上，三种配位反应的结构如图 4-8 所示。VF_4、HVF_3SO_4 整体显电中性，但是四面体结构面心处带有少量的正电荷，而 $VF_3SO_4^-$ 的负电荷却集中在 SO_4^{2-} 上。VF_3^+ 配位反应过程的吉布斯自由能变显示（见表 4-5），三种反应都能自发进行，而 VF_4 最容易生成。

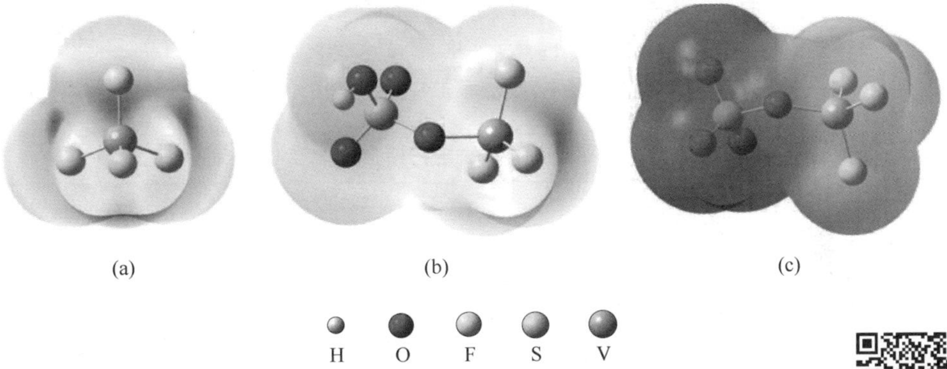

彩图

图 4-8 硫酸体系 VF_3^+ 配位反应结构的静电势分布

(a) VF_4；(b) HVF_3SO_4；(c) $VF_3SO_4^-$

（二维码彩图里，蓝色显正电，红色显负电）

表 4-5 VF_3^+ 配位反应过程的吉布斯自由能变（25 ℃）

配位反应方程式	$\Delta G/(kJ \cdot mol^{-1})$
$VF_3^+ + F^- = VF_4$	-264.83
$VF_3^+ + HSO_4^- = HVF_3SO_4$	-98.49
$VF_3^+ + SO_4^{2-} = VF_3SO_4^-$	-208.81

VF_4 进一步与阴离子发生配位反应得到 VF_5^-、$HVF_4SO_4^-$、$VF_4SO_4^{2-}$，它们的结构如图 4-9 所示。$HVF_4SO_4^-$ 的 V—O 键键长为 0.205 nm，且该配位结构生成反

应的 ΔG 大于 0，说明 HSO_4^- 与 VF_4 间的结合能力较弱，难以配位，见表 4-6。VF_5^-生成的 ΔG 最小，更容易存在。

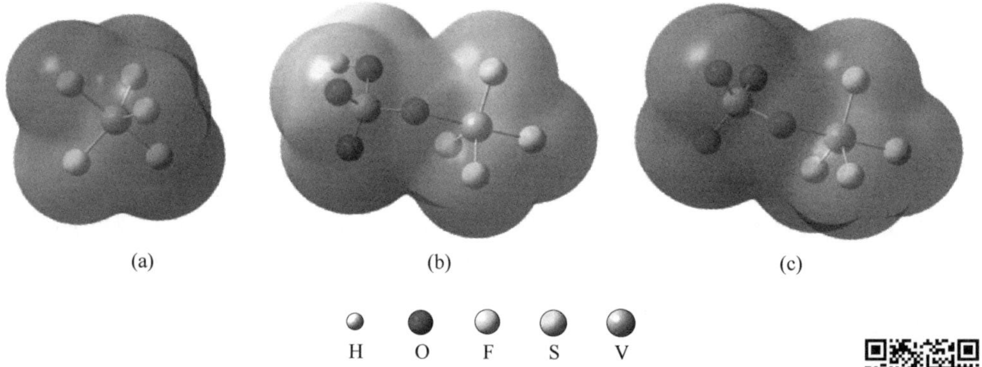

彩图

图 4-9　VF_4 配位反应结构的静电势分布

（a）VF_4；（b）HVF_3SO_4；（c）$VF_3SO_4^-$

（二维码彩图里，蓝色显正电，红色显负电）

表 4-6　VF_4 配位反应过程的吉布斯自由能变（25 ℃）

配位反应方程式	$\Delta G/(kJ \cdot mol^{-1})$
$VF_4 + F^- = VF_5^-$	-98.59
$VF_4 + HSO_4^- = HVF_4SO_4^-$	27.76
$VF_4 + SO_4^{2-} = VF_4SO_4^{2-}$	-25.42

综合以上四价钒离子各配位结构的配位反应趋势，如图 4-10 所示，HSO_4^-、SO_4^{2-} 的配位作用明显弱于 F^-，存在的配位反应过程为：$VO^{2+} \rightarrow VOF^+ \rightarrow VOF_2 \rightarrow VOF_3^- \rightarrow VF_3(OH) \rightarrow VF_3(H_2O)^+ \rightarrow VF_3^+ \rightarrow VF_4 \rightarrow VF_5^-$，其中除了 $VF_3(H_2O)^+$脱除水分子形成 VF_3^+ 不能自发进行、需要能量介入以外，其他配位反应都能够自发进行。配位 F^-数增加的过程中（$VO^{2+} \rightarrow VOF^+ \rightarrow VOF_2 \rightarrow VOF_3^-$、$VF_3^+ \rightarrow VF_4 \rightarrow VF_5^-$），V—F 和 V—O 键键长都不断增加，离子发生膨胀，F^-配位作用不断变弱。配位结构氧原子脱除过程中（$VOF_3^- \rightarrow VF_3(OH) \rightarrow VF_3(H_2O)^+ \rightarrow VF_3^+$），V—O 键键长迅速增加直至断裂，而 V—F 键键长不断变短，并在 $VF_3(OH)$ 结构中与 V—O 键的键长基本一致，此刻氧原子的配位能力减弱，并强化了 F^- 的配位作用。因此，四价钒离子可能的存在形式与配位反应过程，尤其是结构水脱除过程，是影响四价钒离子状态的关键因素。

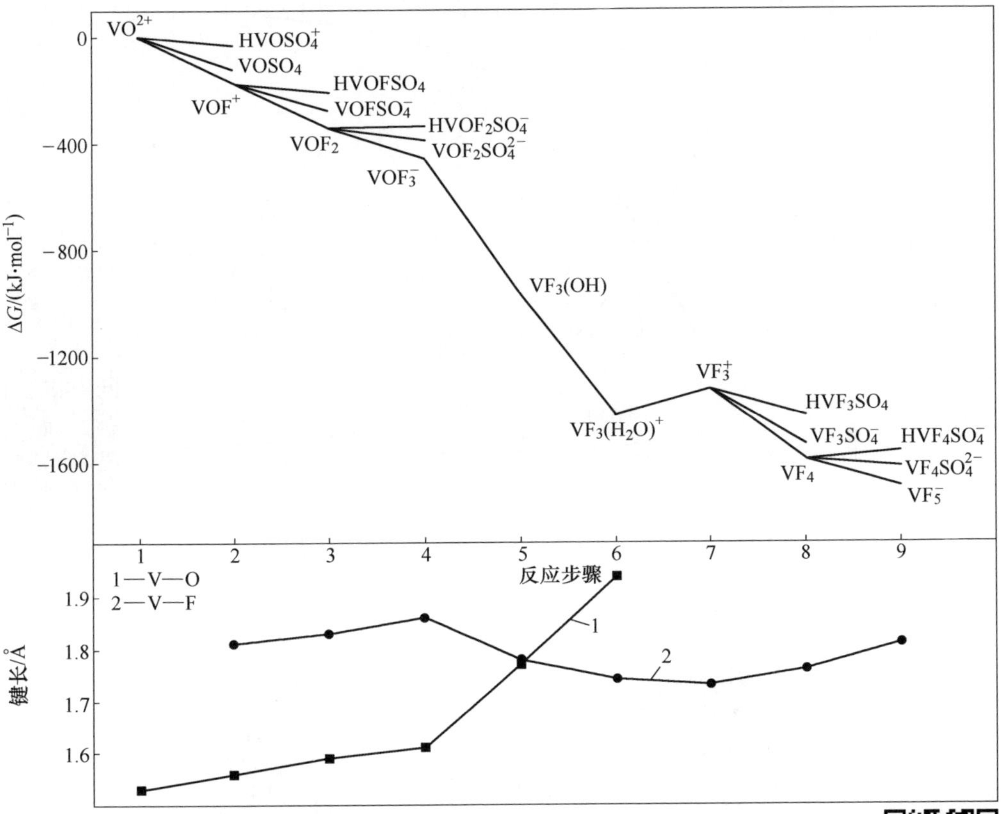

图 4-10 四价钒离子各配位结构生成的 ΔG 以及相应化学键的变化

彩图

4.2.2 五价钒离子态及配位反应

钒页岩浸出液中同时存在着五价钒离子，并且在后续净化富集过程中大多需要将四价钒氧化为五价钒，含氟体系下五价钒离子状态控制尤为重要。根据现有具备热力学量的五价钒离子状态，获得了 F^-浓度从 0 mol/L 增加到 0.5 mol/L 时钒离子状态变化过程，实验结果如图 4-11 所示。

SO_4^{2-} 配位下，五价钒离子主要以 $VO_2SO_4^-$ 以及少量 VO_2^+ 的形式存在，随着溶液中 F^-浓度的不断增加，$VO_2SO_4^-$ 和 VO_2^+ 含量逐渐减少直至消失，但 VO_2F、$VO_2F_2^-$ 开始出现，且 $VO_2F_2^-$ 含量增加迅速，同样说明 F^-能够和五价钒离子发生了配位反应。

采用量子化学模拟分析五价钒离子的配位反应过程发现，初始 VO_2^+ 正电荷集中在钒原子上。三种配位结构如图 4-12 所示，其中 HVO_2SO_4 和 $VO_2SO_4^-$ 的 V—O(S) 键键长分别为 0.192 nm 和 0.185 nm，VO_2F 的 V—F 键键长为 0.180 nm。

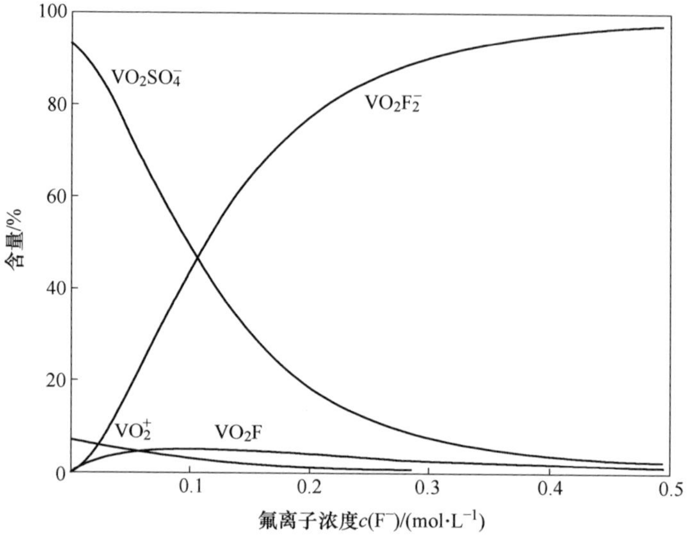

图 4-11　V-F-S-H_2O 系下五价钒离子状态随 F^-浓度的变化

（钒离子浓度为 0.03 mol/L，SO_4^{2-} 浓度为 1.26 mol/L，溶液 pH 值约为 0）

彩图

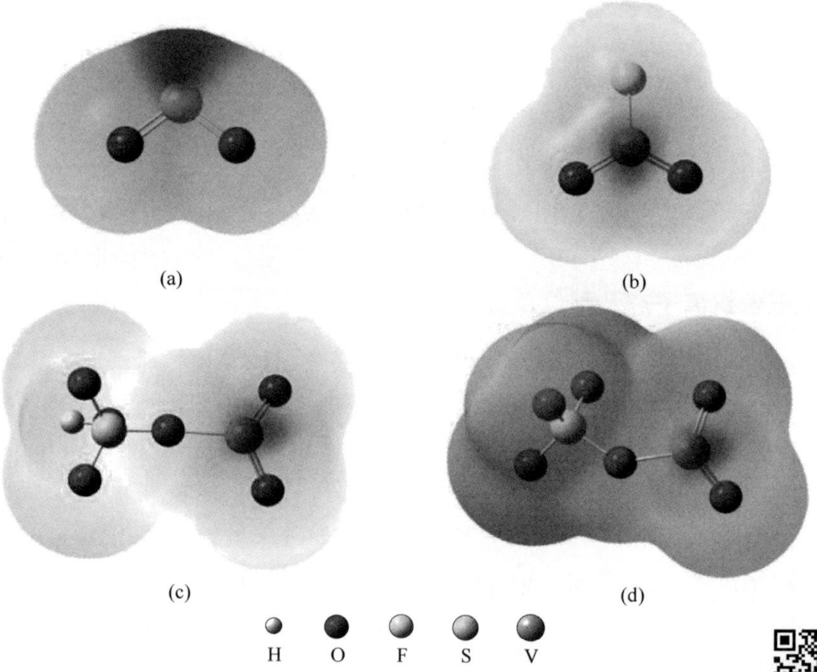

图 4-12　VO_2^+ 配位反应结构的静电势分布

（a）VO_2^+；（b）VO_2F；（c）HVO_2SO_4；（d）$VO_2SO_4^-$

（二维码彩图里，蓝色显正电，红色显负电）

彩图

因此，F^-与 VO_2^+ 结合更为紧密。三种配位反应过程的吉布斯自由能变显示（见表 4-7），F^-最容易与 VO_2^+ 发生配位反应，其次是 SO_4^{2-}，最后才是 HSO_4^-，证实了在无氟条件下五价钒离子主要以 $VO_2SO_4^-$ 形式存在。尽管 VO_2F、HVO_2SO_4 整体显中性、$VO_2SO_4^-$ 显电负性，但是钒原子上都带有局部的正电荷，为下一步配位反应提供了反应位点。

表 4-7 VO_2^+ 配位反应过程的吉布斯自由能变（25 ℃）

配位反应方程式	ΔG/(kJ · mol^{-1})
$VO_2^+ + F^- = VO_2F$	−173.25
$VO_2^+ + HSO_4^- = HVO_2SO_4$	−29.55
$VO_2^+ + SO_4^{2-} = VO_2SO_4^{2-}$	−108.12

VO_2F 继续发生配位反应得到 $VO_2F_2^-$、$HVO_2FSO_4^-$、$VO_2FSO_4^{2-}$ 三种配位结构，如图 4-13 所示，此时离子表面都带负电荷，仅与 H^+发生反应。VO_2F 配位反应的吉布斯自由能变见表 4-8，三种配位反应均可自发进行，但是 $VO_2F_2^-$ 生成的 ΔG 最小，存在的可能性最大。

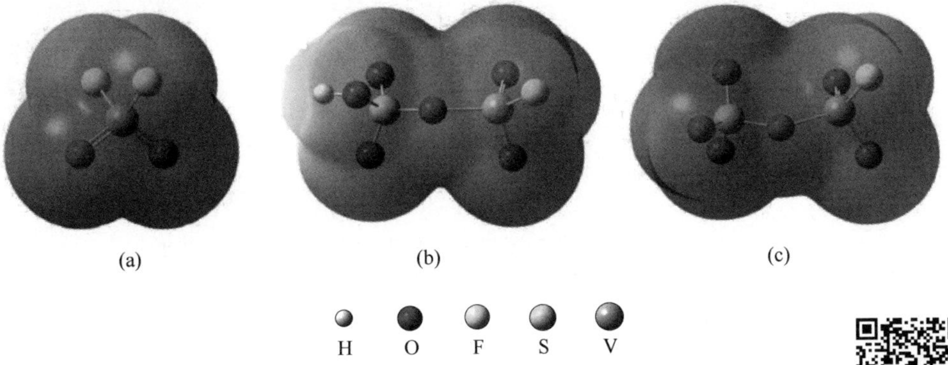

图 4-13 VO_2F 配位反应结构的静电势分布

（a）$VO_2F_2^-$；（b）$HVO_2FSO_4^-$；（c）$VO_2FSO_4^{2-}$

（二维码彩图里，蓝色显正电，红色显负电）

彩图

表 4-8 VO_2F 配位反应过程的吉布斯自由能变（25 ℃）

配位反应方程式	ΔG/(kJ · mol^{-1})
$VO_2F + F^- = VO_2F_2^-$	− 154.41
$VO_2F + HSO_4^- = HVO_2FSO_4^-$	− 17.96
$VO_2F + SO_4^{2-} = VO_2FSO_4^{2-}$	− 82.60

$VO_2F_2^-$ 中氧原子与氟原子的 Mulliken 电荷分别为−0.683 和−0.471，H^+优先与氧原子结合形成羟基结构 $VOF_2(OH)$，如图 4-14（a）所示。$VOF_2(OH)$ 结构的 Mulliken 电荷显示羟基氧原子为−0.528，另外的氧原子和氟原子分别为−0.465 和−0.368，说明羟基氧原子能够继续优先结合 H^+形成结构水分子$VOF_2(H_2O)^+$，如图 4-14（b）所示。V—O 键键长从 $VO_2F_2^-$ 的 0.162 nm 增加到 $VF_3(H_2O)^+$的 0.198 nm，最终结构水分子脱除形成 VOF_2^+，如图 4-14（c）所示。该氧原子脱除反应过程的吉布斯自由能变表明（见表 4-9），羟基与结构水的形成反应极易发生，但是 $VOF_2(H_2O)^+$脱水反应不能自发进行。

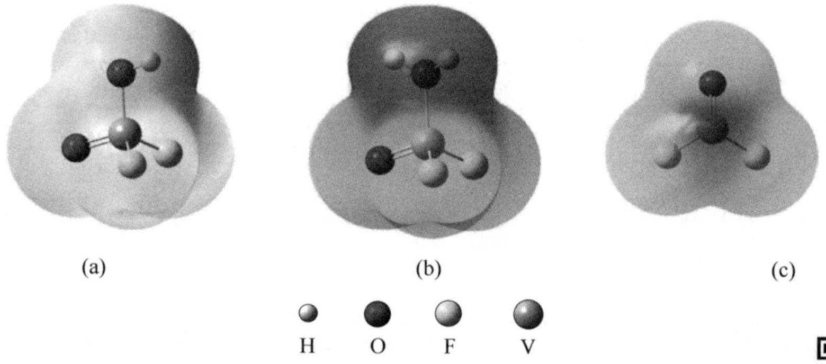

图 4-14　$VO_2F_2^-$ 氧原子脱除反应过程的静电势分布

（a）$VOF_2(OH)$；（b）$VOF_2(H_2O)^+$；（c）VOF_2^+

（二维码彩图里，蓝色显正电，红色显负电）

彩图

表 4-9　$VO_2F_2^-$ 氧原子脱除反应过程的吉布斯自由能变（25 ℃）

配位反应方程式	$\Delta G/(kJ \cdot mol^{-1})$
$VO_2F_2^- + H^+ = VOF_2(OH)$	−519.24
$VOF_2(OH) + H^+ = VOF_2(H_2O)^+$	−446.51
$VOF_2(H_2O)^+ = VOF_2^+ + H_2O$	56.14

以 VOF_2^+ 为基础结构继续模拟配位反应过程，结果如图 4-15 所示。VOF_3 和 $HVOF_2SO_4$ 整体显电中性，但是钒原子四面体结构的面心处带有少量的正电荷，能够继续发生阴离子配位反应，而 $VF_3SO_4^-$ 整体带负电荷，且集中在 SO_4^{2-} 上。VOF_2^+ 配位反应过程的吉布斯自由能变表明（见表 4-10），三种反应都能自发进行，VOF_3 最容易生成。

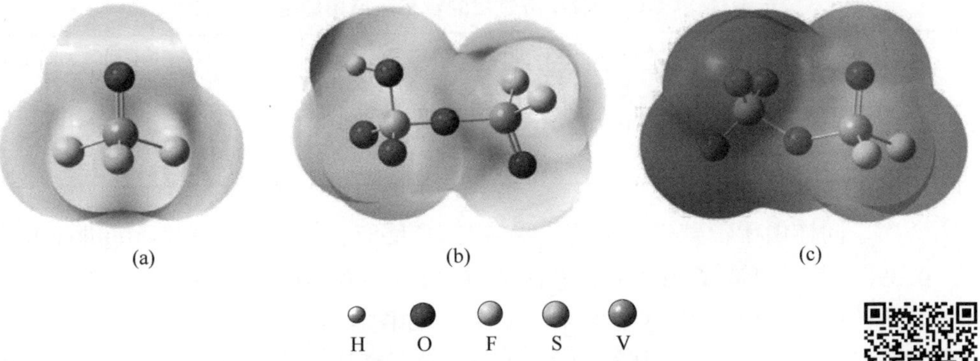

彩图

图 4-15　VOF_2^+ 配位反应结构的静电势分布

（a）VOF_3；（b）$HVOF_3SO_4$；（c）$VOF_3SO_4^-$

（二维码彩图里，蓝色显正电，红色显负电）

表 4-10　VOF_2^+ 配位反应过程的吉布斯自由能变（25 ℃）

配位反应方程式	$\Delta G/(kJ \cdot mol^{-1})$
$VOF_2^+ + F^- = VOF_3$	－229.17
$VOF_2^+ + HSO_4^- = HVOF_2SO_4$	－66.01
$VOF_2^+ + SO_4^{2-} = VOF_2SO_4^-$	－184.02

VOF_3 进一步与阴离子发生配位反应得到 VOF_4^-、$HVOF_4SO_4^-$、$VOF_4SO_4^{2-}$，它们的结构如图 4-16 所示。$HVOF_4SO_4^-$ 和 $VOF_4SO_4^{2-}$ 的 V—O(S) 键键长分别为 0.372 nm 和 0.212 nm，相互作用非常弱，表 4-11 中两配位结构生成反应的 ΔG 大于 0，VOF_4^- 生成反应的 ΔG 小于 0，说明 VOF_3 更可能与 F^- 发生配位反应。

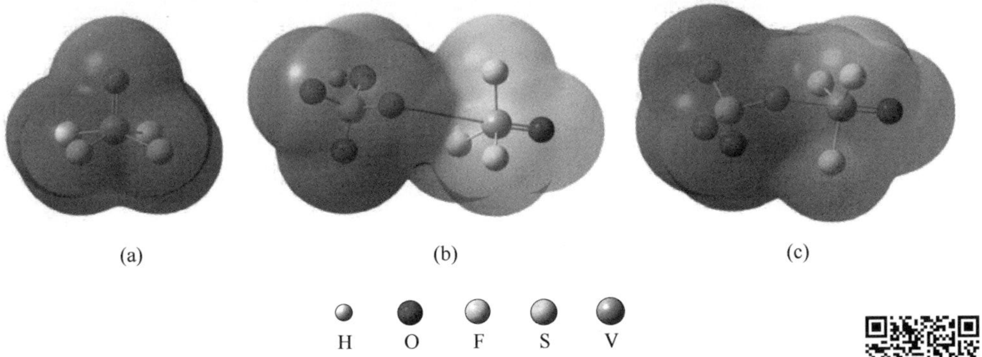

彩图

图 4-16　VOF_3 配位反应结构的静电势分布

（a）VOF_4^-；（b）$HVOF_4SO_4^-$；（c）$VOF_4SO_4^{2-}$

（二维码彩图里，蓝色显正电，红色显负电）

表 4-11　VOF_3 配位反应过程的吉布斯自由能变（25 ℃）

配位反应方程式	ΔG/(kJ · mol^{-1})
$VOF_3 + F^- == VOF_4^-$	-96.09
$VOF_3 + HSO_4^- == HVOF_3SO_4^-$	45.06
$VOF_3 + SO_4^{2-} == VOF_3SO_4^{2-}$	42.12

VOF_4^- 同样由于带较强负电荷，只能与 H^+反应，其中氧原子的 Mulliken 电荷为-0.396，其他氟离子 Mulliken 电荷为-0.283、-0.308、-0.332、-0.336，H^+优先与氧原子结合形成羟基结构 $VF_4(OH)$，如图 4-17（a）所示。$VF_4(OH)$ 结构的 Mulliken 电荷显示羟基氧原子为-0.359，氟原子分别为-0.153、-0.156、-0.166、-0.176，说明羟基氧原子能够继续优先结合 H^+ 形成结构水分子 $VF_4(H_2O)^+$，如图 4-17（b）所示。此过程中 V—O 键键长从 VOF_4^- 的 0.157 nm 增加到 $VF_4(H_2O)^+$的 0.198 nm，最终结构水分子脱除形成 VF_4^+，如图 4-17（c）所示。

VOF_4^- 氧原子脱除反应过程的吉布斯自由能变见表 4-12。羟基与结构水形成反应的 ΔG 小于 0，容易自发进行，但 $VF_4(H_2O)^+$脱水反应不易发生。相对于第一个结构水脱除形成 VOF_2^+ 的 ΔG(56.14 kJ/mol)，VF_4^+ 生成的 ΔG（12.84 kJ/mol）更低，难度相对更小。

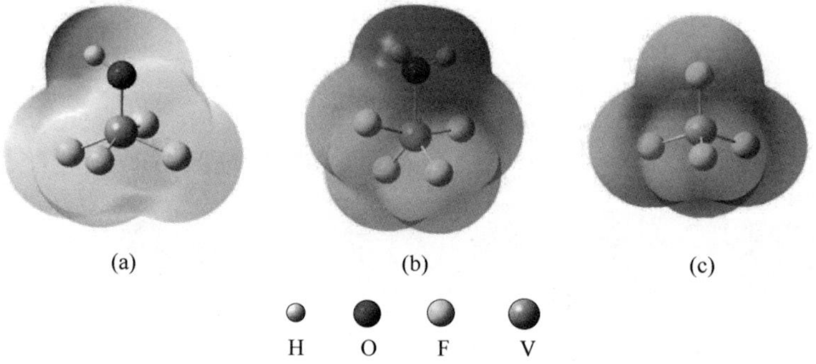

图 4-17　VOF_4^- 氧原子脱除反应过程的静电势分布

（a）$VF_4(OH)$；（b）$VF_4(H_2O)^+$；（c）VF_4^+

（二维码彩图里，蓝色显正电，红色显负电）

彩图

表 4-12　VOF_4^- 氧原子脱除反应过程的吉布斯自由能变（25 ℃）

配位反应方程式	ΔG/(kJ · mol^{-1})
$VOF_4^- + H^+ == VF_4(OH)$	-408.24
$VF_4(OH) + H^+ == VF_4(H_2O)^+$	-394.44
$VF_4(H_2O)^+ == VF_4^+ + H_2O$	12.84

VF_4^+ 的正电荷集中在四面体面心位置，继续以该位置为结合位点模拟下一步配位反应，结果如图 4-18 所示。结合配位反应过程的吉布斯自由能变（见表 4-13），发现三种反应均可自发进行，VF_5最容易生成。

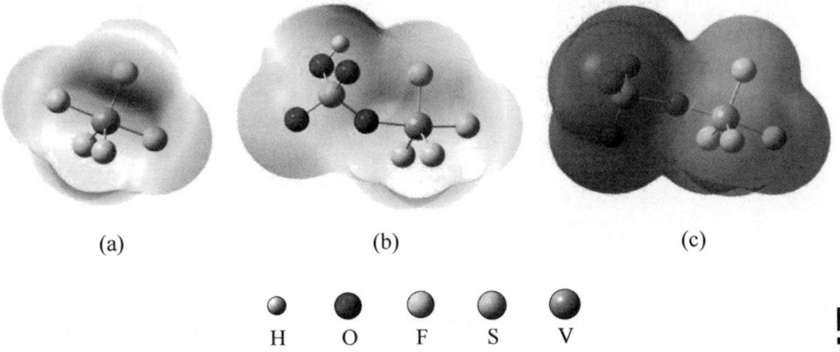

图 4-18 VF_4^+ 配位反应结构的静电势分布

（a）VF_5；（b）HVF_5SO_4；（c）$VF_5SO_4^-$

（二维码彩图里，蓝色显正电，红色显负电）

彩图

表 4-13 VF_4^+ 配位反应过程的吉布斯自由能变（25 ℃）

配位反应方程式	$\Delta G/(kJ\cdot mol^{-1})$
$VF_4^+ + F^- = VF_5$	-206.54
$VF_4^+ + HSO_4^- = HVF_4SO_4$	-44.85
$VF_4^+ + SO_4^{2-} = VF_4SO_4^-$	-176.05

虽然 VF_5整体显电中性，但是 F—V—F 键夹角处却局部带正电荷，能够继续发生阴离子配位反应得到 VF_6^-、$HVF_5SO_4^-$、$VF_5SO_4^{2-}$，如图 4-19 所示。离子的

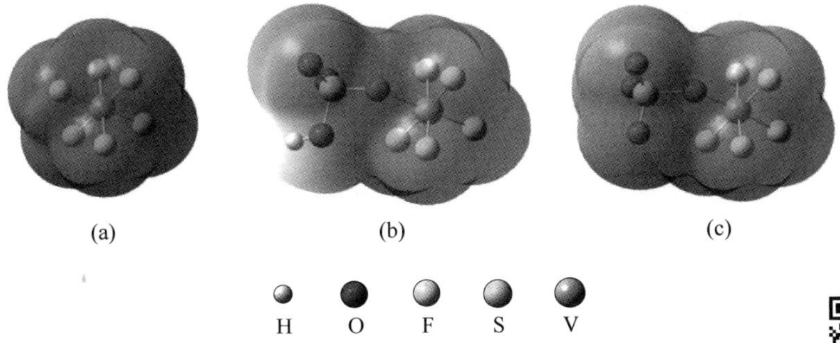

图 4-19 VF_5配位反应结构的静电势分布

（a）VF_5^-；（b）$HVF_5SO_4^-$；（c）$VF_5SO_4^{2-}$

（二维码彩图里，蓝色显正电，红色显负电）

彩图

V—F 键键长变得均一，保持在 0.179 nm，$VF_5SO_4^{2-}$ 的 V—O(S) 键键长为 0.178 nm，而 $HVF_5SO_4^-$ 的 V—O(S) 键键长为 0.2 nm，相互作用最弱。各配位结构生成反应的吉布斯自由能变（见表 4-14）也说明 VF_6^-、$VF_5SO_4^{2-}$ 能够自发生成，而 $HVF_5SO_4^-$ 难以自发生成。

表 4-14　VF_5配位反应过程的吉布斯自由能变（25 ℃）

配位反应方程式	$\Delta G/(kJ\cdot mol^{-1})$
$VF_5 + F^- \xlongequal{} VF_6^-$	−122.90
$VF_5 + HSO_4^- \xlongequal{} HVF_5SO_4^-$	23.07
$VF_5 + SO_4^{2-} \xlongequal{} VF_5SO_4^{2-}$	−69.61

图 4-20 是五价钒离子的配位反应过程，F^-配位作用比 HSO_4^-、SO_4^{2-} 更强，可能的配位反应过程为：$VO_2^+ \rightarrow VO_2F \rightarrow VO_2F_2^- \rightarrow VOF_2(OH) \rightarrow VOF_2(H_2O)^+ \rightarrow$

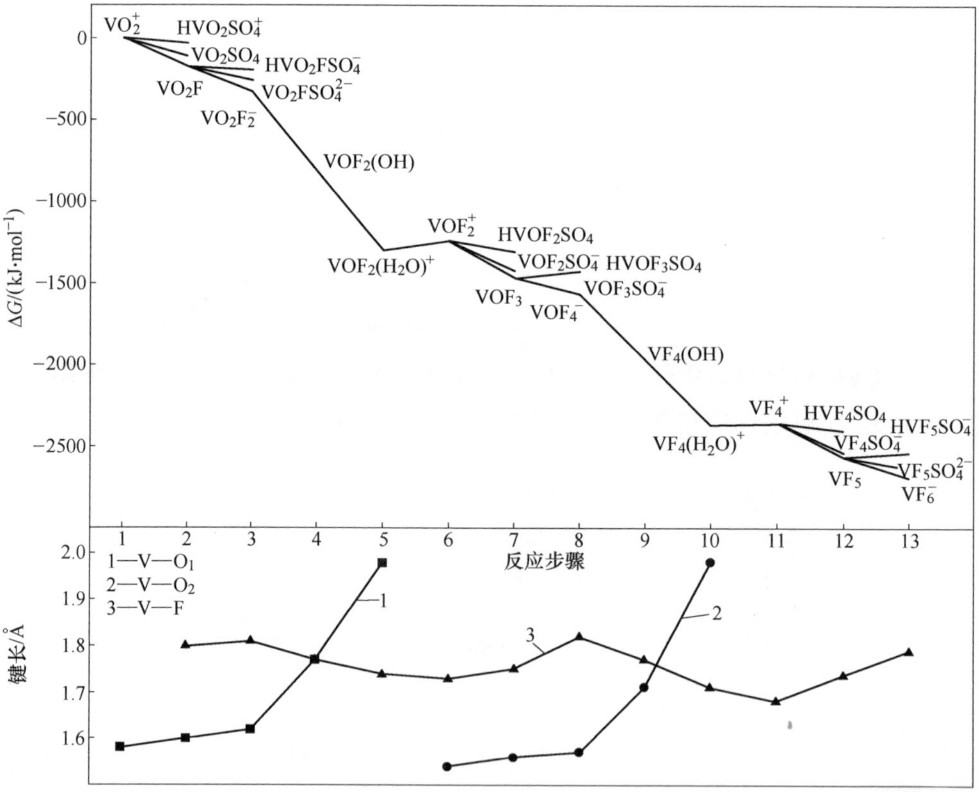

图 4-20　五价钒离子各配位结构生成的 ΔG 以及相应化学键的变化

彩图

$VOF_2^+ \rightarrow VOF_3 \rightarrow VOF_4^- \rightarrow VF_4(OH) \rightarrow VF_4(H_2O)^+ \rightarrow VF_4^+ \rightarrow VF_5 \rightarrow VF_6^-$，其中除了结构水脱除反应外，其他配位反应都能够自发进行。F^-配位数增加的过程中（$VO_2^+ \rightarrow VO_2F \rightarrow VO_2F_2^-$、$VOF_2^+ \rightarrow VOF_3 \rightarrow VOF_4^-$、$VF_4^+ \rightarrow VF_5 \rightarrow VF_6^-$），V—F 和 V—O 键键长不断增加，离子发生膨胀，F^-配位作用变弱。配位结构氧原子脱除过程中（$VO_2F_2^- \rightarrow VOF_2(OH) \rightarrow VOF_2(H_2O)^+ \rightarrow VOF_2^+$、$VOF_4^- \rightarrow VF_4(OH) \rightarrow VF_4(H_2O)^+ \rightarrow VF_4^+$），两个 V—O 键键长依次增加直至断裂，而 V—F 键键长不断变短，V—O 键的断裂再次强化了 F^-的配位作用。因此，结构水的脱除是影响五价钒离子状态的关键步骤。

4.3 钒离子的溶剂化结构

4.3.1 钒离子的基本形式

钒离子价态之间转化的反应通式［见式（4-1）］，不同价态的钒离子之间转化时必然存在电子转移，还可能有氢离子的参与。由式（4-2）可见，钒离子的优势区域受溶液 pH 值、钒浓度、电位 E_h 和温度的共同影响。

$$V_r + nH^+ + ze^- \Longleftrightarrow bV_p + cH_2O \tag{4-1}$$

$$E_h = -\Delta G^{\ominus}/zF - RT\ln[C(V_p)^b/C(V_r)^a]/zF - 2.303nRT\text{pH}/zF \tag{4-2}$$

从图 4-21 和图 4-22 中分析出不同钒浓度和温度下钒离子存在形式的改变。当钒浓度为 0.001 mol/L、pH 值小于 2 时，溶液中 V(Ⅱ)、V(Ⅲ)、V(Ⅳ) 和 V(Ⅴ)离子的基本存在形式分别为 V^{2+}、V^{3+}、VO^{2+}和 VO_2^+。随着 pH 值的增大，V^{2+}、V^{3+}、VO^{2+}分别转化为相应的氧化物 VO、V_2O_3、VO_2，而 VO_2^+ 则先转化为中间体 H_3VO_4 后再转化为 $H_2VO_4^-$、HVO_4^{2-}，表明低溶液 pH 值能够确保四种价态的钒均以离子形态存在。当钒浓度增加到 0.1 mol/L 时，VO_2^+ 的稳定区间基本无变化而 V^{2+}、V^{3+}、VO^{2+}的稳定区间均出现不同程度的缩小。当钒浓度增加到 2 mol/L 时，VO_2^+ 的稳定区间仍未出现变化，而 V^{2+}、V^{3+}、VO^{2+}的稳定区间进一步缩小。所以，增加钒浓度缩小了 V^{2+}、V^{3+}、VO^{2+}稳定存在的 pH 值范围，但对 VO_2^+ 不产生影响。

随着温度升高，VO_2^+ 的稳定区间逐渐缩小，H_3VO_4、$H_2VO_4^-$、HVO_4^{2-} 的稳定区间逐渐扩大，中间体 H_3VO_4 稳定区间的扩大程度最为明显。当温度升高到 50 ℃后，VO_2^+ 仅在 pH 值小于 1.322 时稳定存在，因此温度升高会促进 VO_2^+ 转化为 H_3VO_4 中间体的过程。H_3VO_4 中间体形成后会进一步脱水缩合形成水合 V_2O_5沉淀，所以 V(Ⅴ) 离子热稳定性较差，需要控制适宜的 pH 值保持 VO_2^+ 的稳定存在。当温度逐渐升高时，V^{2+}、V^{3+}、VO^{2+}的稳定区间同样出现明显缩小，

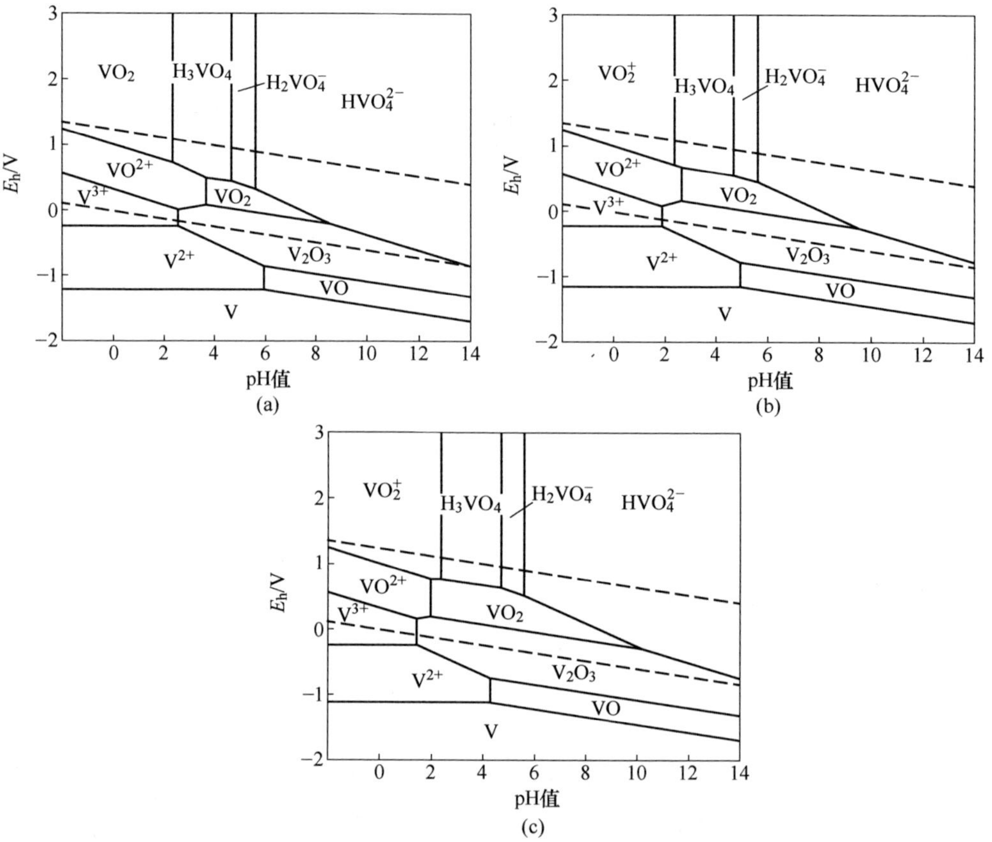

图 4-21　不同钒浓度下的钒水系 E_h-pH 值图（温度 25 ℃）

（a）0.001 mol/L；（b）0.1 mol/L；（c）2 mol/L

升高温度不利于 V^{2+}、V^{3+}、VO^{2+} 的稳定存在。相较于 pH 值和钒浓度对 V^{2+}、V^{3+}、VO^{2+} 稳定区间的影响，温度的影响程度较弱。钒页岩浸出液的 pH 值一般为 0~0.8，并主要以四价态和五价态的钒离子为主，由此判定钒页岩酸浸液中钒离子的基本存在形式分别为 VO^{2+} 和 VO_2^+。

4.3.2　水合钒离子结构及热力学

4.3.2.1　V^{2+} 水合结构

图 4-23 给出了 V^{2+} 的水合结构 $[V(H_2O)]^{2+}$、$[V(2H_2O)]^{2+}$、$[V(3H_2O)]^{2+}$、$[V(4H_2O)]^{2+}$、$[V(5H_2O)]^{2+}$、$[V(6H_2O)]^{2+}$ 和 $[V(7H_2O)]^{2+}$。随着添加水分子从 1 增加至 6，水分子均能与 V^{2+} 产生相互作用进入第一溶剂层，但当水分子数目达到 7 时，新增的水分子无法进入第一溶剂层，只能通过与第一层水分子

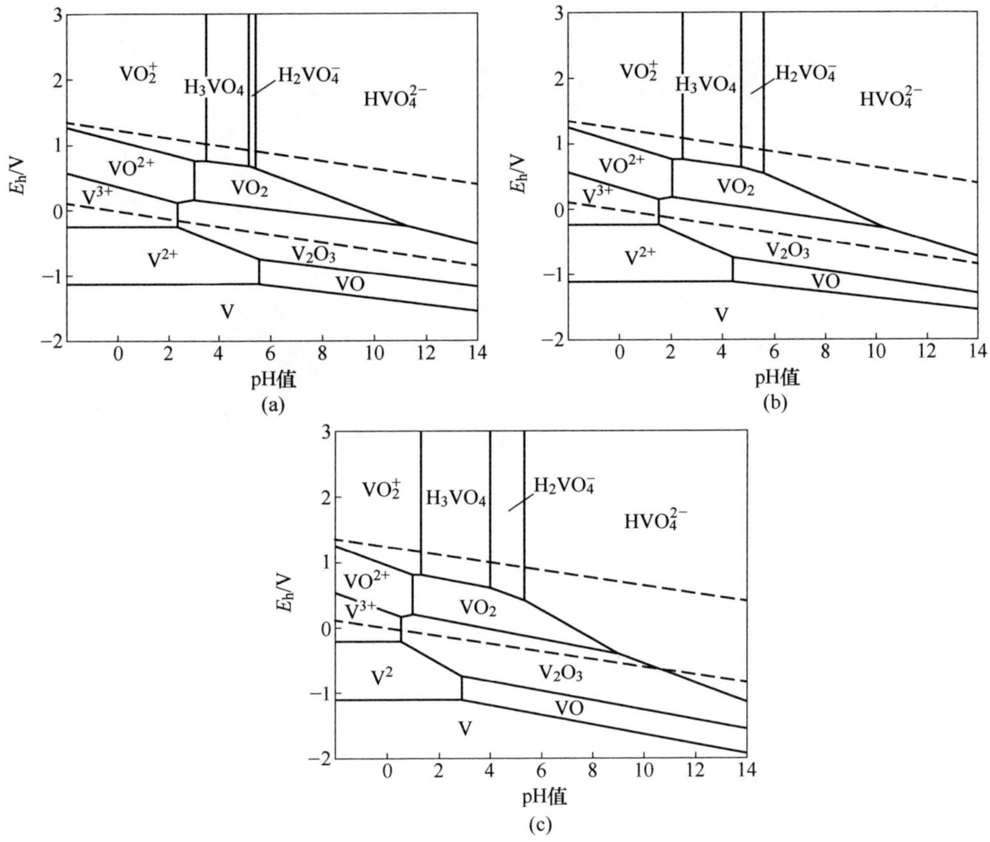

图 4-22 不同温度下的钒水系 E_h-pH 值图

(a) −10 ℃；(b) 20 ℃；(c) 50 ℃

(钒浓度为 2 mol/L)

的氢键作用进入第二溶剂层。由于第二溶剂层的水分子与钒离子的作用力较弱，因此本书中暂未考虑。

由图 4-24 可见，当 V^{2+}外层水分子数量由 1 增加至 6 时，反应的 ΔG 均小于 0，可自发进行。此外，随着水分子数量的增加，水分子数量为奇数的反应 ΔG 总是大于水分子数量为偶数的反应，这主要是由水合结构水分子对称性使得结构能量降低导致的。V^{2+}水合结构优化后增加的第 7 个水分子无法进入第一溶剂层，说明 V^{2+} 水合结构的第一溶剂层水分子配位数应为 6。表 4-15 列出了 $[V(6H_2O)]^{2+}$的 V—O(H_2O) 键长和 O—V—O 键角。研究发现，$[V(6H_2O)]^{2+}$ 具有六配位八面体结构，但该结构有小幅的扭曲并非完全对称。

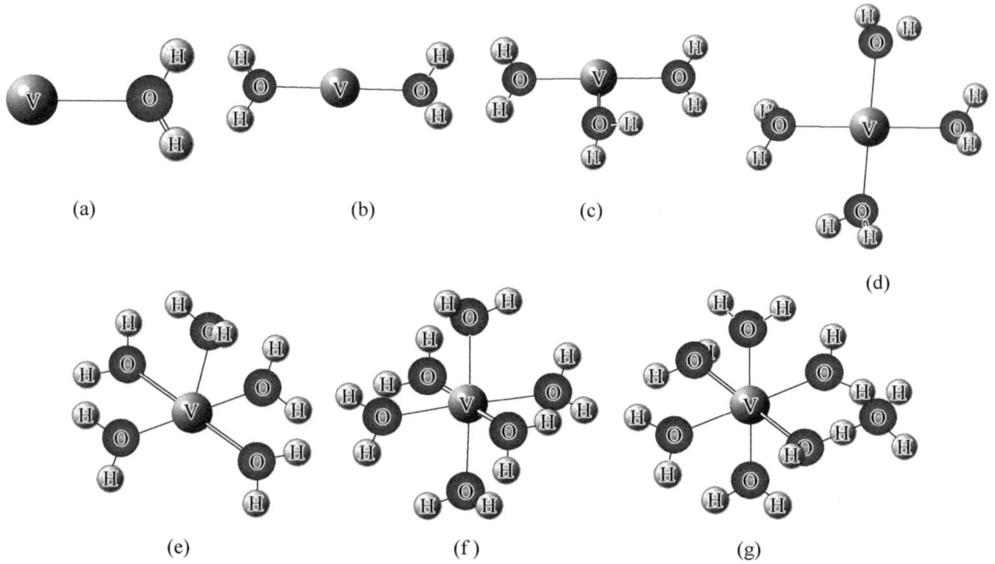

图 4-23　V^{2+}水合结构示意图

(a) $[V(H_2O)]^{2+}$；(b) $[V(2H_2O)]^{2+}$；(c) $[V(3H_2O)]^{2+}$；

(d) $[V(4H_2O)]^{2+}$；(e) $[V(5H_2O)]^{2+}$；

(f) $[V(6H_2O)]^{2+}$；(g) $[V(7H_2O)]^{2+}$

彩图

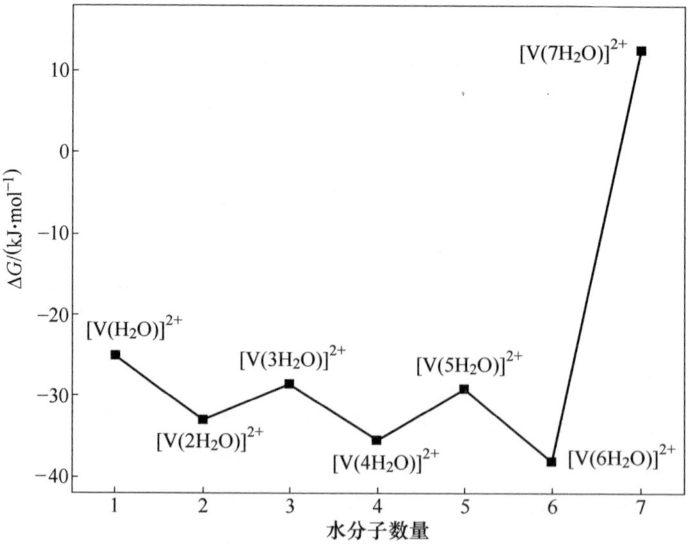

图 4-24　V^{2+}水合结构外层水分子数量增加过程中各反应的 ΔG

表 4-15 $[V(6H_2O)]^{2+}$结构参数

方　法	V—O(H_2O) 键长/nm	O—V—O 键角/(°)
B3LYP/6-311G(d,p)/SMD	0.213，0.215，0.216	84.79，84.49，95.21，95.51
Ab initio SCF	0.220	—
CP2K/PBE/DZVP	0.220，0.217	—
XRD	0.213	—

4.3.2.2 V^{3+}水合结构

图 4-25 给出了 V^{3+}的水合结构 $[V(H_2O)]^{3+}$、$[V(2H_2O)]^{3+}$、$[V(3H_2O)]^{3+}$、$[V(4H_2O)]^{3+}$、$[V(5H_2O)]^{3+}$、$[V(6H_2O)]^{3+}$和 $[V(7H_2O)]^{3+}$。当 V^{3+}外层水分子从 1 增加至 6 时，水分子均能保持在第一溶剂层；当水分子数达到 7 时，新增的水分子被挤出第一溶剂层，仅能通过与第一层水分子形成氢键而进入第二溶剂层。因此，V^{3+}第一溶剂层能容纳的水分子数量最多为 6。

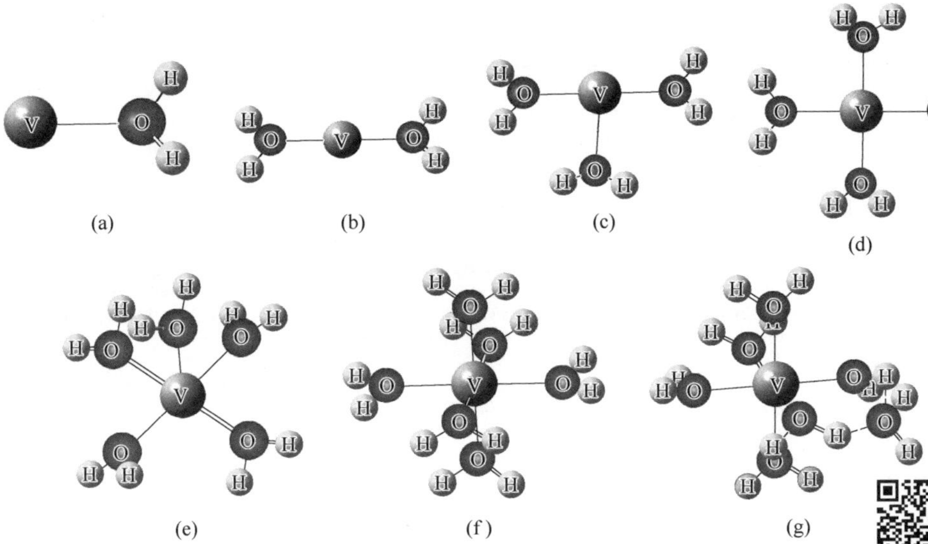

彩图

图 4-25 V^{3+}水合结构示意图

(a) $[V(H_2O)]^{3+}$；(b) $[V(2H_2O)]^{3+}$；(c) $[V(3H_2O)]^{3+}$；(d) $[V(4H_2O)]^{3+}$；(e) $[V(5H_2O)]^{3+}$；(f) $[V(6H_2O)]^{3+}$；(g) $[V(7H_2O)]^{3+}$

再根据上述水合结构优化和频率计算后的自由能，对外层水分子数量递增过程中各水合结构形成反应的 ΔG 进行计算，结果如图 4-26 所示。当 V^{3+}外层水分子数量由 1 递增至 6 时，相应水合反应均可自发进行且随着水分子数量的增加结构能量逐渐下降。水分子数量为奇数的反应 ΔG 总是大于水分子数量为偶数的反应，也表明 V^{3+}水合结构水分子对称性使其结构能量降低。水合结构优化后增加的第 7 个水分子被挤出第一溶剂层（该反应 ΔG 大于 0），也再次确认 V^{3+}水合结构的水分子配位数应为 6，其水合结构 $[V(6H_2O)]^{3+}$呈六配位八面体结构且结构对称性良好，见表 4-16。

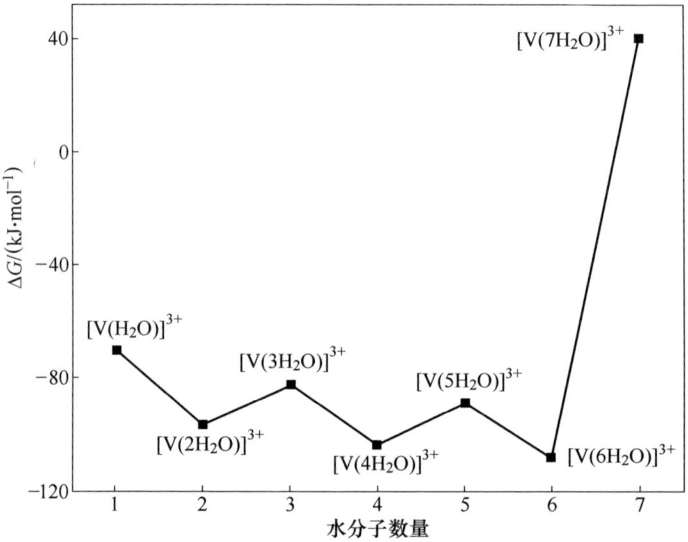

图 4-26 V^{3+}水合结构外层水分子数量增加过程中各反应的 ΔG

表 4-16 $[V(6H_2O)]^{3+}$结构参数

方 法	V—O(H_2O) 键长/nm	O—V—O 键角/(°)
B3LYP/6-311G(d,p)/SMD	0.204，0.201	89.02，89.98，90.02，90.98
Ab initio SCF	0.206	—
CP2K/PBE/DZVP	0.201，0.202	—
QM/MM	0.199	—
XRD	0.199	—

4.3.2.3 VO^{2+}水合结构

VO^{2+}的水合结构 $[VO(H_2O)]^{2+}$、$[VO(2H_2O)]^{2+}$、$[VO(3H_2O)]^{2+}$、$[VO(4H_2O)]^{2+}$、$[VO(5H_2O)]^{2+}$和 $[VO(6H_2O)]^{2+}$如图 4-27 所示。随着 VO^{2+}外层水分子从 1 增加至 5，水分子均能与 VO^{2+}相互作用保持在第一溶剂层；当水分子数目达到 6 时，新增水分子被挤出第一溶剂层。因此，VO^{2+}第一溶剂层能容纳的水分子数量最多为 5。

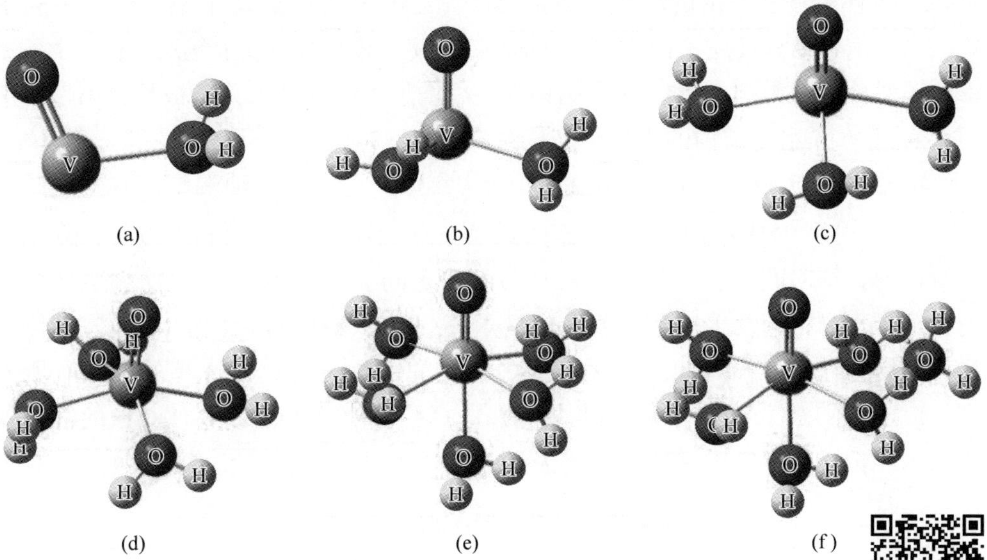

彩图

图 4-27 VO^{2+}水合结构示意图

(a) $[VO(H_2O)]^{2+}$; (b) $[VO(2H_2O)]^{2+}$; (c) $[VO(3H_2O)]^{2+}$; (d) $[VO(4H_2O)]^{2+}$; (e) $[VO(5H_2O)]^{2+}$; (f) $[VO(6H_2O)]^{2+}$

再根据 VO^{2+}水合结构优化和频率计算后的自由能，对外层水分子数量递增过程中各水合结构形成反应的 ΔG 进行计算，结果如图 4-28 所示。当 VO^{2+}外层水分子数递增时，上述反应均可自发进行且随着水分子数量的增加结构能量逐渐

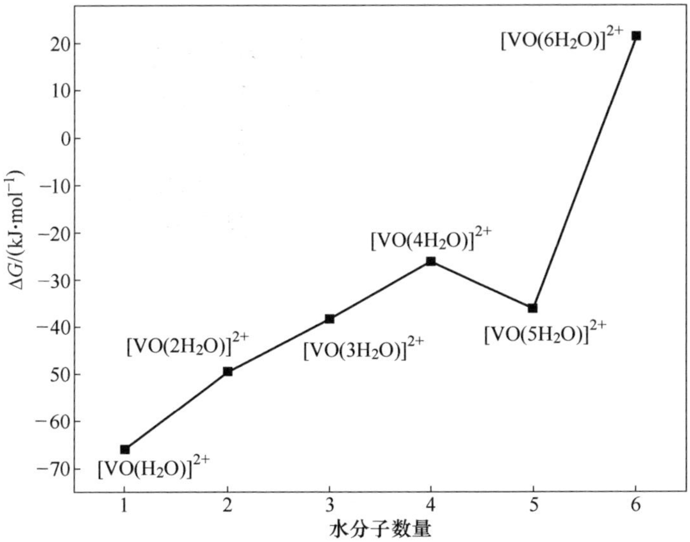

图 4-28 VO^{2+}水合结构外层水分子数量增加过程中各反应的 ΔG

下降。随着水分子数量的增加，反应 ΔG 先逐渐增大后出现小幅降低。不同于 V^{2+}、V^{3+} 水合结构反应，由于 VO^{2+} 的轴端钒氧双键的影响，上述反应的 ΔG 不受水分子对称性的影响。VO^{2+} 水合结构优化后增加的第 6 个水分子被挤出第一溶剂层，表明 VO^{2+} 水合结构的水分子配位数应为 5。

根据表 4-17 中的 [$VO(5H_2O)$]$^{2+}$ 结构参数，钒原子与轴端氧具有较强的相互作用，[$VO(5H_2O)$]$^{2+}$ 赤道平面的 V—O(H_2O) 键长分别为 0.210 nm、0.211 nm，轴向的 V—O(H_2O) 键长为 0.226 nm，这主要是由于轴端钒氧双键的排斥使水合结构发生扭曲所致。从整体看，[$VO(5H_2O)$]$^{2+}$ 呈六配位八面体结构，但结构存在小幅扭曲。相关文献中对应的键长虽与本书计算的结果有所差别，但 V＝O 键长和赤道平面的 V—O(H_2O) 与轴向的 V—O(H_2O) 的键长差值基本一致，说明采用该计算方法优化 [$VO(5H_2O)$]$^{2+}$ 的结构是合理的。

表 4-17　[$VO(5H_2O)$]$^{2+}$ 结构参数

方　法	V—O(H_2O) 键长/nm	V＝O 键长/nm	轴向 V—O(H_2O) 键长/nm
B3LYP/6-311G(d, p)/SMD	0.210, 0.211	0.157	0.226
CP2K/PBE/DZVP	0.203	0.159	0.204
DFT	0.212	0.157	0.232
XRD	0.204	0.159	0.222

4.3.2.4　VO_2^+ 水合结构

VO_2^+ 的水合结构 [$VO_2(H_2O)$]$^+$、[$VO_2(2H_2O)$]$^+$、[$VO_2(3H_2O)$]$^+$、[$VO_2(4H_2O)$]$^+$ 和 [$VO_2(5H_2O)$]$^+$ 如图 4-29 所示。当 VO_2^+ 外层水分子从 1 增加至 4，水分子与 VO_2^+ 之间均具有良好水合作用，使水分子保持在第一溶剂层；当水分子数目达到 5 时，新增的水分子无法进入第一溶剂层，只能保持在第二溶剂层。因此，VO_2^+ 第一溶剂层能容纳的水分子数量最多为 4。

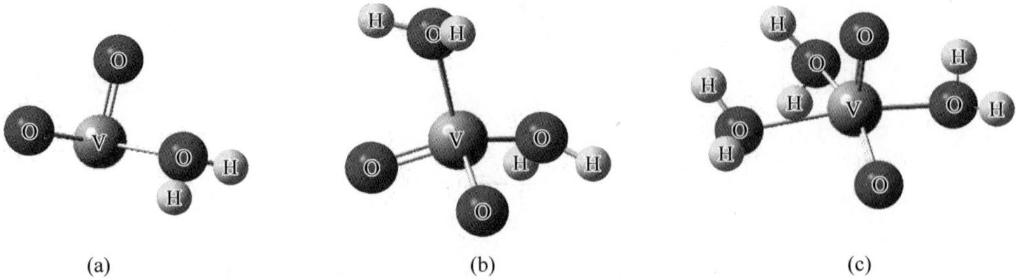

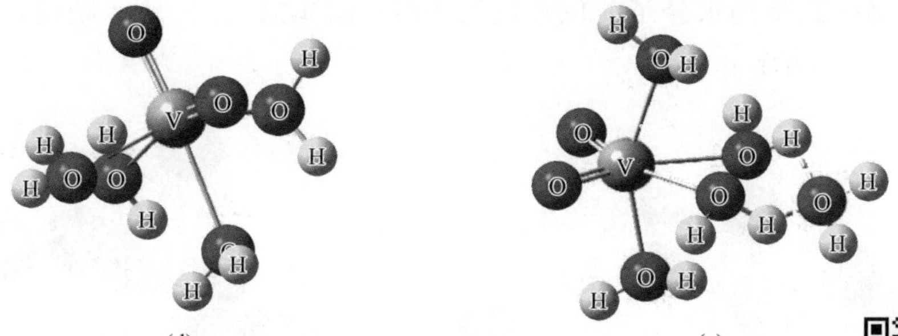

图 4-29 VO_2^+ 水合结构示意图

(a) $[VO_2(H_2O)]^+$; (b) $[VO_2(2H_2O)]^+$;

(c) $[VO_2(3H_2O)]^+$; (d) $[VO_2(4H_2O)]^+$; (e) $[VO_2(5H_2O)]^+$

彩图

外层水分子数量递增过程中形成 VO_2^+ 水合结构的反应 ΔG（见图 4-30）变化表明，VO_2^+ 外层水分子数量递增，上述反应均可自发进行且随着水分子数量的增加结构能量逐渐下降。当外层水分子数量增加到 4 时，并未达到上述结构优化的第一溶剂层最多容纳水分子数量，不同于 V^{2+}、V^{3+} 和 VO^{2+} 水合结构反应，这可能是由 VO_2^+ 的两个钒氧双键的强排斥作用导致的。

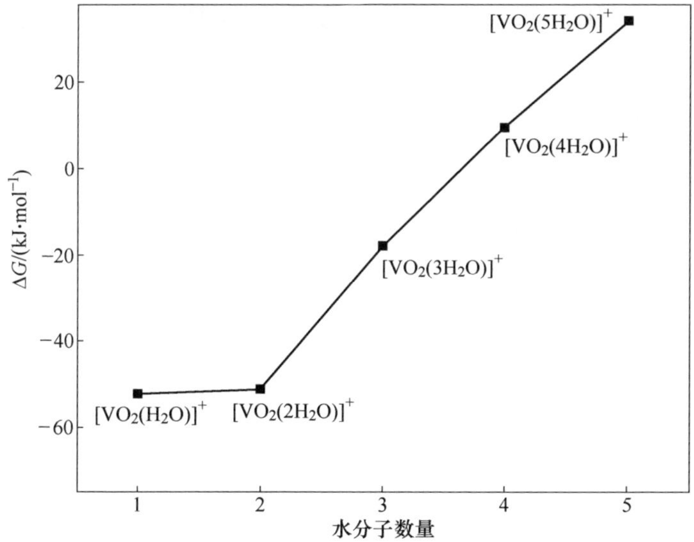

图 4-30 VO_2^+ 水合结构外层水分子数量增加过程中各反应的 ΔG

VO_2^+ 外层水分子数量为 4 的两种结构（见图 4-31）及能量变化也帮助我们确定了 VO_2^+ 第一溶剂层水分子数量。图 4-31（a）为 3 个水分子处于第一溶剂层和另 1 个水分子处于第二溶剂层的状态，图 4-31（b）为 4 个水分子均处于第一溶剂层的状态，两者的结构能量分别为−3676595.08 kJ/mol、−3676571.96 kJ/mol。

当 VO_2^+ 水合结构的水分子配位数应为 3 时，图 4-31（a）所示结构的能量明显降低。

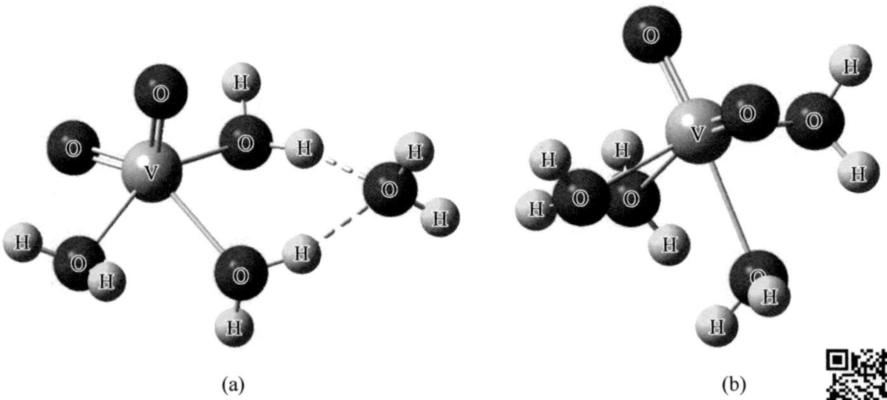

图 4-31　VO_2^+ 外层水分子数量为 4 的两种水合结构示意图

（a）3 个水分子处于第一溶剂层，另 1 个水分子处于第二溶剂层；（b）4 个水分子处于第一溶剂层

彩图

表 4-18 中，$[VO_2(3H_2O)]^+$结构中的两个氧原子均与中心钒原子具有较强的相互作用，$[VO_2(3H_2O)]^+$ 两个钒氧双键面两侧的 V—O(H_2O) 键长为 0.207 nm，轴向的 V—O(H_2O) 键长为 0.216 nm，这主要是由于两个钒氧双键的排斥使得水合结构发生扭曲导致的。从整体看，$[VO_2(3H_2O)]^+$呈三角双锥体结构但存在小幅扭曲。

表 4-18　$[VO_2(3H_2O)]^+$结构参数

方　法	V—O(H_2O) 键长/nm	V═O 键长/nm	轴向 V—O(H_2O) 键长/nm
B3LYP/6-311G(d,p)/SMD	0.207	0.159，0.160	0.216
BP86/I	0.210	0.161	0.217
CP2K/PBE/DZVP	0.200	0.164	0.207
B3LYP/QZ4P/COSMO	0.211	0.164	0.219
LAXS	0.200	0.163	0.220

4.3.3　水合钒氧离子二聚体结构及热力学

已有研究表明，高浓度钒溶液中的含氧钒离子在碱性环境中易形成聚体结构。在酸性浸出液中 VO^{2+} 和 VO_2^+ 是否也会形成聚体结构进而对后续分离富集性能产生影响，成为钒离子溶液化学的重要研究内容之一。

4.3.3.1 $[VO(5H_2O)]^{2+}$二聚体结构

图 4-32 示出了 $[VO(5H_2O)]^{2+}$的结构表面电荷分布和原子 Mulliken 电荷。

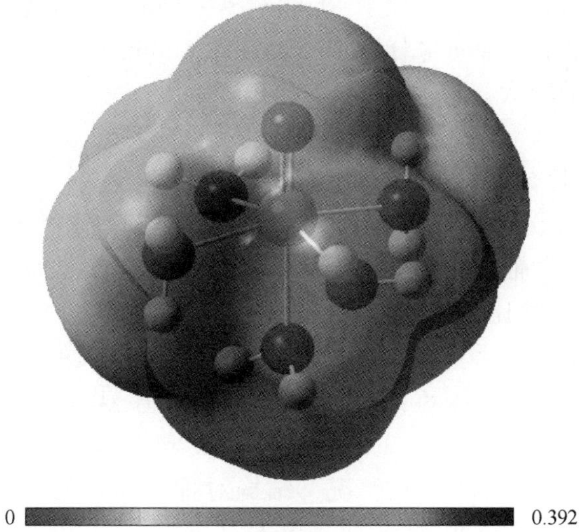

(a)

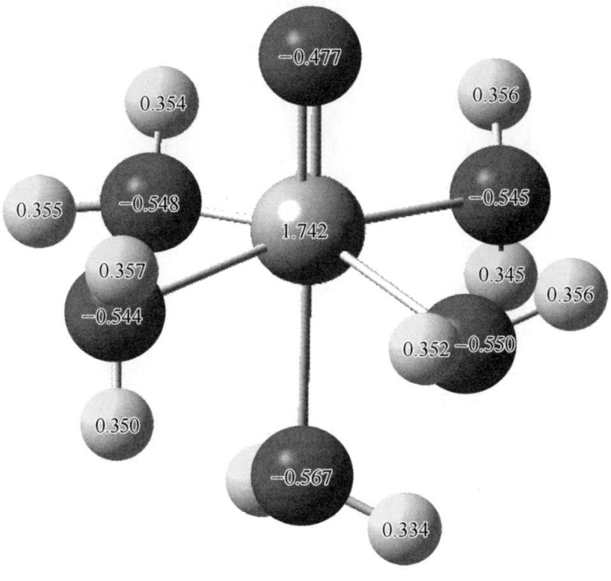

(b)

图 4-32 $[VO(5H_2O)]^{2+}$结构表面电荷分布（a）和原子 Mulliken 电荷（b）示意图

彩图

$[VO(5H_2O)]^{2+}$结构表面电荷在 V ═ O 的 O 原子处最低，在赤道面的四个水分子的局部电荷均趋向正值且分布较为均一，轴向的水分子的局部电荷同样趋向正值。$[VO(5H_2O)]^{2+}$中的 V 原子为电子供体而 O 原子为电子受体。赤道面水分子的 O 原子 Mulliken 电荷均处于-0. 545～-0. 550，说明这四个水分子所处取代位的环境相差较小。轴向水分子中的 O 原子 Mulliken 电荷为-0. 567，与赤道面水分子的 O 原子较大，说明轴向水分子与赤道面水分子的取代位环境有所不同。

根据上述电荷分布，二聚体的形成方式为 V ═ O 的氧取代另一个$[VO(5H_2O)]^{2+}$的水分子，与中心 V 原子形成 V—O—V 键，反应式见式（4-3）。由于$[VO(5H_2O)]^{2+}$轴向与赤道面的水分子环境不同，$[V_2O_2(9H_2O)]^{4+}$可能形成的结构有两种。对比图 4-33（a）和图 4-34（a），经过几何结构优化后，$[V_2O_2(9H_2O)]^{4+}$的结构发生明显扭曲且与水分子被取代的 V 原子之间的 V—O 键长明显增大，所以 V ═ O 的氧原子取代轴向水分子易被$[VO(5H_2O)]^{2+}$排斥，该取代方式发生的可能性较小。对比图 4-33(b）和图 4-34(b)，取代赤道面水分子的构型经优化后并未出现上述情况，结构对称性较好且 V—O—V 键长较小，取代赤道面的水分子更可能形成$[V_2O_2(9H_2O)]^{4+}$。这也进一步确定了$[VO(5H_2O)]^{2+}$形成$[V_2O_2(9H_2O)]^{4+}$的可能性。取代轴向水分子和取代赤道面水分子这两种方式的反应 ΔG 分别为 253. 06 kJ/mol 和 171. 70 kJ/mol，表明上述两种取代方式均不能形成稳定的$[V_2O_2(9H_2O)]^{4+}$，即在浸出液中$[VO(5H_2O)]^{2+}$不会形成聚体结构而只以单体结构形式存在。

$$2[VO(5H_2O)]^{2+} \rightleftharpoons [V_2O_2(9H_2O)]^{4+} + H_2O \tag{4-3}$$

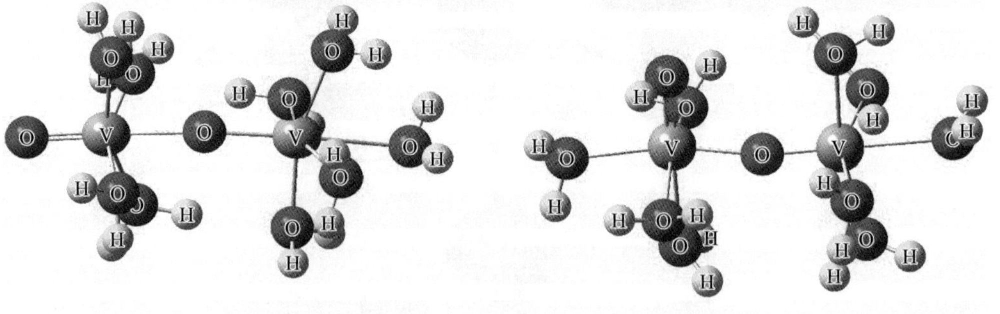

(a)　　　　　　　　　　　　　　　　(b)

图 4-33　$[V_2O_2(9H_2O)]^{4+}$初始构型示意图

（a）取代轴向水分子；（b）取代赤道面水分子

彩图

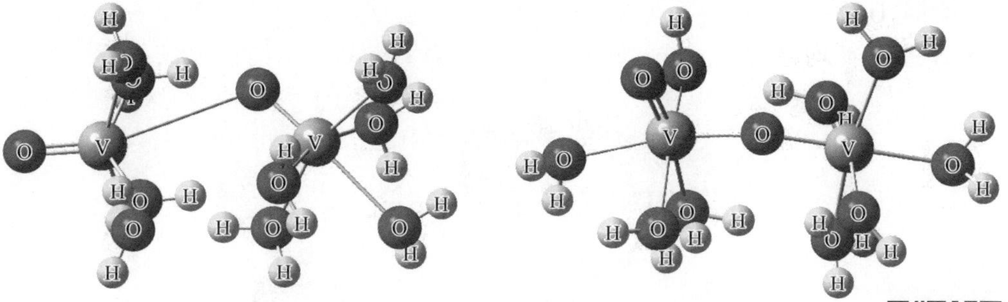

图 4-34 [$V_2O_2(9H_2O)$]$^{4+}$结构示意图（优化后）

（a）取代轴向水分子；（b）取代赤道面水分子

彩图

4.3.3.2 [$VO_2(3H_2O)$]$^+$二聚体结构

图 4-35 是 [$VO_2(3H_2O)$]$^+$的结构表面电荷分布和原子 Mulliken 电荷结果。[$VO_2(3H_2O)$]$^+$结构局部电荷在 V ═O 的 O 原子处最低趋向于 0，在 V ═O 平面两侧的两个水分子的局部电荷均趋向正值且分布较为均一，处于 V ═O 平面的水分子的局部电荷同样趋向正值。V ═ O 平面两侧的两个水分子的 O 原子 Mulliken 电荷分别为-0.547 和-0.548，说明这两个水分子所处取代位的环境相差较小。V ═O 平面水分子中的 O 原子 Mulliken 电荷为-0.556，与 V ═O 平面两侧水分子中的 O 原子有一定差别，两个 V ═O 上的 O 原子 Mulliken 电荷分别为-0.594 和-0.597，因此 V ═O 键上 O 原子的环境基本一致。

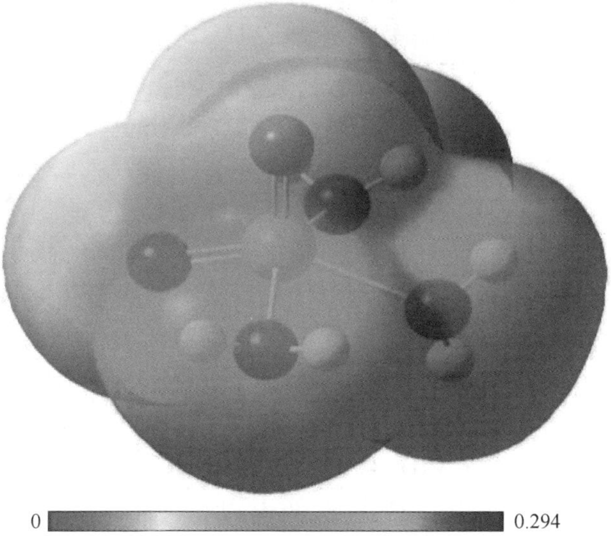

(a)

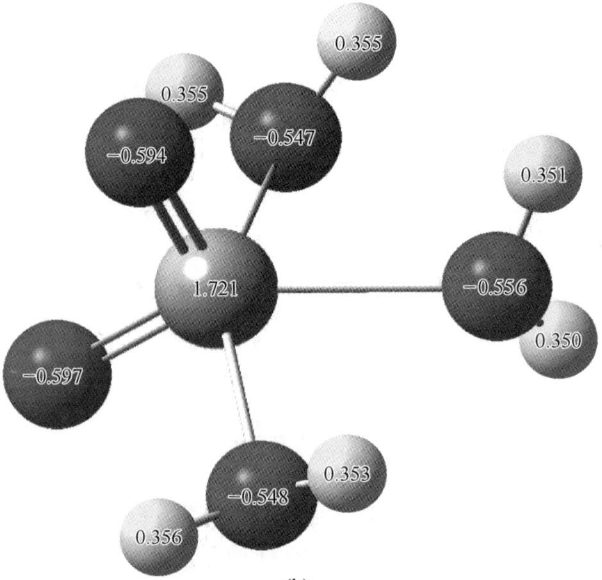

(b)

图 4-35　$[VO_2(3H_2O)]^+$结构表面电荷分布（a）和原子 Mulliken 电荷（b）示意图

彩图

根据电荷分布，二聚体的形成方式为 V ═ O 的氧取代另一个 $[VO_2(3H_2O)]^+$的水分子，与中心 V 原子形成 V—O—V 键，反应式见式（4-4）。由于 $[VO_2(3H_2O)]^+$中 V ═ O 平面的水分子与其两侧的水分子取代位的环境不同，两个 V ═ O 键上 O 原子的环境基本一致，所以 $[VO_2(3H_2O)]^+$中未参与成键的 V ═ O 相对位置有顺式和反式两种，$[V_2O_4(5H_2O)]^{2+}$可能形成 4 种结构。对比图 4-36（a）（b）和图 4-37（a）（b），两种结构经过优化后 $[V_2O_4(5H_2O)]^{2+}$的结构发生小幅变化且与 V—O—V 键具有较好的对称性，而反式取代 V ═ O 平面两侧水分子结构未参与成键的 V ═ O 的相对位置发生了改变，所以取代V ═ O 平面两侧水分子结构的可能性较高。再分析图 4-36（c）（d）和图 4-37（c）（d），取代 V ═ O 平面水分子的构型经优化后结构均明显扭曲且 V—O—V 键的对称性较差，反式的结构转变成顺式，说明取代 V ═ O 平面水分子和反式构型的可能性较低。同时，形成上述图 4-37 所示四种结构的反应 ΔG 依次分别为 4.56 kJ/mol、6.30 kJ/mol、11.25 kJ/mol 和 11.62 kJ/mol，也证明上述四种取代方式均不能形成稳定 $[V_2O_4(5H_2O)]^{2+}$ 的结论，即在酸性浸出液中 $[VO_2(3H_2O)]^+$也不会形成聚体结构并以单体结构形式存在。

$$2[VO_2(3H_2O)]^+ \rightleftharpoons [V_2O_4(5H_2O)]^{2+} + H_2O \tag{4-4}$$

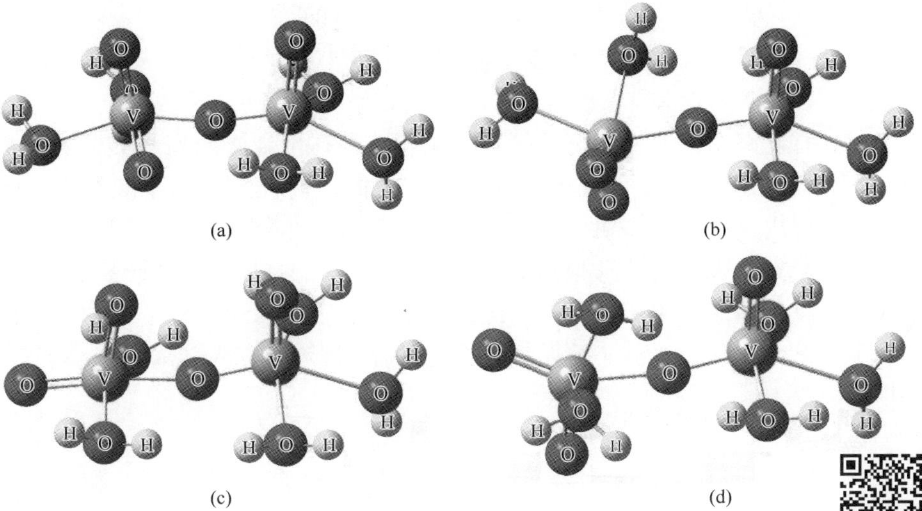

彩图

图 4-36 $[V_2O_4(5H_2O)]^{2+}$不同初始构型示意图

(a) 取代 V＝O 平面两侧水分子的顺式结构；
(b) 取代 V＝O 平面两侧水分子的反式结构；(c) 取代 V＝O 平面水分子的顺式结构；
(d) 取代 V＝O 平面水分子的反式结构

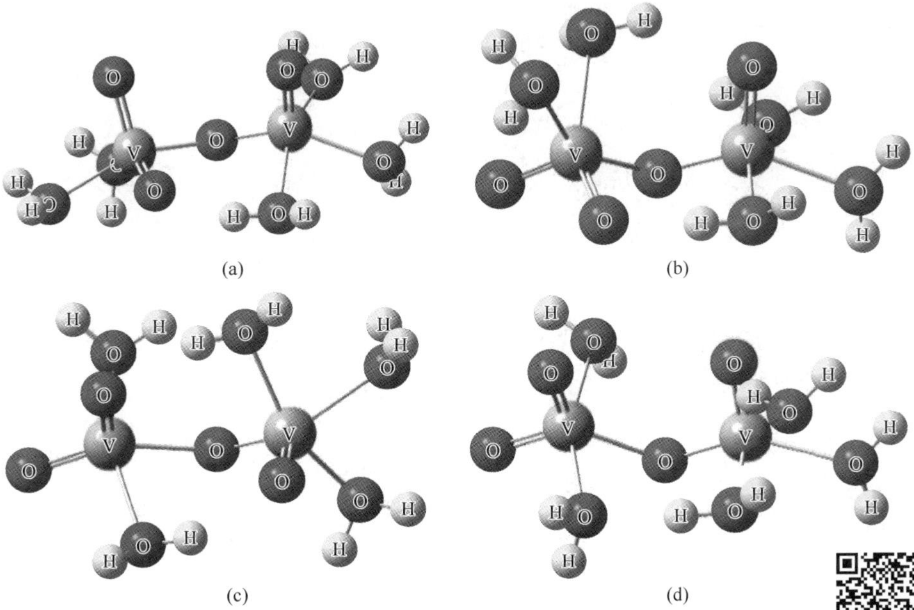

彩图

图 4-37 $[V_2O_4(5H_2O)]^{2+}$结构图（优化后）

(a) 取代 V＝O 平面两侧水分子的顺式结构；
(b) 取代 V＝O 平面两侧水分子的反式结构；(c) 取代 V＝O 平面水分子的顺式结构；
(d) 取代 V＝O 平面水分子的反式结构

4.4　钒离子的有机配位转化

草酸具有良好的还原性和配位能力，能与多种高价金属阳离子形成阴离子配合物，如 Fe^{3+}、Al^{3+}、VO^{2+}、Cr^{3+}、Cu^{2+} 和 Ti^{2+} 等。研究发现，草酸作为浸出剂参与钒页岩浸出过程，仅有钒、铁、铝能够与有机配体草酸根离子形成多种配合物，其他杂质离子则不与草酸根离子发生配位反应。不同于无机酸浸出液的阳离子萃取，阴离子萃取剂常用于草酸浸出液的萃取。因此，钒、铁、铝的离子配合物发生了显著的变化，受到不同阴离子配位的作用影响。

4.4.1　钒及杂质离子赋存状态

4.4.1.1　钒的赋存状态

图 4-38 示出了 V(Ⅳ) 和 V(Ⅴ) 在纯草酸体系中的赋存状态。在 pH 值为 -1.0~0 的条件下，V(Ⅳ) 主要以游离的 VOC_2O_4(aq) 分子存在；当 pH 值升至 0~1.0 时，V(Ⅳ) 主要以 $VO(C_2O_4)_2^{2-}$ 阴离子配合物形式存在；当 pH 值大于 1 时，99%以上的 V(Ⅳ) 均以 $VO(C_2O_4)_2^{2-}$ 阴离子配合物形式存在。对比分析 V(Ⅴ)，在 pH 值为-1.0~-0.5 的条件下，V(Ⅴ) 主要以 VO_2^+ 阳离子形式存在；当 pH 值升至-0.5~1.2 时，V(Ⅴ) 主要以 $VO_2C_2O_4^-$ 阴离子配合物形式存在；当 pH 值大于 1.2 时，V(Ⅴ) 主要以 $VO_2(C_2O_4)_2^{3-}$ 阴离子配合物形式存在。由于草酸根离子的强还原性，配位阴离子 $VO_2C_2O_4^-$ 和 $VO_2(C_2O_4)_2^{3-}$ 在高浓度草酸溶液中会被进一步还原为 $VO(C_2O_4)_2^{2-}$。因此，钒在纯草酸溶液中主要以 V(Ⅳ) 为主。

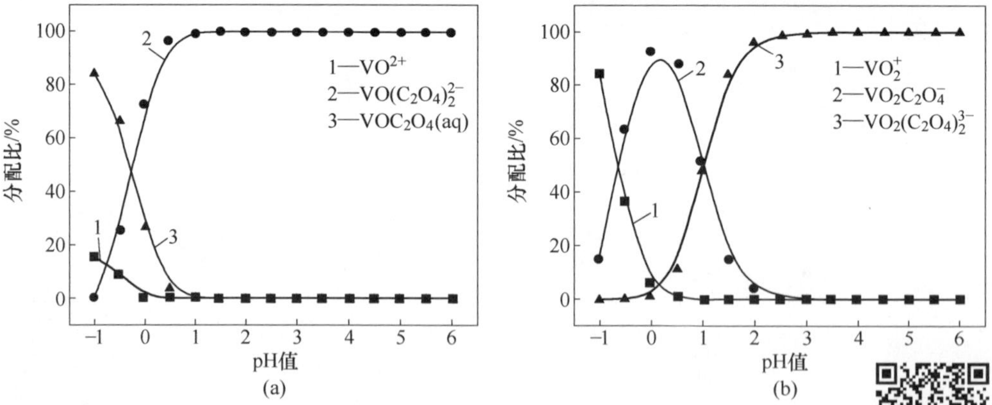

图 4-38　V(Ⅳ)(a) 和 V(Ⅴ)(b) 在纯草酸体系的赋存状态

彩图

钒在钒页岩草酸浸出液中的赋存状态（见图 4-39）与 V(Ⅳ) 在纯草酸体系的赋存状态基本一致，在 pH 值小于 0 时以 VOC_2O_4 分子存在，在 pH 值大于 0 时以 $VO(C_2O_4)_2^{2-}$ 阴离子配合物形式存在。当 pH 值为 0.65 时，$VO(C_2O_4)_2^{2-}$ 络合阴离子占比 92.65%，$VOC_2O_4(aq)$ 分子占比 7.35%。因此，在高浓度草酸体系中，钒页岩酸浸液中 V 优先与有机配体 $C_2O_4^{2-}$ 形成 $VO(C_2O_4)_2^{2-}$，与 PO_4^{3-}、F^-、SO_4^{2-} 等无机配体基本不反应。

因此，通常采用阴离子萃取法从草酸体系中净化富集钒离子。

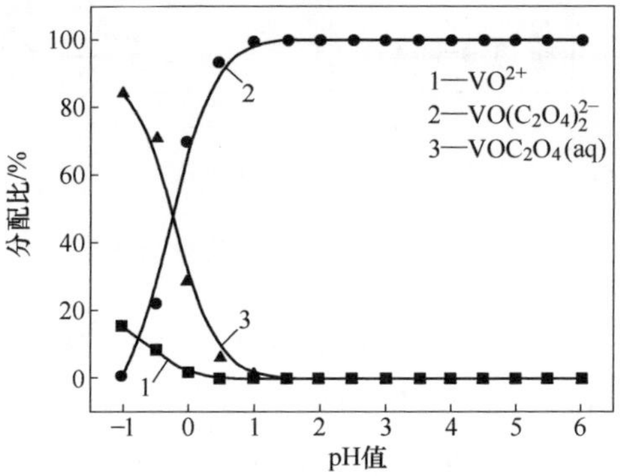

彩图

图 4-39 钒在酸浸液复杂体系的赋存状态

4.4.1.2 铁的赋存状态

铁在溶液中主要以二价和三价形式存在。由于草酸的还原性，三价铁被草酸根还原为二价铁。钒页岩浸出液中三价铁约占总铁的 60%，二价铁约占总铁的 40%。图 4-40 和图 4-41 分别是 Fe(Ⅲ) 和 Fe(Ⅱ) 在纯草酸体系和酸浸液复杂体系的赋存状态。

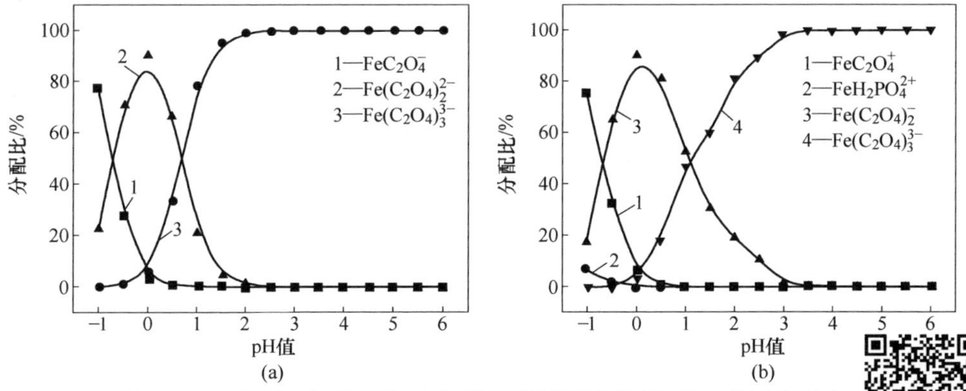

图 4-40 Fe(Ⅲ) 在纯草酸（a）和酸浸液复杂体系（b）的赋存状态

彩图

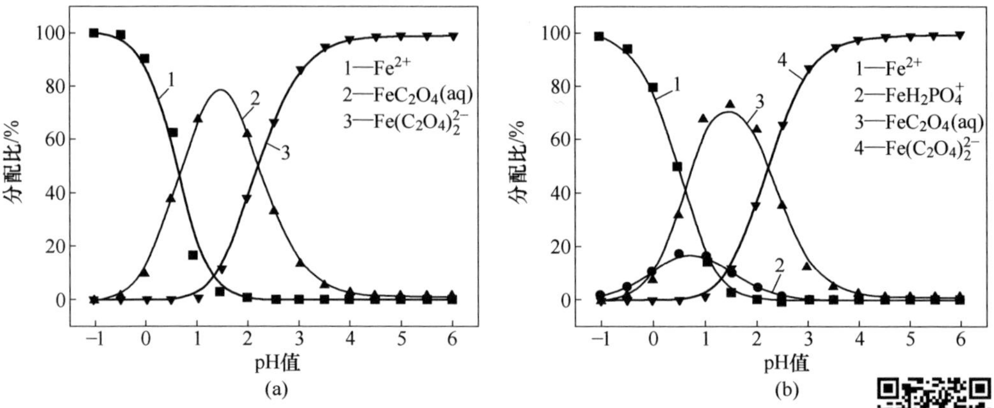

图 4-41　Fe(Ⅱ) 在纯草酸 (a) 和酸浸液复杂体系 (b) 的赋存状态

彩图

在 pH 值为−1.0～−0.5 时，Fe(Ⅲ) 主要以 $FeC_2O_4^+$ 阳离子配合物形式存在；当 pH 值升至−0.5～1.0 时，Fe(Ⅲ) 以 $Fe(C_2O_4)_2^-$ 阴离子配合物为主；当 pH 值大于 1 后，Fe(Ⅲ) 主要以 $Fe(C_2O_4)_3^{3-}$ 阴离子配合物稳定存在。对比图 4-40 (b)，在酸浸液中，Fe(Ⅲ) 与纯草酸体系的赋存状态较为相近，但在 pH 值为−1.0～0 时，有 $FeH_2PO_4^{2+}$ 物相形成，说明 Fe(Ⅲ) 可与 P 形成配合物。Fe(Ⅲ) 在 pH 值分别为−0.5～1.0 和大于 1.0 的条件下分别以 $Fe(C_2O_4)_2^-$ 和 $Fe(C_2O_4)_3^{3-}$ 阴离子配合物为主。当溶液 pH 值为 0.65 时，$Fe(C_2O_4)_2^-$ 占比 73.66%、$Fe(C_2O_4)_3^{3-}$ 占比 25.64%、$FeC_2O_4^+$ 占比 0.70%。在草酸体系酸浸液中，Fe(Ⅲ) 主要以配位阴离子形式存在，对钒的净化富集产生一定的干扰影响。

当 pH 值为−1.0～0.5 时，Fe(Ⅱ) 主要以 Fe^{2+} 形式存在；当 pH 值升至 0.5～2.5 时，Fe(Ⅱ) 以游离的 $FeC_2O_4(aq)$ 分子为主；当 pH 值大于 2.5 时，Fe(Ⅱ) 主要以 $Fe(C_2O_4)_2^{2-}$ 阴离子配合物形式存在。在酸浸液中，Fe(Ⅱ) 与 Fe(Ⅲ) 赋存规律类似，与纯草酸体系的赋存状态也较为相近，在 pH 值为−1.0～3.0 的溶液中存在 $FeH_2PO_4^+$；在 pH 值分别为 0.5～2.5 和大于 2.5 的条件下，Fe(Ⅱ) 分别以 FeC_2O_4 和 $Fe(C_2O_4)_2^{2-}$ 为主形态。当溶液 pH 值为 0.65 时，Fe^{2+} 占比 41.28%、$FeC_2O_4(aq)$ 占比 41.37%、$FeH_2PO_4^+$ 占比 17.03%、$Fe(C_2O_4)_2^{2-}$ 占比 0.27%。此外，在草酸体系中 Fe(Ⅲ) 和 Fe(Ⅱ) 均不与 F 形成配合物。

4.4.1.3　铝的赋存状态

铝在强酸性的水溶液中多以 Al^{3+} 形式存在，在草酸溶液中易与草酸根配位形成多种配合物。铝在纯草酸体系和酸浸液中的赋存状态如图 4-42 所示。

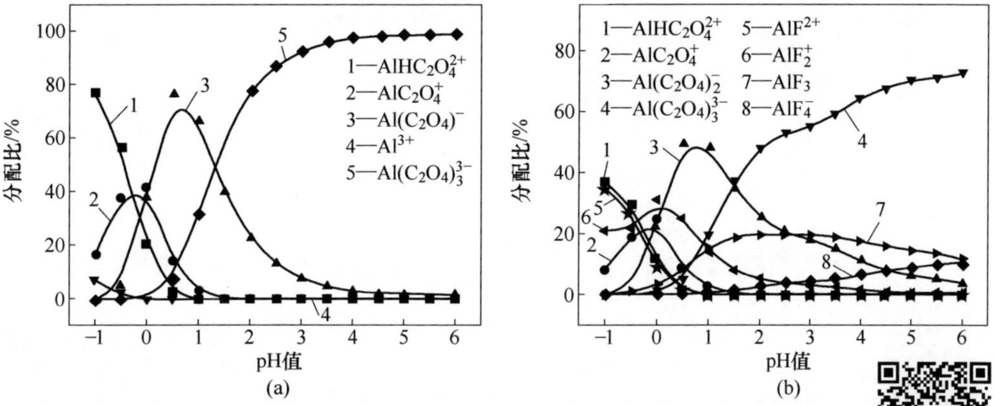

图 4-42 铝在纯草酸（a）和酸浸液复杂体系（b）的赋存状态

彩图

铝在不同 pH 值的草酸溶液中可形成 $AlHC_2O_4^{2+}$、$AlC_2O_4^+$、$Al(C_2O_4)_2^-$和 $Al(C_2O_4)_3^{3-}$ 四种配合物。当 pH 值为 0~1.5 时，以$Al(C_2O_4)_2^-$ 阴离子为主；当 pH 值大于 1.5 时，以 $Al(C_2O_4)_3^{3-}$ 阴离子稳定存在。相比于纯草酸溶液中铝的赋存状态，在酸浸液中铝的赋存状态更为复杂。在图 4-42(b) 中，除了上述四种铝-草酸的配合物，铝还可与氟形成多种配合物，包括 AlF^{2+}、AlF_2^+、AlF_3 和 AlF_4^- 等。然而，在 pH 值为 0~1.5 时，铝仍以 $Al(C_2O_4)_2^-$ 阴离子为主；当 pH 值大于 1.5 时，铝以 $Al(C_2O_4)_3^{3-}$ 阴离子稳定存在。随着 pH 值的增加，溶液酸度不断降低，$C_2O_4^{2-}$ 和 F^- 占比越来越大，使 Al^{3+}分别与 $C_2O_4^{2-}$ 和 F 的配位数不断增加，从而形成铝-草酸和铝-氟的多种配合物。在酸浸液中，当 pH 值为 0.65 时，$Al(C_2O_4)_2^-$ 占比 48.95%、$Al(C_2O_4)_3^{3-}$ 占比 8.06%、AlF_2^+ 占比 20.76%、AlF_3 占比 10.85%、$AlC_2O_4^+$ 占比 5.05%。因此，铝-草酸配位阴离子占比达 45.81%，这些阴离子配合物会直接影响钒的萃取。

4.4.1.4 镁的赋存状态

镁在纯草酸体系和酸浸液中的赋存状态如图 4-43 所示。在 pH 值为−1.0~0.5 时，镁主要以 Mg^{2+} 存在；当 pH 值大于 0.5 时，镁主要以游离的 MgC_2O_4(aq) 分子存在，但也会产生少量的 MgC_2O_4(c) 沉淀。在酸浸液中，镁的赋存状态与纯草酸体系相近。在 pH 值为−1.0~1.0 条件下，镁以 Mg^{2+}存在；当 pH 值大于 1.0 时，镁以游离 MgC_2O_4(aq) 分子为主，其中也会产生少量的 MgC_2O_4(c) 沉淀。但酸浸液中镁会与磷配位，形成 $MgH_2PO_4^+$。

总体来看，镁在草酸体系中的赋存状态以 MgC_2O_4(aq) 分子或者阳离子为主，对阴离子 $VO(C_2O_4)_2^{2-}$ 的提取影响较小。

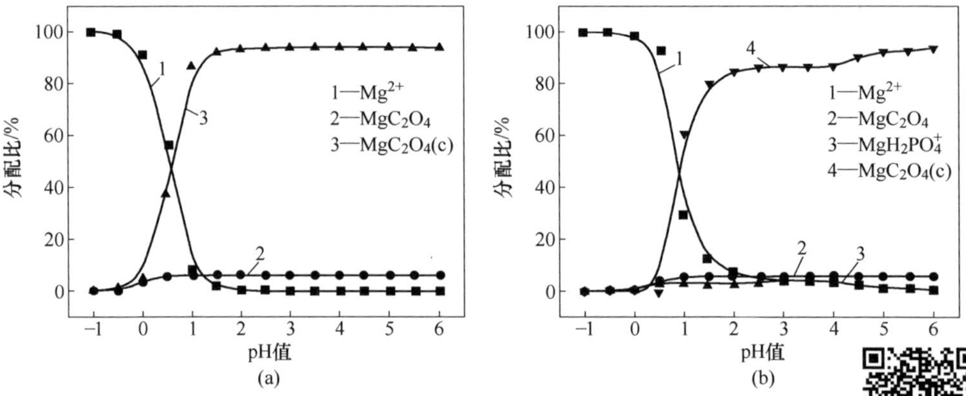

图 4-43　镁在纯草酸（a）和酸浸液复杂体系（b）的赋存状态

彩图

4.4.1.5　氟的赋存状态

钒页岩草酸酸浸液中的主要阴离子除 $C_2O_4^{2-}$ 外，还有一定量的 F^-。氟的强络合性改变了酸浸液中的金属阳离子配位方式。图 4-44(a) 为纯草酸体系氟的赋存状态，在 pH 值为-1.0~2.5 的条件下，氟主要以 HF 和 H_2F_2 分子存在；当 pH 值大于 3 时，主要以 F^-存在。在钒页岩酸浸液中，由于金属阳离子（尤其是铝离子）的存在，氟的赋存状态更加复杂，如图 4-44（b）所示。氟主要与铝形成稳定配合物，与钒、铁、镁等元素均不会形成稳定配合物。当 pH 值为-1.0~1.0 时，氟主要以 AlF_2^+ 离子存在，也存在部分 AlF^{2+}和 AlF_3；当 pH 值大于 1 时，氟主要以 AlF_3 和 AlF_4^- 形式存在。当 pH 值为 0.65 时，AlF_2^+ 占比 52.41%、AlF_3 占比 39.92%、AlF_4^- 占比 1.36%。氟与目标金属元素钒不会形成配合物，与铝的配合物主要以阳离子形式存在，因此氟对钒的溶剂萃取影响可能性较小。

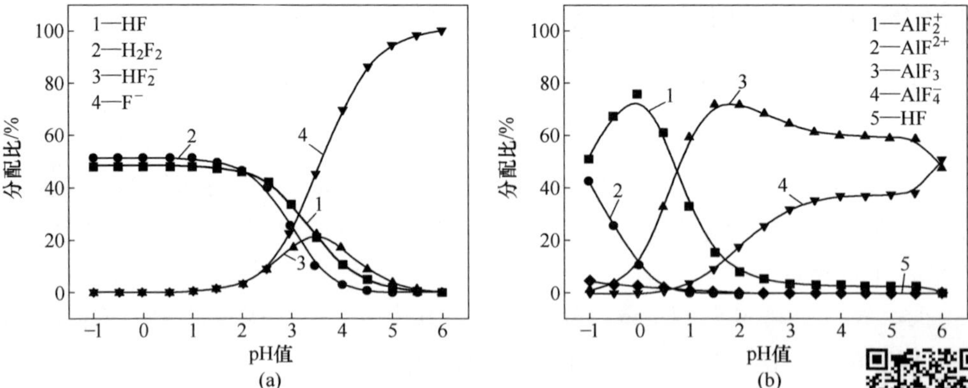

图 4-44　F 在纯草酸（a）和酸浸液复杂体系（b）的赋存状态

彩图

4.4.1.6　草酸的赋存状态

草酸主要以 $H_2C_2O_4$、$HC_2O_4^-$ 和 $C_2O_4^{2-}$ 三种形式存在。在强酸性条件下，如图 4-45（a）所示，草酸的存在形态以 $H_2C_2O_4(aq)$ 分子为主，$HC_2O_4^-$ 次之。但在实际酸浸液中，钒、铁（包括 Fe^{2+} 和 Fe^{3+}）、铝、镁均能够与草酸根离子形成多种配合物，如图 4-45（b）所示。在 pH 值为 0.65 时，以阴离子赋存的形态主要有：$VO(C_2O_4)_2^{2-}$、$Fe(C_2O_4)_2^-$、$Fe(C_2O_4)_3^{3-}$、$Al(C_2O_4)_2^-$、$Al(C_2O_4)_3^{3-}$ 和 $HC_2O_4^-$。此外，草酸的溶解度随温度变化差异较大。当溶液温度为 0 ℃时，草酸溶解度仅为 3.5 g/(100 mL 水)；当温度为 90°时，草酸溶解度高达 125.0 g/(100 mL H_2O)。因此，温度和酸度的变化可以改变目标离子的草酸配位络合平衡，进而有效调控离子形态。

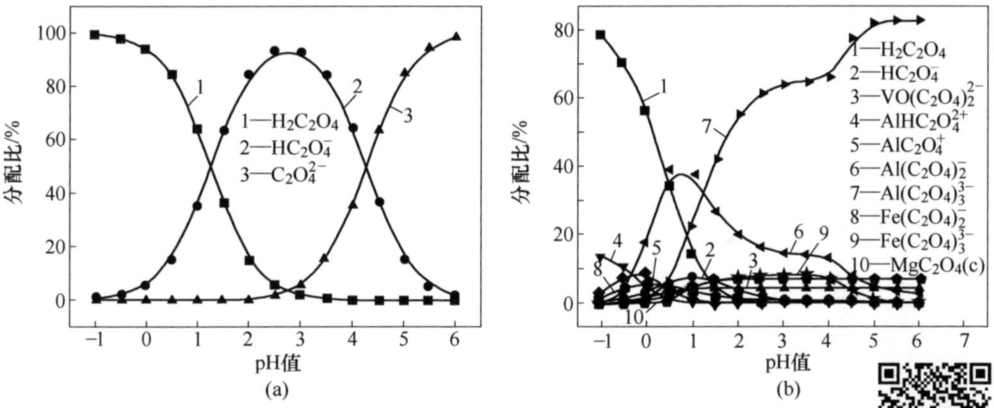

图 4-45　草酸在纯草酸（a）和酸浸液复杂体系（b）的赋存状态

彩图

4.4.2　钒、铁、铝与草酸根的离子配位过程

4.4.2.1　钒与草酸根的配位过程

钒在页岩草酸浸出液中主要以 VOC_2O_4 分子和 $VO(C_2O_4)_2^{2-}$ 配阴离子形式存在，其配位反应式如下：

$$VO^{2+} + C_2O_4^{2-} = VOC_2O_4 \tag{4-5}$$

$$VOC_2O_4 + C_2O_4^{2-} = VO(C_2O_4)_2^{2-} \tag{4-6}$$

五价钒也可与草酸根形成配位阴离子 $VO_2C_2O_4^-$ 和 $VO_2(C_2O_4)_2^{3-}$，其反应方程式如下：

$$VO_2^+ + C_2O_4^{2-} = VO_2C_2O_4^- \tag{4-7}$$

$$VO_2C_2O_4^- + C_2O_4^{2-} = VO_2(C_2O_4)_2^{3-} \tag{4-8}$$

然而，在酸浸液中存在大量的草酸根，五价钒与草酸的配合物在加热及过量草酸根的条件下进一步被还原为四价钒配合物，因此在草酸浸出液中钒主要以 VOC_2O_4 分子和 $VO(C_2O_4)_2^{2-}$ 阴离子形式存在。反应方程式如下：

$$H^+ + VO_2(C_2O_4)^- \rightleftharpoons HVO_2C_2O_4 \tag{4-9}$$

$$HVO_2(C_2O_4) + C_2O_4{}^{2-} \rightleftharpoons HVO_2(C_2O_4)^- + C_2O_4^{2-} \tag{4-10}$$

$$HVO_2(C_2O_4)^- + H^+ \rightleftharpoons VO(C_2O_4) + H_2O \tag{4-11}$$

$$H^+ + VO_2(C_2O_4)_2^{3-} \rightleftharpoons HVO_2(C_2O_4)_2^{2-} \tag{4-12}$$

$$HVO_2(C_2O_4)_2^{2-} + C_2O_4^{2-} \rightleftharpoons HVO_2(C_2O_4)_2^{3-} + C_2O_4^{2-} \tag{4-13}$$

$$HVO_2(C_2O_4)_2^{3-} + H^+ \rightleftharpoons VO(C_2O_4)_2^{2-} + H_2O \tag{4-14}$$

因此，钒页岩草酸浸出液中钒的配位过程为：四价钒直接与草酸根配位形成 VOC_2O_4，在过量草酸根的条件下，VOC_2O_4 进一步被配位，形成 $VO(C_2O_4)_2^{2-}$ 配合物。五价钒首先被草酸根配位，形成 $VO_2C_2O_4^-$ 配合物；在过量草酸根条件下，$VO_2C_2O_4^-$ 进一步被配位，形成 $VO_2(C_2O_4)_2^{3-}$。在加热条件下，$VO_2C_2O_4^-$ 和 $VO_2(C_2O_4)_2^{3-}$ 配合物又被 $C_2O_4^{2-}$ 进一步还原，形成 VOC_2O_4 和 $VO(C_2O_4)_2^{2-}$ 配合物。

4.4.2.2　铁与草酸根的配位过程

铁在草酸体系中，以多种配合物形式存在。Fe^{2+} 与草酸根的配合物主要有 FeC_2O_4 和 $Fe(C_2O_4)_2^{2-}$；Fe^{3+} 与草酸根的配合物主要有 $Fe(C_2O_4)^+$、$Fe(C_2O_4)_2^-$ 和 $Fe(C_2O_4)_3^{3-}$。上述反应方程式如下：

$$Fe^{2+} + C_2O_4^{2-} = FeC_2O_4 \tag{4-15}$$

$$FeC_2O_4 + C_2O_4^{2-} = Fe(C_2O_4)_2^{2-} \tag{4-16}$$

$$Fe^{3+} + C_2O_4^{2-} = Fe(C_2O_4)^+ \tag{4-17}$$

$$Fe(C_2O_4)^+ + C_2O_4^{2-} = Fe(C_2O_4)_2^- \tag{4-18}$$

$$Fe(C_2O_4)_2^- + C_2O_4^{2-} = Fe(C_2O_4)_3^{3-} \tag{4-19}$$

在酸浸液初始 pH 值为 0.65 的条件下，Fe^{2+} 以 FeC_2O_4 和 $Fe(C_2O_4)_2^{2-}$ 同时存在，Fe^{3+} 以 $Fe(C_2O_4)_2^-$ 和 $Fe(C_2O_4)_3^{3-}$ 同时存在。因此，铁与草酸根的配位过程中，Fe^{2+} 首先与 $C_2O_4^{2-}$ 配位形成 FeC_2O_4，然后进一步被 $C_2O_4^{2-}$ 配位，形成 $Fe(C_2O_4)_2^{2-}$ 配合物；Fe^{3+} 则与 $C_2O_4^{2-}$ 配位形成 $Fe(C_2O_4)^+$，在过量草酸根的作用下，$Fe(C_2O_4)^+$ 进一步被配位，形成了 $Fe(C_2O_4)_2^-$ 和 $Fe(C_2O_4)_3^{3-}$ 配合物。

4.4.2.3　铝与草酸根的配位过程

在钒页岩硫酸浸出液中铝通常以 Al^{3+}、$Al(OH)^{2+}$ 或 $Al(OH)_2^+$ 形式存在。在草酸体系中，铝具有多种配合物形式，如 $AlC_2O_4^+$、$Al(C_2O_4)_2^-$ 和 $Al(C_2O_4)_3^{3-}$ 等，反应方程式如下：

$$Al^{3+} + HC_2O_4^- = AlHC_2O_4^{2+} \tag{4-20}$$

$$Al^{3+} + C_2O_4^{2-} = AlC_2O_4^+ \tag{4-21}$$

$$AlC_2O_4^+ + C_2O_4^{2-} = Al(C_2O_4)_2^- \tag{4-22}$$

$$Al(C_2O_4)_2^- + C_2O_4^{2-} = Al(C_2O_4)_3^{3-} \tag{4-23}$$

因为酸浸液初始 pH 值为 0.65 时，Al^{3+} 以 $Al(C_2O_4)_2^-$ 和 $Al(C_2O_4)_3^{3-}$ 同时存在，所以含钒矿物溶解产生的 Al^{3+} 首先与 $HC_2O_4^-$ 和 $C_2O_4^{2-}$ 配位，分别形成 $AlHC_2O_4^{2+}$ 和 $AlC_2O_4^+$；在过量草酸根的作用下，$C_2O_4^{2-}$ 不断配位，分别形成 $Al(C_2O_4)_2^-$ 和 $Al(C_2O_4)_3^{3-}$ 配合物。

4.4.3 钒、铁、铝离子与草酸根的竞争配位

钒、铁和铝与草酸根的配合物结构具有稳定的双边对称结构，如图 4-46～图 4-48 所示。$VO(C_2O_4)_2^{2-}$ 以 V ═ O 双键为中心、两个草酸根以一定角度分列两边的对称结构；$Fe(C_2O_4)_2^-$ 以铁原子为中心，两个草酸根分列两边的平面对称结构；$Al(C_2O_4)_2^-$ 以铝原子为中心、两个草酸根以十字交叉对称组成的结构。

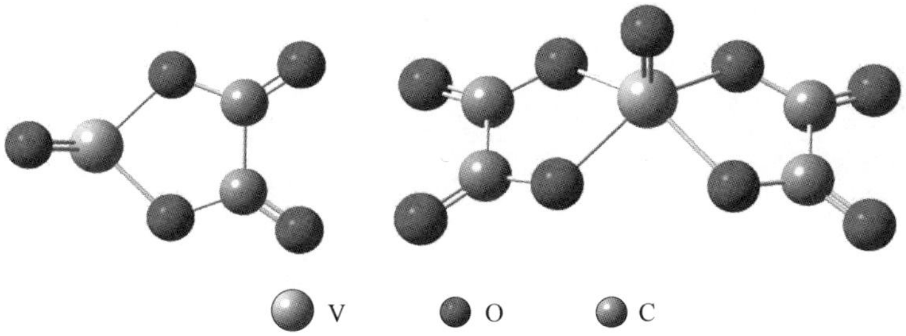

(a) (b)

图 4-46 VOC_2O_4（a）和 $VO(C_2O_4)_2^{2-}$（b）的分子结构

彩图

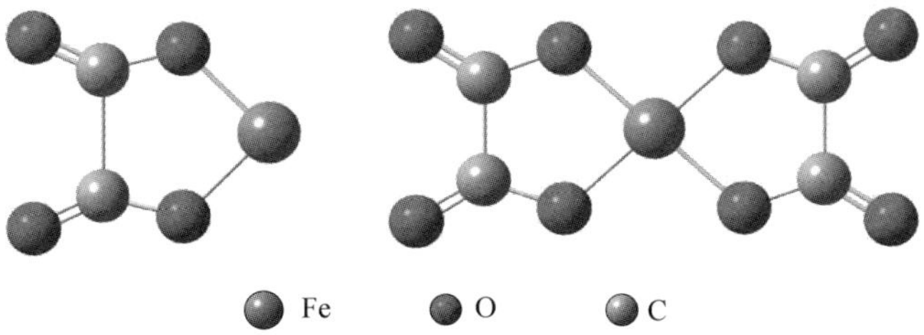

(a) (b)

图 4-47 $FeC_2O_4^+$（a）和 $Fe(C_2O_4)_2^-$（b）的分子结构

彩图

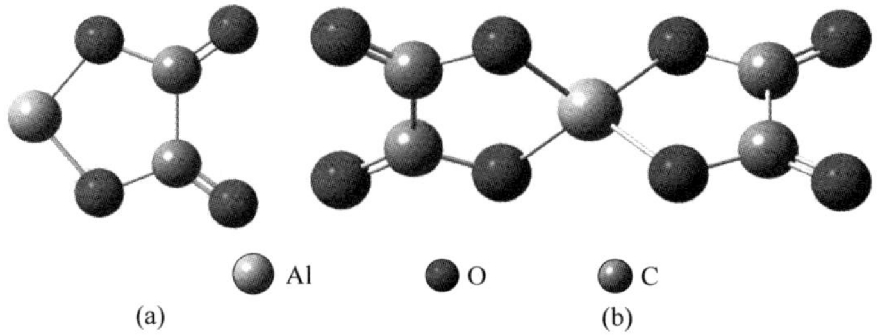

彩图

图 4-48　$AlC_2O_4^+$（a）和 $Al(C_2O_4)_2^-$（b）的分子结构

表 4-19 给出了基于上述配合物结构的配位反应吉布斯自由能 ΔG。无论是 1∶1 型还是 1∶2 型配合物，均以铁-草酸根配合反应 ΔG 最小，分别为 −5343.69 kJ/mol 和 −1470.72 kJ/mol；其次为铝-草酸根配合物，其反应 ΔG 分别为 −5169.23 kJ/mol 和 −1318.87 kJ/mol；以钒-草酸根配合物反应 ΔG 最大，分别为 −2760.65 kJ/mol 和 −714.12 kJ/mol。因此，钒、铁、铝与草酸根的配位能力可确定为：铁>铝>钒。所以在草酸体系中，铁优先被配位，其次分别为铝和钒。

表 4-19　钒、铁、铝与草酸根的离子配位反应 ΔG

序号	反应方程式	$\Delta G/(kJ \cdot mol^{-1})$
1	$VO^{2+} + C_2O_4^{2-} = VOC_2O_4$	− 2760.65
2	$VOC_2O_4 + C_2O_4^{2-} = VO(C_2O_4)_2^{2-}$	− 714.12
3	$Fe^{3+} + C_2O_4^{2-} = FeC_2O_4^+$	− 5343.69
4	$FeC_2O_4^+ + C_2O_4^{2-} = Fe(C_2O_4)_2^-$	− 1470.72
5	$Al^{3+} + C_2O_4^{2-} = AlC_2O_4^+$	− 5169.23
6	$AlC_2O_4^+ + C_2O_4^{2-} = Al(C_2O_4)_2^-$	−1318.87

4.5　钒离子的氢还原催化转化

利用液相氢还原的方法制备金属粉末或复合材料是湿法冶金领域中的一种重要工艺，在一定的条件下还原金属盐溶液，用于制备 Ni、Co、V、Cu、Ag 等金属粉末，具有能耗低、无污染、效率高、操作简易等优点，并且可通过使用催化剂和控制高压釜的反应条件来控制所得粉末的性质，比传统冶金具备更多的优势。

钒离子的氢还原转化是一个复杂的多相反应，不仅包括液固两相转化，而且包括钒酸盐向钒氧化物的固-固转化。在液相氢还原反应中，氢气扮演了还原剂的角色，但其本身稳定性强，反应惰性较大，故提高氢气的还原活性成为钒离子氢还原转化控制的关键。一般而言，提高氢气的反应活性有两种方法：一是提高反应温度，二是添加催化剂。前者会提高生产工艺中的能耗，增加操作难度和风险系数，且在水溶液中，若温度提高至沸点以上将加大反应压力，操作难度增大。对比而言，利用催化剂吸附氢气并增强其活性的方法更具有经济性和可行性，这也是大多数研究及工业应用的选择。本节内容以镍和钯催化为例，详细介绍钒离子在液相氢还原过程中的催化转化原理。

4.5.1 钒浓度和溶液 pH 值的关系

在液相氢还原过程中，溶液中的高价钒逐渐变为低价钒，并和溶液中的 H^+ 和 OH^- 发生反应，形成大量的钒氧化物或钒氧酸盐沉淀物。该过程处于密闭环境中，其氧化还原电势会随着还原氛围的改变而不断变化。因此，钒离子的液相氢还原转化过程的溶液化学行为较为复杂，钒浓度、溶液 pH 值、氧化还原电势均处于动态过程。

钒元素最外层电子排布为 $3d^3 4s^2$，在溶液中的存在形式包括 V(Ⅱ)~V(Ⅴ)。钒价态越高，在溶液中的存在形式就越复杂，在很大程度上取决于溶液中的可溶性钒离子浓度和 pH 值。图 4-49 中实线代表固相氧化物向离子形式的转变，虚线代表两种离子形式的相互平衡。钒氧化物的存在与钒浓度和 pH 值密切相关：钒浓度越小，钒氧化物的优势区域会变窄，合成的条件也就越苛刻。同时不难看出，钒形态的复杂多变在很大程度上依赖于可溶性钒的浓度，尤其是高价钒。这就意味着，在自然界的水中钒浓度较低，主要以单核形式存在；当浓度较高时（如经萃取-反萃后得到的富钒液），多核钒酸根则可能在一定区域内占优势。如图 4-49（c）（d）所示，高价态的钒在浓度较高（$\geqslant 10^{-2}$ mol/L）、pH 值较高（>2）的条件下更容易生成多聚钒酸根，如 $H_2V_{10}O_{28}^{4-}$、$HV_{10}O_{28}^{5-}$、$V_{10}O_{28}^{6-}$、$V_4O_9^{2-}$、$V_4O_{12}^{4-}$ 等，且它们的优势区域在钒浓度降低时显著缩小甚至消失。所以提高钒浓度和溶液 pH 值有助于钒氧化物的沉淀，同时在该条件下控制沉淀剂的种类和用量可以获得多聚钒酸盐沉淀。

4.5.2 钒离子转化的影响因素

不同反应温度下的钒-水系 E_h-pH 值图，如图 4-50 所示。其中，部分多钒酸根离子缺乏高温热力学数据，因此有所简化，简化的部分在图 4-50 中用省略号（…）表示，如 $V_4O_{12}^{4-}/HV_{10}O_{28}^{5-}$、$V_4O_9^{2-}/VO_2$ 等钒化合物在 100 ℃、200 ℃和 300 ℃的平衡线。根据反应的不同，E_h-pH 值图中可以分为不同钒离子之间的离子平衡线、离子与氧化物之间的溶解平衡线、不同氧化物之间的氧化还原平衡线，以及 H_2O 在稳定区域的氢线和氧线。

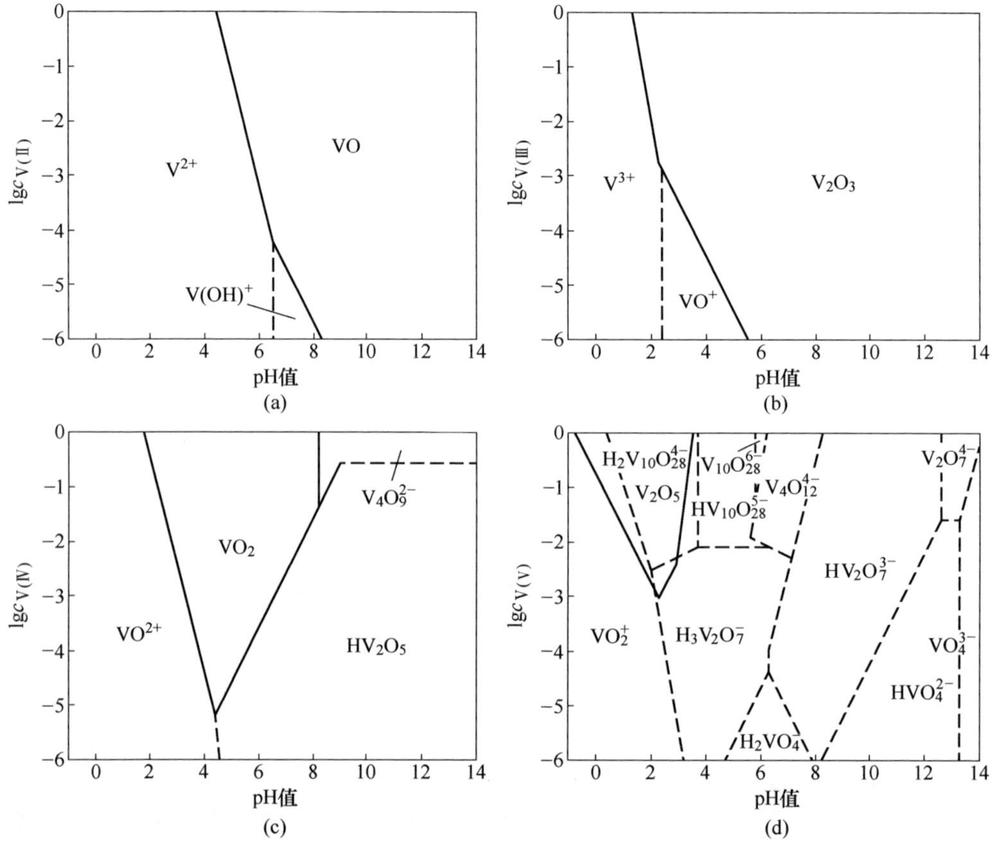

图 4-49　钒-水系体系下的浓度对数图

(a) V(Ⅱ)；(b) V(Ⅲ)；(c) V(Ⅳ)；(d) V(Ⅴ)

钒化合物的浓度 c、电极电位 E_h 和溶液 pH 值三者之间的关系如下：

$$E_h = -\frac{\Delta_r G_m^{\ominus}}{zF} - \frac{2.303RT}{zF}\lg\frac{\left(\frac{c_{(Q)}}{a}\right)^b}{\left(\frac{c_{(P)}}{b}\right)^a} - \frac{2.303RT}{zF}npH \tag{4-24}$$

式中，F 为法拉第常数，96485 J/(V · mol)；α 为钒化合物 P_b、Q_a和 H^+的离子活度，一般情况下，离子活度即为摩尔浓度（c，mol/L）；R 为摩尔气体常数，8. 314 J/(K · mol)；T 为热力学温度，K；$\Delta_r G_m^{\ominus}$ 代表反应标准吉布斯自由能，kJ/mol；a 和 b 分别是钒化合物 P_b、Q_a中 V 原子的数量；n 为 H^+的数量；z 为参与氧化还原反应的电子数量。

图 4-50 显示，V_2O_3 的优势区域占据了较大的面积，在合适的氧化还原电势和溶液 pH 值的条件下，V_2O_3 是稳定且容易获得的产物。此外，氢线低于高价钒还原成 V_2O_3 的电势，从热力学上通过液相还原法制备 V_2O_3 是可行的。由于

式（4-24）中 $\Delta_f G^{\ominus}$ 的变化，温度升高会导致钒氧化物的溶解平衡线移向溶液 pH 值较低的方向，增加了 V_2O_3 的优势区域面积。根据式（4-24），E_h-pH 值图中斜线（同时涉及电子 e 和 H^+ 的反应）的斜率与温度 T 成正比，即温度升高会增大斜率。同时，温度越高，氢线的下移趋势越明显，且氢线的斜率变化比高价钒还原成 V_2O_3 的斜率变化更大。此外，从离子到氧化物的反应是吸热的。因此，升高反应温度会增加 V_2O_3 的优势区域面积，有利于 V_2O_3 在液相中的还原沉淀。

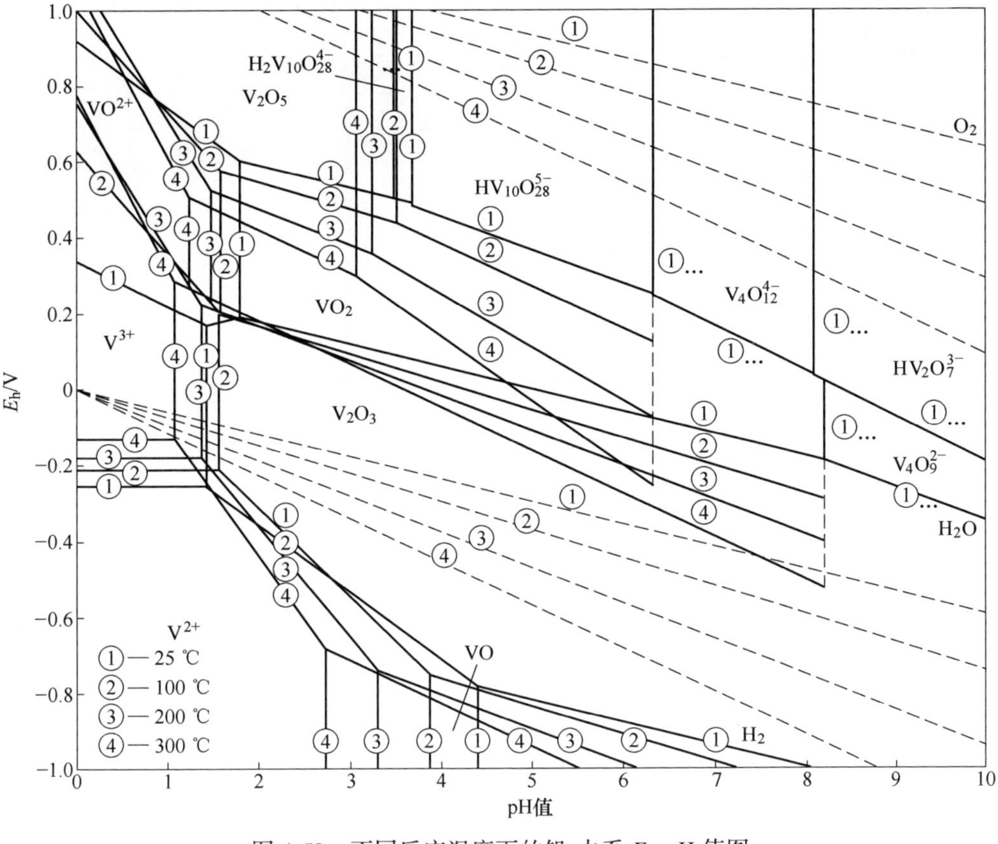

图 4-50 不同反应温度下的钒-水系 E_h-pH 值图

（钒浓度 1 mol/L，氢分压 0 MPa）

钒浓度会影响溶解平衡线和两种不同钒原子数的离子之间的离子平衡线，如图 4-51 所示。需要注意的是，结合图 4-49（c）中关于 V(Ⅳ) 的浓度对数图判断，钒浓度在 10^{-1} mol/L 和 10^{-2} mol/L 的水平下，钒在溶液的存在形式分别为 $V_4O_9^{2-}$ 和 $HV_2O_5^-$，因此无法在同一个 E_h-pH 值图中显示，对于 $HV_2O_5^-$ 省略的部分，采用省略号（…）表示。

钒浓度增加导致 V^{3+}/V_2O_3、V^{2+}/V_2O_3 和 VO^{2+}/V_2O_3 的溶解平衡线以及

$HV_2O_7^{3-}/V_4O_{12}^{4-}$、$V_4O_{12}^{4-}/HV_{10}O_{28}^{5-}$的离子平衡线向低 pH 值方向移动，扩大了 V_2O_3 优势区域面积。同样的现象也发生在其他钒氧化物的优势区域。由于钒氧化物之间没有离子参与，因此氧化还原平衡线不随钒浓度的变化而移动。此外，由于钒浓度主要依靠 $[c_{(Q)}/a]^b/[c_{(P)}/b]^a$ 项影响 E_h-pH 值的关系，因此钒浓度不会对两个钒原子数相同的离子平衡线产生影响。在生产过程中，钒的浓度会随着反应的进行而逐渐降低，尤其是在反应末期，这会缩减 V_2O_3 的优势区域，降低沉钒率和产品纯度。因此，必须确保液相氢还原制备 V_2O_3 的初始钒浓度处于较高水平。

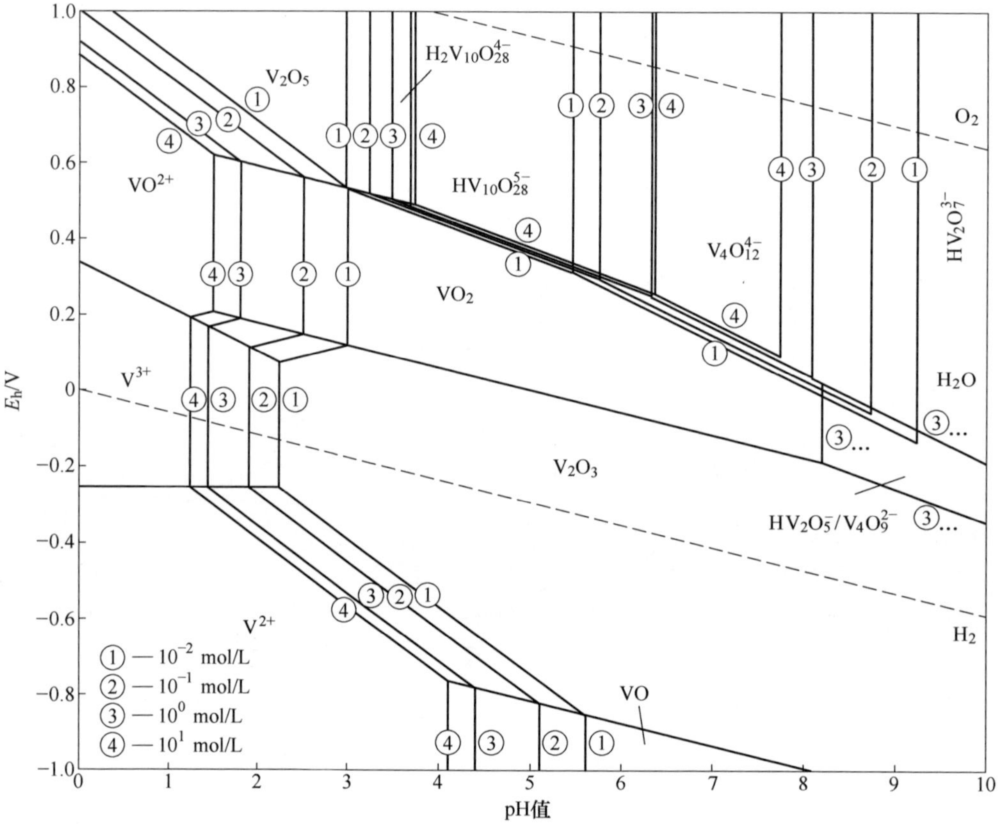

图 4-51　不同钒浓度下的钒-水系 E_h-pH 值图
（温度 25 ℃，氢分压 0 MPa）

在钒-水系 E_h-pH 值图中，溶液内的气体氛围一般依靠气体分压表示，其中氧化性气体会影响氧线的位置、还原性气体会影响氢线位置，氢线和氧线的主要依据是水的电极反应。图 4-52 显示，在 0～6 MPa 范围内的氢分压对 E_h-pH 值图几乎没有影响。当氢分压较高时，氢线略微上移，虽然缩小了 V_2O_3 在液相中的优势区域，但充足的氢气会使整个反应系统处于较低的电势（E_h<0 V），保证了在 V_2O_3 液相制备过程中的还原氛围。

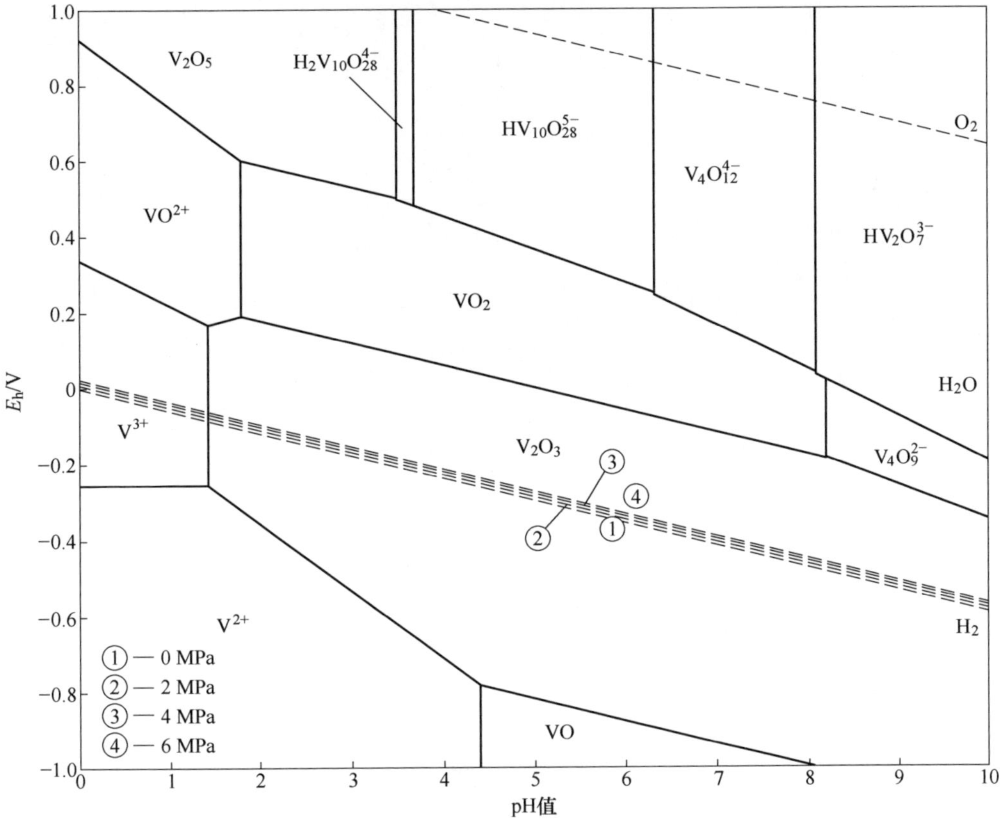

图 4-52 不同氢分压下的钒-水系 E_h-pH 值图

（温度 25 ℃，钒浓度 1 mol/L）

4.5.3 钒离子还原转化机制

4.5.3.1 钒离子的还原转化路径

钒离子的液相氢还原转化理论上包括 V(Ⅳ) 和 V(Ⅴ) 两种途径（见图 4-53 中路径 1 和路径 2）。V(Ⅳ) 在溶液中的离子形态主要有两种：一种是 VO^{2+}，存在的 pH 值范围为 1.8 以下；另一种则是 $V_4O_9^{2-}$，存在的 pH 值范围为 8.2 以上。在工业中，V(Ⅳ) 富钒液 pH 值范围一般在 1.0 以下，如保证溶液 pH 值大于 8.2，则调节 pH 值所消耗的碱量巨大。对于 VO^{2+} 而言，还原电势方向上与 V_2O_3 的溶解平衡线接触较短，这表明从 VO^{2+} 直接液相制备 V_2O_3 的条件较为苛刻。此外，当温度和钒浓度升高时，VO^{2+}/V_2O_3 的溶解平衡线会进一步缩短甚至消失。

因此，利用 V(Ⅳ) 富钒液制备 V_2O_3 不具备工业应用的可行性。

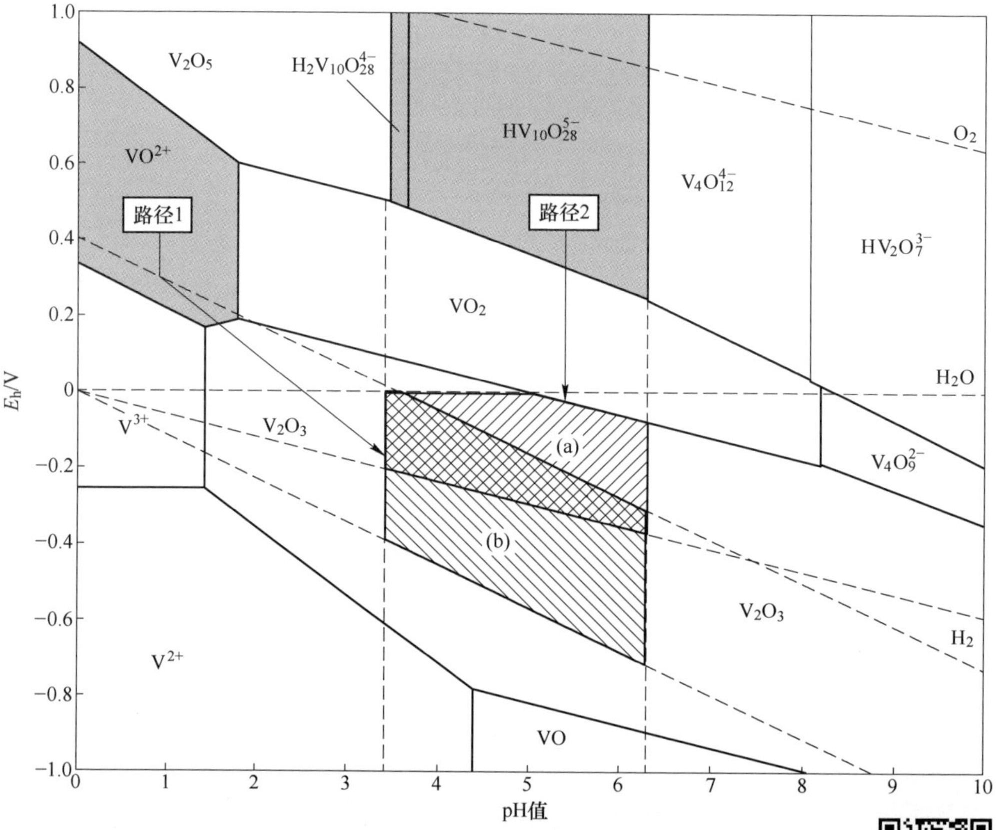

图 4-53　液相氢还原制备 V_2O_3 的路径和条件

(a) 在温度 25 ℃、钒浓度 1 mol/L、氢分压 0 MPa 的条件下，制备 V_2O_3 的可能区间；(b) 在温度 250 ℃、钒浓度 1 mol/L、氢分压 4 MPa 的条件下，制备 V_2O_3 的可能区间

彩图

对于 V(Ⅴ) 富钒液而言，理论上在还原电势方向有 4 种离子形态可以转化为最终态 V_2O_3，即 $HV_2O_7^{3-}$（pH 值大于 8.1）、$V_4O_{12}^{4-}$（pH = 6.3 ~ 8.1）、$HV_{10}O_{28}^{5-}$（pH=3.7~6.3）和 $H_2V_{10}O_{28}^{4-}$（pH=3.5~3.7）。当溶液 pH 值>6.3 时，钒的离子形态为 $V_4O_{12}^{4-}$和 $HV_2O_7^{3-}$，需要大范围调节 pH 值。钒离子形态为 $HV_{10}O_{28}^{5-}$的 pH 值范围最广，在 pH 值调节过程中最易控制。因此，工业上V(Ⅴ)富钒液制备 V_2O_3 应主要关注 $HV_{10}O_{28}^{5-}$和 $H_2V_{10}O_{28}^{4-}$的溶液化学行为。此外，从 V(Ⅴ) 离子到 V_2O_3 必须经过 VO_2 的优势区域，所以 VO_2 可能是液相还原过程中的中间相态之一。对于 $HV_{10}O_{28}^{5-}$和 $H_2V_{10}O_{28}^{4-}$两种离子形态向终态 V_2O_3 的转化反应如下：

$$H_2V_{10}O_{28}^{4-} + 10H_2 \xlongequal{\quad} 5V_2O_3(\downarrow) + 4OH^- + 9H_2O \tag{4-25}$$

$$HV_{10}O_{28}^{5-} + 10H_2 \xlongequal{\quad} 5V_2O_3(\downarrow) + 5OH^- + 8H_2O \tag{4-26}$$

影响最终态 V_2O_3 形成的主要热力学因素包括溶液 pH 值、氧化还原电势、反应温度、钒浓度和氢分压。溶液 pH 值不仅影响钒离子的存在形式，且氢线会随着溶液 pH 值的上升而逐渐下降，这表示氢气的电极电势（$E_{h(H_2/H^+)}$）降低，在高 pH 值下制备 V_2O_3 所需的电势越低，即还原氛围要求越高，这种情况在工业上是不利的。

对于 V_2O_3 的优势区域，溶液体系电势应在还原电势以下（<0 V）、氢气电极电势以上。从图 4-53 可以看出，V_2O_3 的优势区域均有部分处于氢线的上方，所以在热力学上只要 pH 值大于 3.5，均能通过调节体系的氧化还原电势生成 V_2O_3；当体系电势过低、还原性过强时，将会超过水溶液的稳定区域，即出现析氢反应。图 4-53(a) 给出在温度 25 ℃、钒浓度 1 mol/L、氢分压 0 MPa 的条件下 V(Ⅴ) 向 V_2O_3 转化的可能区间，其溶液 pH 值范围为 3.5~6.3、氧化还原电势范围为-0.37~0.0 V。

此外，反应温度、钒浓度、氢分压也能够改变各反应平衡线的斜率或位置，进而改变液相还原转化为最终态的可能区间。在实际中，富钒液钒浓度接近 1 mol/L，因此，我们绘制了在温度 250 ℃、钒浓度 1 mol/L、氢分压 4 MPa 的条件下 V(Ⅴ) 向 V_2O_3 的可能区间，如图 4-53(b) 所示，其溶液 pH 值范围为 3.5~6.3、氧化还原电势范围为-0.72~0.0。可以看到，区域（b）占据的区间面积明显大于区域（a），因此升高反应温度和氢分压有利于 V_2O_3 的制备。反应温度的升高增加了氢气的活化速率和反应效率，氢分压的增大提高溶液中氢气的溶解量，并赋予体系还原氛围。钒浓度影响钒化合物在溶液中的存在形式，高浓度的富钒液更容易析出沉淀，应保证溶液中的钒浓度在 0.1 mol/L 以上。

4.5.3.2 氢催化机理

钯和镍是氢气裂解常用的催化剂，氢气在金属催化剂表面附近的吸附是催化反应的第一步，也是最关键的一步。图 4-54(a) 显示，氢气分子在镍或钯表面发生了化学吸附。氢原子的 s 轨道与钯、镍的 p 轨道和 d 轨道发生了杂化，如图 4-54(b)~(e) 所示，证明氢气分子在钯或镍的表面发生了裂解，并形成新的 Pd—H 键或 Ni—H 键。经计算，钯对氢气的化学吸附能为 1.34 eV，镍对氢气的化学吸附能为 2.04 eV，镍对氢气的化学吸附所需的能量高于钯对氢气的吸附。同时，图 4-54(e) 和（f）显示，氢原子的态密度能级加宽，并向低能量转化，说明在镍或钯的表面，形成的 Pd—H 键或 Ni—H 键比氢气中的 H—H 键更加稳定。对比图 4-54(e) 和（f），H_2 在 Pd(110) 面上的态密度峰比 Ni(110) 面上的

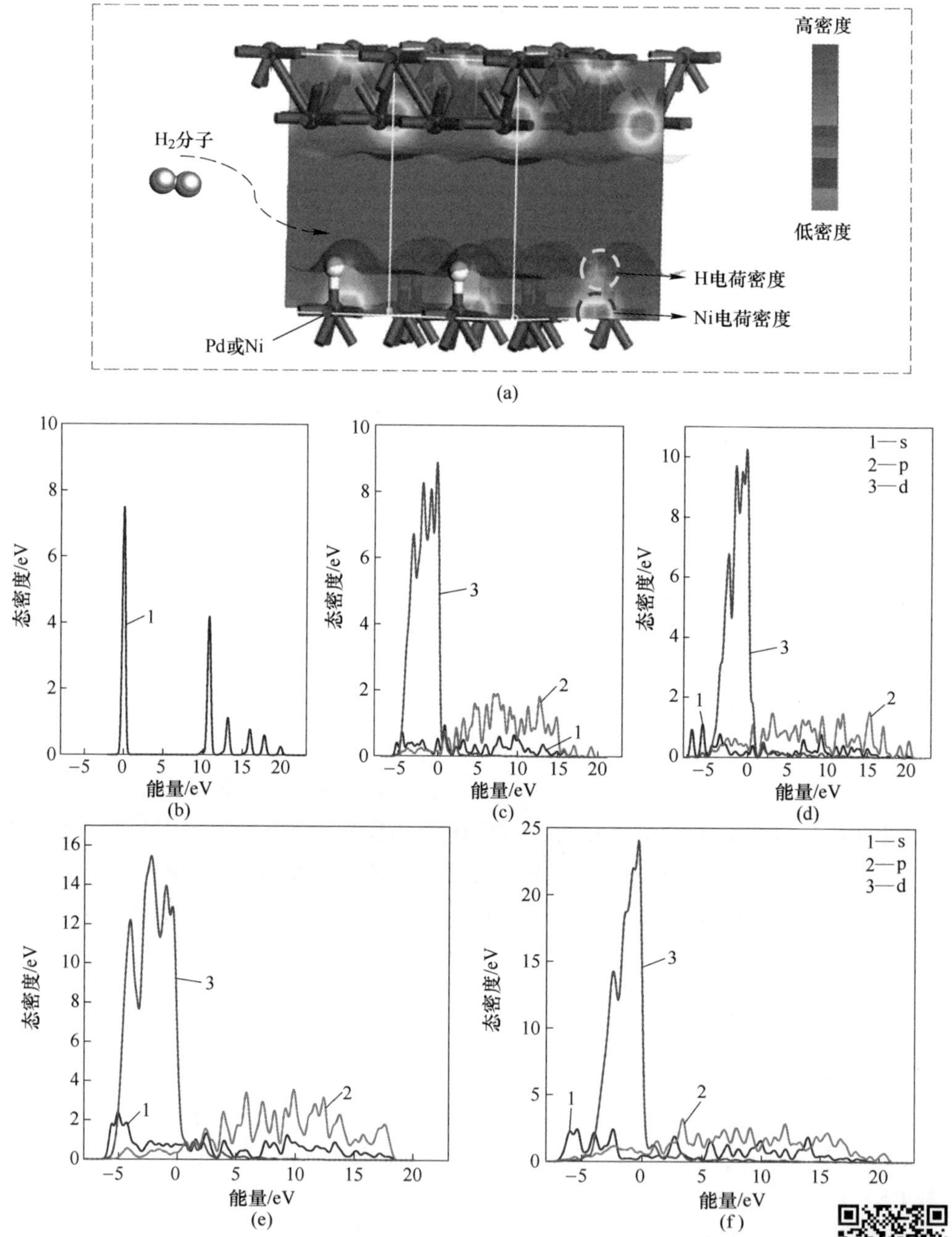

图 4-54　氢气的裂解模型和态密度的变化

(a) H_2 的裂解和电荷密度分布；(b) H_2 分子的态密度；

(c) Pd(110) 面上的态密度；(d) Ni(110) 面上的态密度；

(e) H_2 在 Pd(110) 面上的态密度变化；(f) H_2 在 Ni(110) 面上的态密度变化

彩图

更尖锐，Ni—H 键的能带更宽、离域性更强、更容易被脱附，这对氢气的可逆吸附是有利的。Ni—H 键或 Pd—H 键脱附后，氢仍以氢原子的形式存在，具有极强的还原性，即氢气的活化，该氢原子被称为活性氢（H^*），并在短时间内保持不变，因此可以迅速和溶液体系内的 $HV_{10}O_{28}^{5-}$ 发生反应生成 V_2O_3 相。

当钒浓度逐渐降低时，传质速率随之减慢，在液相氢还原沉钒过程中，催化剂除了对氢气的活化作用外，还起到了“晶种”的作用。在反应过程中，溶液的钒会在催化剂周围不断沉积、生长，催化剂对氢气的活化效率也会降低。因此，反应后期的还原过程将逐渐受控于体系内活性氢的内扩散，催化剂表面的氢脱附就显得尤为重要。

图 4-55（a）和（b）显示，镍和钯的程序升温脱附谱上只出现了单个脱附峰，温度范围为 250～300 ℃。当反应温度高于 250 ℃时，钒物相中才会出现 V_2O_3 相的衍射峰，间接说明反应温度高于 250 ℃是活性氢脱附和扩散的必要条件。镍和钯对氢气的吸附量分别为 0.25790～0.28308 mmol/g 和 2.17540～2.25061 mmol/g，后者对氢气的吸附量约为前者吸附量的 9 倍，这表明如要达到相同的钒离子还原转化效果，镍的用量需远大于钯的用量。

根据程序升温测试升温速率和峰值温度的不同，氢气的脱附活化能可根据式（4-27）计算。镍和钯的脱附活化能分别为 $E_{Pd...H}=21.7447$ kJ/mol 和 $E_{Ni...H}=9.6994$ kJ/mol。明显地，氢在镍颗粒表面的脱附活化能更低、脱附更容易，验证了图 4-54 的计算结果。

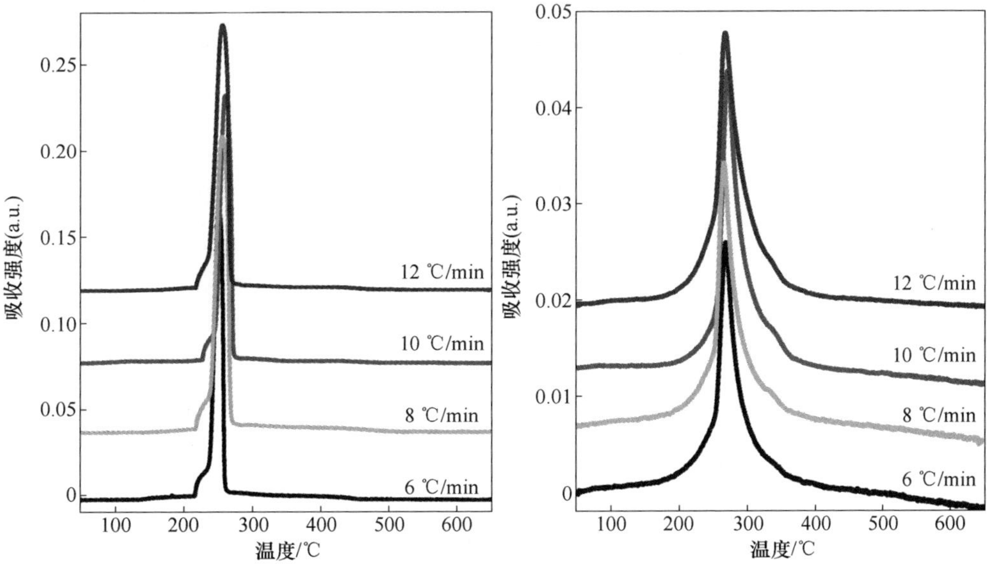

(a)　　　　(b)

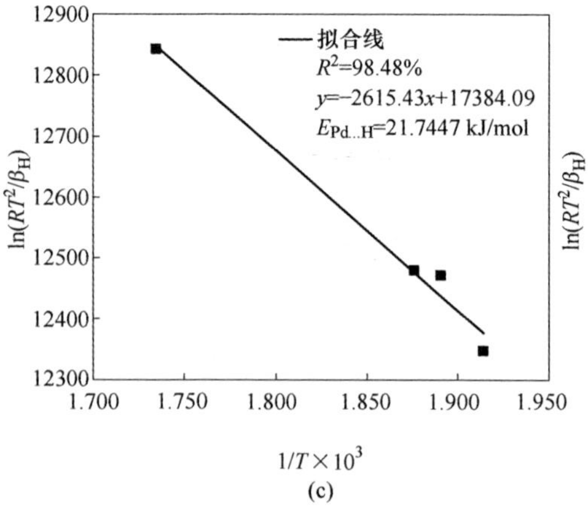

彩图

图 4-55　镍和钯对氢气的程序升温脱附谱及拟合结果

（a）钯对氢气的程序升温脱附谱；（b）镍对氢气的程序升温脱附谱；

（c）氢气在钯表面的脱附动力学 Arrhenius 方程拟合结果；

（d）氢气在镍表面的脱附动力学 Arrhenius 方程拟合结果

$$\ln\left(\frac{RT^2}{\beta_H}\right) = -\frac{E_{Me...H}}{RT} + \ln\frac{E_{Me...H}}{k_0} \tag{4-27}$$

式中，T 为脱附活化能的峰值所在温度，K；β_H 为升温速率，K/min；$E_{Me...H}$ 为脱附活化能，kJ/mol；k_0 为指前因子；Me 为催化剂金属元素。

氢气在镍或钯颗粒表面裂解的 Lennard-Jones 势能曲线，如图 4-56 所示。

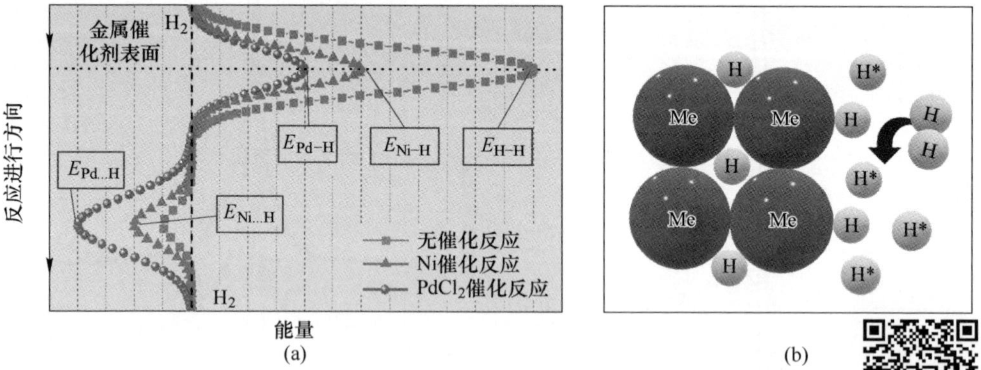

彩图

图 4-56　氢气在镍或钯表面的裂解后的 Lennard-Jones 势能变化

（a）氢气裂解反应的 Lennard-Jones 势能曲线；（b）氢气吸附、裂解示意图

图 4-56 显示，氢气首先受到范德华力的影响，以物理吸附的形式吸附在镍或钯表面；氢气分子如果要发生解离，需提供 434 kJ/mol 的解离能（E_{H-H}）使

氢气分子裂解为两个氢原子，但在镍或钯表面，氢气发生解离仅需分别提供 $E_{Ni—H}=63.8332$ kJ/mol 和 $E_{Pd—H}=30.3960$ kJ/mol 的能量，即可形成两个 Me—H 键；在液相氢还原过程中，Me—H 键断裂和脱附同样重要，镍和钯对氢气的脱附活化能分别为 $E_{Ni...H}=9.6994$ kJ/mol 和 $E_{Pd...H}=21.7447$ kJ/mol；脱附的氢原子具有较强的还原活性，即活性氢（H^*）。

综上所述，可以推测出氢气在液相氢还原所参与的过程，如图 4-57 所示。

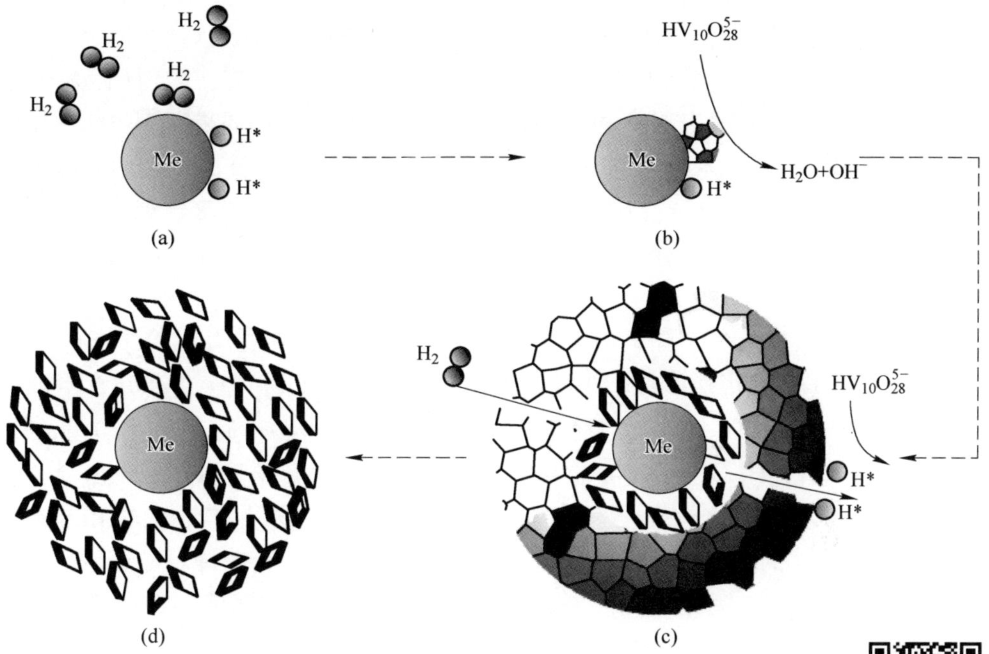

彩图

图 4-57 $HV_{10}O_{28}^{5-}$转化为 V_2O_3 的动力学过程

（a）氢气在镍或钯表面的裂解；（b）溶液中的钒在镍或钯表面的活性位点沉积；（c）氢气与活性氢的内扩散；（d）V_2O_3 由内到外的结晶

图 4-57（a）中，由于范德华力，H_2 在镍或钯原子附近发生物理吸附；H_2 在镍原子表面受到比 H—H 更强的吸引力，发生裂解形成 Me—H 键。

图 4-57（b）中，Me—H 键断裂，脱附的氢原子具有极强的还原性，在镍或钯颗粒的表面形成活性吸附位点，溶液中的钒在该位点沉积，同时溶液中相对高浓度的钒保证了反应界面具有较强的化学驱动力。

图 4-57（c）中，在镍或钯表面的活性氢在沉积晶体内部不断扩散，沉淀的晶体不断生长。

图 4-57（d）中，由于最终钒物相并非 V_2O_3，活性氢进一步将这些沉钒产物

还原为三价的 V_2O_3 菱形晶体，最终完成整个钒物相转化，得到终态 V_2O_3 相。

4.5.3.3　催化还原转化相变

以镍催化转化为例，图 4-58（a）给出了氢还原反应过程中随反应时间的沉钒率变化规律，在富钒液调节 pH 值的过程会产生少量的 V(Ⅴ) 沉淀，此时沉钒率为 30.47%，滤液呈现橙黄色。当升温至 250 ℃并通入氢气后，部分氢气与溶液中的 V(Ⅴ) 结合形成水合物致使溶液呈现为黑色悬浊液。在液相氢还原过程中，沉钒率会随着反应时间的延长而逐渐增加，当反应时间达到 2 h 后，沉钒率为 99.87%，基本达到沉淀平衡。随着溶液中的钒逐渐沉淀，溶液的 pH 值也大致呈现上升趋势，这表明液相氢还原制备 V_2O_3 的过程会不断消耗 H^+ 并释放 OH^-；当反应时间为 2 h 时，沉钒母液的 pH 值高达 13.46，此时溶液中的离子主要为 Na^+、OH^- 和 SO_4^{2-}，可以考虑进行浓缩回收后，重复用于富钒液调节 pH 值的预处理步骤。但需要注意的是，溶液的 pH 值在 20~40 min 的时间段内出现了短暂的下降。

在图 4-58（b）中，富钒液调节 pH 值产生的物相主要为 $V_2O_5 \cdot 3H_2O$ 和 $Na_2V_6O_{16} \cdot 3H_2O$ 无定形沉淀；当反应温度达到预设温度后（$t=0$ min），溶液中的 $V_2O_5 \cdot 3H_2O$ 和 $HV_{10}O_{28}^{5-}$ 逐渐稳定形成 $Na_2V_6O_{16} \cdot 3H_2O$；通入氢气 10 min 后，沉钒产物中 $Na_2V_6O_{16} \cdot 3H_2O$ 沉淀和溶液中的 $HV_{10}O_{28}^{5-}$ 开始形成 $Na(V_2O_5)$，但 XRD 图谱显示其衍射峰较弱；当反应时间为 20 min 时，沉钒产物的物相基本归属于 $Na(V_2O_5)$ 的衍射峰，同时伴有少量的 $VO_2(H_2O)_{0.5}$ 衍射峰；随着氢气的不断活化，$Na(V_2O_5)$ 逐渐还原生成四价的 $VO_2(H_2O)_{0.5}$ 的沉淀；在反应时间为 60 min后，已基本全部还原为 $VO_2(H_2O)_{0.5}$。同时，对比 40 min、60 min、

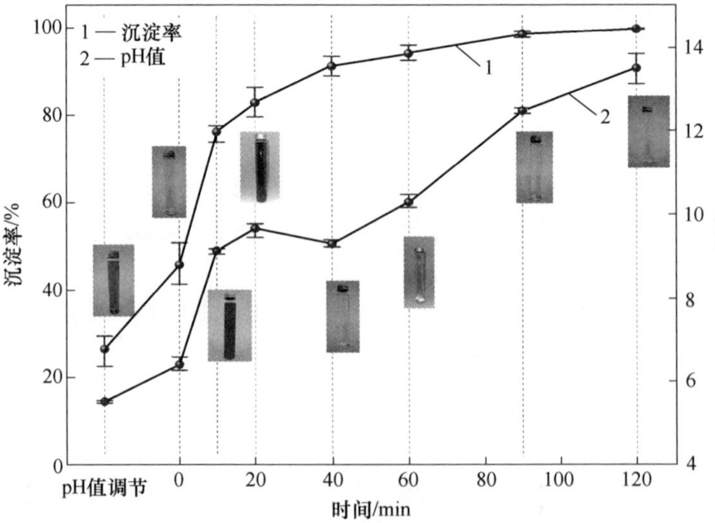

(a)

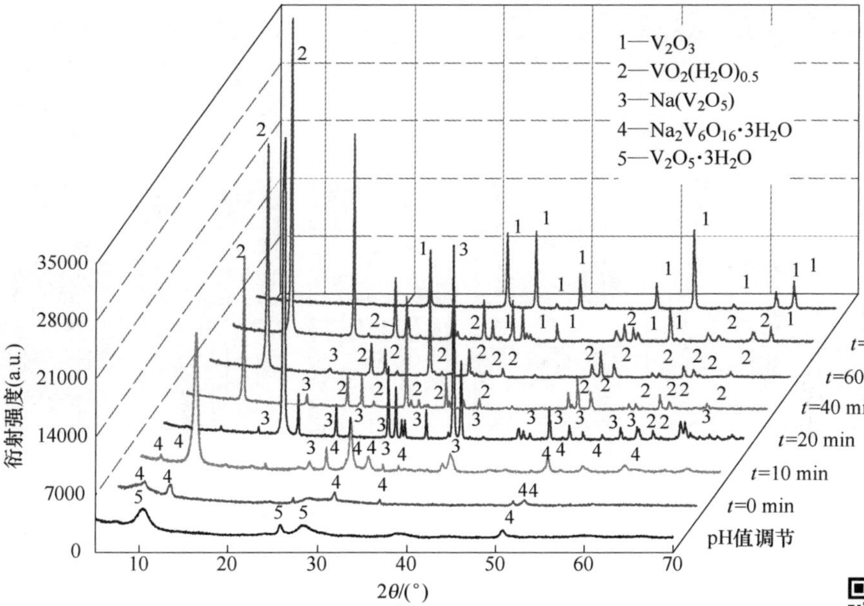

(b)

彩图

图 4-58 反应时间对镍粉催化液相氢还原沉钒的影响

(a) 反应时间对沉钒率和沉钒母液 pH 值的影响；

(b) 不同时间下的沉淀 XRD 图谱

90 min 的 $VO_2(H_2O)_{0.5}$衍射峰发现，其峰值随反应时间的变化越来越高，这表明其晶体生长越加完全、晶粒逐渐变粗；$VO_2(H_2O)_{0.5}$在液相氢还原过程中再进一步还原脱水生成 V_2O_3 晶体，反应至 90 min 时，沉淀的 XRD 图谱已出现了 V_2O_3 的衍射峰；至反应 120 min 时，液相氢还原沉钒产物已全部为 V_2O_3 晶体。

镍催化液相氢还原制备 V_2O_3 的过程可用图 4-59 表示。

在溶液 pH 值为 5.5 的条件下，钒主要以 $HV_{10}O_{28}^{5-}$的形式存在于溶液中，在温度升至 250 ℃的过程中，$HV_{10}O_{28}^{5-}$析出为 $Na_2V_6O_{16}\cdot 3H_2O$ 丝状晶体，其化学反应方程可以用式（4-28）表示；同时，页岩富钒液在溶液 pH 值调节过程中会析出少量的非晶态 V(Ⅴ) 沉淀，即图 4-59（b）所示，pH 值调节生成无定形的 V_2O_5的反应可以用式（4-29）描述，这部分沉淀并不会影响最终的 V_2O_3 的制备，在升温过程中也会和溶液中的 NaOH 生成丝状的 $Na_2V_6O_{16}\cdot 3H_2O$ 沉淀，见式（4-30）。式（4-28）与式（4-30）处于同时反应的状态；在液相氢还原反应 20 min 后，丝状 $Na_2V_6O_{16}\cdot 3H_2O$ 逐渐聚集、排列和生长，形成不规则的、具有粗糙表面的“石棉瓦状”的 $Na(V_2O_5)$ 晶体，如图 4-59（d）所示，其化学反应方程可以用式（4-31）表示，可以看出 $Na_2V_6O_{16}\cdot 3H_2O$ 到 $Na(V_2O_5)$ 晶体的转

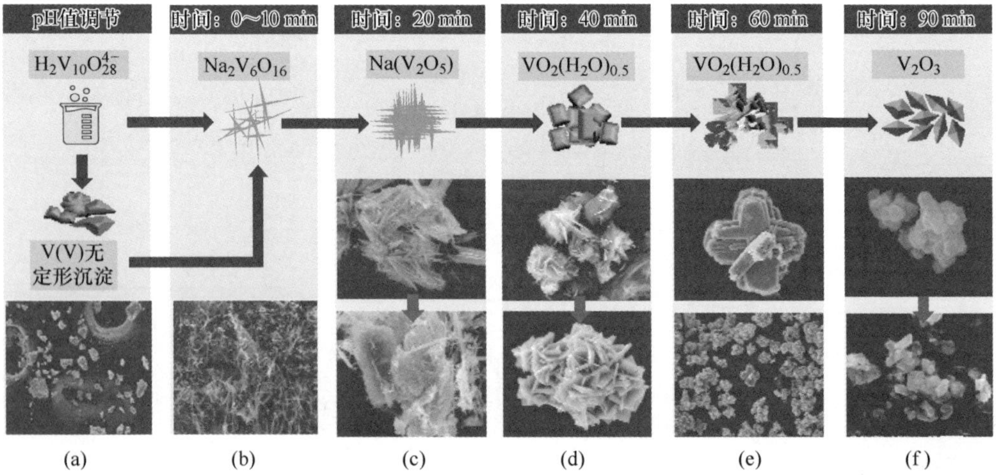

图 4-59　镍催化的液相氢还原沉钒物相变化及晶体生长示意图

彩图

变将消耗 OH^-，这是图 4-58（a）中溶液 pH 值为 20~40 min 内出现短暂下降的原因；在液相氢还原反应达到 40 min 后，氢气在镍粉的催化下裂解，生成具有高还原活性的活性氢原子；同时，液相氢还原反应会不断释放 OH^-，致使溶液的 pH 值不断增加，$Na(V_2O_5)$ 在碱性环境下的溶解度提高，从而将溶解出沉淀晶体中的 Na 原子，并形成薄片状 $VO_2(H_2O)_{0.5}$ 晶体，如图 4-59（d）和式（4-32）所示；薄片状的 $VO_2(H_2O)_{0.5}$ 晶体逐渐长大、增厚，形成厚板状的 $VO_2(H_2O)_{0.5}$ 晶体，此时加入的 $NiSO_4$ 被活性氢原子还原为镍单质，继续起到催化剂的作用；在液相氢还原反应达到 60 min 时，几个板状 $VO_2(H_2O)_{0.5}$ 晶体相互碰撞并粘连在一起，形成许多“十字架状”的晶体，如图 4-59（e）所示；“十字架状”的 $VO_2(H_2O)_{0.5}$ 晶体被活化氢继续还原，形成规则的片状 V_2O_3，继续生长后会形成立方菱形的 V_2O_3 晶体，这与 V_2O_3 的晶体结构是一致的，如图 4-59（f）所示；化学反应见式（4-33）。

$$3HV_{10}O_{28}^{5-} + 10Na^+ + 5H^+ + 11H_2O = 5Na_2V_6O_{16} \cdot 3H_2O(\downarrow) \quad (4\text{-}28)$$

$$HV_{10}O_{28}^{5-} + 5H^+ = 5V_2O_5(\downarrow) + 3H_2O \quad (4\text{-}29)$$

$$3V_2O_5 + 2Na^+ + 2OH^- + 2H_2O = Na_2V_6O_{16} \cdot 3H_2O \quad (4\text{-}30)$$

$$2Na_2V_6O_{16} \cdot 3H_2O + 3H_2 + 2OH^- + 2Na^+ = 6Na(V_2O_5) + 7H_2O \quad (4\text{-}31)$$

$$2Na(V_2O_5) + 3H_2 + 2H_2O = 4VO_2(H_2O)_{0.5} + 2Na^+ + 2OH^- \quad (4\text{-}32)$$

$$2VO_2(H_2O)_{0.5} + H_2 = V_2O_3 + 2H_2O \quad (4\text{-}33)$$

钒在液相氢还原沉淀过程中的物相变化包括：溶液中的 $H_2V_{10}O_{28}^{4-}$ 或 V(Ⅴ)

无定形沉淀转化 $Na_2V_6O_{16}\cdot 3H_2O$ 丝状结晶；$Na_2V_6O_{16}\cdot 3H_2O$ 逐渐聚集、排列并生长，形成不规则“石棉瓦状”的 $Na(V_2O_5)$ 晶体；$Na(V_2O_5)$ 在碱性环境下溶解，导致 Na 原子从晶体中析出，形成片状 $VO_2(H_2O)_{0.5}$ 并进一步生长、增厚，这些晶体相互碰撞并粘连，形成“十字架状”的 $VO_2(H_2O)_{0.5}$ 晶体；$VO_2(H_2O)_{0.5}$ 晶体被活性氢继续还原，最终形成立方菱形的 V_2O_3 晶体。

参 考 文 献

[1] 白哲，韩跃新，靳建平，等．敦煌平台山石煤钒矿工艺矿物学研究［J］．金属矿山，2021（8）：109-115.

[2] 蔡连友，翁望飞，郑光文．皖南郭村钒矿床地质特征及成因分析［J］．矿产与地质，2012，26（4）：283-290.

[3] 陈庆根．石煤钒矿提钒工艺技术的研究进展［J］．矿产综合利用，2009（2）：30-34.

[4] 丁建华，张勇，李立兴，等．中国钛矿成矿地质特征与资源潜力评价［J］．中国地质，2020，47（3）：627-644.

[5] 段炼，田庆华，郭学益，等．中国钒资源的生产及应用研究进展［J］．湖南有色金属，2006，22(6)：17-20.

[6] 樊新祥．甘肃北山七角井钒矿地质特征及成因浅析［J］．甘肃科技，2010，26（8）：20-23.

[7] 付雪瑞，徐林刚，丁建华，等．中国沉积型钒矿成矿规律与找矿方向［J］．矿床地质，2021，40（6）：1160-1181.

[8] 郭素雄，陈明辉．湘西北古者钒矿地质特征及控矿条件［J］．矿产与地质，2019，33（4）：628-634.

[9] 韩天成，汤清龙，李自民，等．河南淅川石槽沟钒矿床地质地球化学特征与成因分析［J］．资源导刊·地球科技版，2015（3）：34-38.

[10] 何东升，谢志豪，胡洋，等．含钒云母工艺矿物学研究［J］．有色金属（选矿部分），2018（3）：6-10.

[11] 黄莉莉．新疆乌什县苏盖提布拉克磷钒矿床地质特征与成因分析［J］．新疆有色金属，2015，38（4）：12-14.

[12] 惠博，毛益林，陈伟．河南某钒矿中钒的赋存状态研究［J］．矿产综合利用，2019（6）：77-79，68.

[13] 季馨婷．云母族矿物表面性质对碳酸钙成核生长过程影响研究［D］．南京：南京大学，2017.

[14] 姜骁疆，王素爽．湖北省郧县青木沟钒矿床地质特征及其成因分析［J］．矿产与地质，2016，30（5）：774-777.

[15] 李方会，杨刚忠，姚燕，等．湖北省兴山县白果园银钒矿床基本特征及成矿模式［J］．资源环境与工程，2014，28（3）：246-251.

[16] 李玫，张复新．陕西山阳县黑色岩系中中村 - 银花钒矿床地质特征［J］．中国地质，2009，36（5）：1099-1109.

[17] 李美荣，梁冬云，何晓娟，等．湖北某石煤型钒矿石工艺矿物学研究［J］．金属矿山，2015（2）：87-91.

[18] 李赛赛，刘战庆．南秦岭早寒武世黑色岩系钒矿床成因研究进展［J］．桂林理工大学学报，2015，35（4）：774-779.

[19] 李赛赛，魏刚锋，聂江涛，等．南秦岭水沟钒矿床地质地球化学特征及成因［J］．现代

地质，2012，26（2）：243-253.
［20］李卫东，葛新娟，贾金典，等．浅析哈密大水西钒矿钒赋存状态特征［J］．新疆地质，2013，31（2）：179-183.
［21］李武．无机晶须［M］．北京：化学工业出版社，2005.
［22］李祥辉，徐宝亮，陈云华，等．华北-东北南部地区中生代中晚期粘土矿物与古气候［J］．地质学报，2008，82(5)：683-691.
［23］李长虎．新疆乌什县阔西塔西钒磷矿沉积环境分析及成因探讨［J］．新疆有色金属，2015，38（1）：19-22.
［24］刘超，何晓娟，张军，等．钒资源的选矿技术现状及展望［J］．矿业工程，2014，12（5）：18-19，20.
［25］刘欢．电气石的研究现状及其在地质学意义［J］．地球科学前沿，2022，12(3)：396-402.
［26］刘金山．凤凰县东方红钒矿床地质特征和矿床成因探讨［J］．湖南地质，1989，8（4）：25-31.
［27］刘文，李欢，陈正山，等．黔东注溪黑色岩系地球化学特征及矿化富集规律［J］．地球科学，2019，44(9)：2978-2994.
［28］刘志逊，代鸿章，刘佳，等．中国石煤资源勘查开发利用现状及建议［J］．中国矿业，2016，25（S1）：18-21.
［29］卢家烂，庄汉平，傅家谟，等．湖北兴山白果园黑色页岩型银钒矿床中银钒赋存状态研究［J］．地球化学，1999，28（3）：222-230.
［30］罗兴，乐智广．红河州屏边县钒矿钒的赋存状态研究［J］．矿产综合利用，2011（6）：23-25，29.
［31］马晔，王文波，郑银龙，等．南秦岭商南县湘河钒矿钒的赋存状态研究［J］．陕西地质，2022，40（1）：42-50.
［32］门道改，伏雄．湖北郧县大柳钒矿地质特征及成因［J］．科技信息，2011（27）：848-849.
［33］蒙永松，甘琴，郑援．广西上林钒矿成矿期古地理及矿床成因浅析［J］．南方国土资源，2009（11）：27-29.
［34］彭明鸿．新疆哈密大水西地区钒矿矿床地质特征及成矿作用分析［J］．西部资源，2018（4）：12-13.
［35］任明，张生奇，程文厚，等．鄂西北下寒武统黑色岩系中的钒矿床［J］．矿产与地质，2012，26（4）：271-278.
［36］任涛，樊忠平，原莲肖，等．南秦岭东段早寒武世黑色岩系金属钒成矿特征与找矿方向——以夏家店矿床为例［J］．西北地质，2007，40（2）：85-94.
［37］万初发，吴春伟．乌什县苏盖提布拉克钒矿地质特征及找矿分析［J］．中国金属通报，2017（12）：39-40.
［38］汪大亚．含钒石煤中钒预富集分离相关的基础研究［D］．北京：北京科技大学，2020：142.

［39］王栋，唐金礼，李树聪，等．屏边县马卫钒矿床地质特征及找矿标志［C]//云南省 3 年地质找矿行动计划成果交流暨学习研讨会论文集，2018：216-221.

［40］王汝成，谢磊，诸泽颖，等．云母：花岗岩-伟晶岩稀有金属成矿作用的重要标志矿物［J]．岩石学报，2019，35（1）：69-75.

［41］邢庆军．新疆乌什县阔西塔西钒磷矿地质特征与成因分析［J]．新疆有色金属，2020，43(1)：46-47.

［42］熊玉生，李旭辉，杨述旭．江西硐门矿区沉积型钒矿地质特征及成矿因素分析［J]．资源环境与工程，2009，23(6)：767-770.

［43］徐林刚，付雪瑞，叶会寿，等．南秦岭地区下寒武统黑色页岩赋存的千家坪大型钒矿地球化学特征及成矿环境［J]．地学前缘，2022，29（1)：160-175.

［44］徐晓辉，刘大学，王玲，等．某石煤钒矿的工艺矿物学研究［J]．有色金属：冶炼部分，2013(8)：32-35.

［45］徐志刚，陈毓川，王登红，等．中国成矿区带划分方案［M]．北京：地质出版社，2008.

［46］徐志涛，罗勇，胡明，等．杨家堡矿区庄子沟组底部黑色岩系中钒矿成因探讨［J]．资源环境与工程，2018，32(1)：8-12.

［47］印万忠．硅酸盐矿物晶体化学特征与表面特性及可浮性关系的研究［D]．沈阳：东北大学，1999.

［48］于洋，朱雪菡，秦林坡，等．湖北郧县大柳钒矿地质特征及成矿浅析［J]．安阳工学院学报，2012，11（4)：69-71.

［49］余文轩，梁冬云，戴子林，等．贵州省石煤型钒矿的工艺矿物学及钒的赋存状态研究［J]．矿冶工程，2013，33(1)：79-82.

［50］张爱云，郭丽娜．中国南方早古生代黑色页岩建造地球化学特征与成矿意义［M]．北京：地质出版社，1987.

［51］张复新，王立社，侯俊富．秦岭造山带黑色岩系与金属矿床类型及成矿系列［J]．中国地质，2009，36（3)：694-704.

［52］张贵山，温汉捷，郑厚义．千家坪钒矿床形成机制初步探讨［J]．矿床地质，2002，21（S1)：349-352.

［53］张莉莉，梁冬云，李波，等．陕西某黏土型钒矿石工艺矿物学研究［J]．金属矿山，2013（2)：94-96.

［54］张卫敏，胡近平．陕西山阳中村钒矿地质特征及富集规律［J]．西北地质，2007，40（2)：95-102.

［55］赵海燕．钒资源利用概况及中国钒市场需求分析［J]．矿产保护与利用，2014(2)：54-58.

［56］赵献丽，吴继修，殷长江．新疆哈密市鱼峰海相沉积型铁矿特征及成矿模式［J]．中国科技信息，2013(11)：50，52.

［57］朱丹，鲁力，魏均启，等．寒武纪黑色页岩中钒赋存状态研究——以通山县钒矿为例［J]．资源环境与工程，2018，32(3)：473-480.

[58] 朱红周，侯俊富，王淑利．南秦岭千家坪钒矿床地质地球化学特征与钒的富集规律［J］．中国地质，2010，37（5）：1490-1500.

[59] 朱红周，侯俊富，原连肖，等．南秦岭千家坪钒矿床钒赋存状态研究［J］．地质与勘探，2010，46（4）：643-648.

[60] 朱黎宽，卞孝东，马驰，等．某石煤型钒矿工艺矿物学研究［J］．中国矿业，2015，24（9）：115-119.

[61] 朱培辉．湖北省青木沟钒矿地质特征及成因探讨［J］．甘肃冶金，2011，33(2)：78-81.

[62] 朱燕，贺慧琴，邓方，等．钒渣中钒的浸出特性［J］．环境科学与技术，2006，29（12）：16-17.

[63] 邹振林．新疆哈密市平台山磷钒矿矿床成因及找矿标志［J］．新疆有色金属，2019，42（6）：96-97.

[64] ABRAHAM J D, CANNIA J C. Airborne electromagnetic surveys for 3D geological mapping [J]. USGS Staff-Published Reasearch, 2011, 506.

[65] ALVAREZ N O C, ROSER B P. Geochemistry of black shales from the Lower Cretaceous Paja Formation, Eastern Cordillera, Colombia: Source weathering, provenance, and tectonic setting [J]. Journal of South American Earth Sciences, 2007, 23(4): 271-289.

[66] ANJUM F, SHAHID M, AKCIL A. Biohydrometallurgy techniques of low grade ores: A review on black shale [J]. Hydrometallurgy, 2012, 117: 1-12.

[67] ARZANI N. Diagenetic evolution of mudstones: black shales to laminated limestones, an example from the Lower Jurassic of SW Britain [J]. Journal of Sciences, 2004, 15 (3): 257-267.

[68] BIN Z Y. Progress of the research on extraction of vanadium pentoxide from stone coal and the market of the V_2O_5 [J]. Hunan Nonferrous Metals, 2006, 22(1): 16-20.

[69] BREIT G N, WANTY R B. Vanadium accumulation in carbonaceous rocks: a review of geochemical controls during deposition and diagenesis [J]. Chemical Geology, 1991, 91 (2): 83-97.

[70] BRUYÈRE V I E, GARCÍA RODENAS L A, MORANDO P J, et al. Reduction of vanadium (V) by oxalic-acid in aqueous acid solutions [J]. Journal of the Chemical Society, Dalton Transactions, 2001, 24: 3593-3597.

[71] CALVERT S E, PEDERSEN T F. Geochemistry of recent oxic and anoxic marine sediments: implications for the geological record [J]. Marine Geology, 1993, 113(1/2): 67-88.

[72] CESARE B, NESTOLA F, JOHNSON T, et al. Garnet, the archetypal cubic mineral, grows tetragonal [J]. Scientific Reports, 2019, 9 (1): 14672.

[73] COLLIER R W. Particulate and dissolved vanadium in the North Pacific Ocean [J]. Nature, 1984, 309 (5967): 441-444.

[74] DE POEL W, VAESSEN S L, Drnec J, et al. Metal ion-exchange on the muscovite mica surface [J]. Surface Science, 2017, 665: 56-61.

[75] DONG L H, WEI W, YU C L, et al. Determination of vanadium isotope compositions in

carbonates using an Fe coprecipitation method and MC-ICP-MS [J]. Analytical Chemistry, 2021, 93(19): 7172-7179.

[76] EMERSON S R, HUESTED S S. Ocean anoxia and the concentra-tions of molybdenum and vanadium in seawater [J]. Marine Che-mistry, 1991, 34(3-4): 177-196.

[77] ENRIQUE, J B. Natural iron oxalates and their analogous synthetic counterparts: A review [J]. Chemie der Erde-Geochemistry, 2016, 76: 449-460.

[78] FALK H, LAVERGREN U, BERGBÄCK B. Metal mobility in alum shale from Öland, Sweden [J]. Journal of Geochemical Exploration, 2006, 90 (3): 157-165.

[79] FU X, XU L, YAN H, et al. Mineralogy and trace element geochemistry of the early Cambrian black shale-hosted Zhongcun vanadium deposit, southern Qinling, China [J]. Ore Geology Reviews, 2023, 155: 105371.

[80] GALINDO C, MOUGIN L, FAKHI S, et al. Distribution of naturally occurring radionuclides (U, Th) in Timahdit black shale (Morocco) [J]. Journal of environmental Radioactivity, 2007, 92(1): 41-54.

[81] GAO J, YANG R, XU H, et al. Genesis of Permian sedimentary manganese deposits in Zunyi, Guizhou Province, SW China: Constraints from geology and elemental geochemistry [J]. Journal of Geochemical Exploration, 2018, 192: 142-154.

[82] GOLDBERG I, HAMMERBECK E C I, LABUSCHAGNE L S, et al. International strategic minerals inventory summary report; vanadium [R]. US Dept. of the Interior, Geological Survey, 1992.

[83] HAFNER J. Ab-initio simulations of materials using VASP: Density-functional theory and beyond [J]. Journal of Computational Chemistry, 2008, 29 (13): 2044-2078.

[84] HAI X, DAOYONG Y, GUOHE Q. Characterization of petroporphyrins in Gudao residue by UV-Vis spectrophotometry laser desorption ionization-time of flight mass spectrometery [J]. Fuel, 2005, 84(6): 647.

[85] KETRIS M P, YUDOVICH Y E. Estimations of Clarkes for Carbonaceous biolithes: World averages for trace element contents in black shales and coals [J]. International Journal of Coal Geology, 2009, 78 (2): 135-148.

[86] KONTINEN A, HANSKI E. The Talvivaara black shale-hosted Ni-Zn-Cu-Co deposit in eastern Finland [M]. WOLF-GANG D. Mineral deposits of Finland. Netherlands; Elsevier, 2015: 557-612.

[87] LEHMANN J. Bio-energy in the black [J]. Frontiers in Ecology and the Environment, 2007, 5 (7): 381-387.

[88] LEWAN M D, MAYNARD J B. Factors controlling enrichment of vanadium and nickel in the bitumen of organic sedimentary rocks [J]. Geochimica et Cosmochimica Acta, 1982, 46 (12): 2547-2560.

[89] LIN Y, HU Q, CHEN J, et al. Formation of metastable $CaCO_3$ polymorphs in the presence of oxides and silicates [J]. Crystal growth & design, 2009, 9 (11): 4634-4641.

[90] LIOLIOU M G, PARASKEVA C A, KOUTSOUKOS P G, et al. Heterogeneous nucleation and growth of calcium carbonate on calcite and quartz [J]. Journal of Colloid and Interface Science, 2007, 308 (2): 421-428.

[91] LONDON D. Experimental synthesis and stability of tourmaline: A historical overview [J]. The Canadian Mineralogist, 2011, 49: 117-136.

[92] LU Z, HU R, HAN T, et al. Control of V accumulation in organic-rich shales by clay-organic nanocomposites [J]. Chemical Geology, 2021, 567: 120100.

[93] MATSUMOTO A, KUMAFUJI H, SHIOKAWA J. Photoreduction of oxalato vanadyl (Ⅳ) complex in aqueous solution of oxalic-acid [J]. Inorganica Chimica Acta, 1981, 51: 213-215.

[94] MATTER J M, STUTE M, SNÆBJÖRNSDOTTIR S Ó, et al. Rapid carbon mineralization for permanent disposal of anthropogenic carbon dioxide emissions [J]. Science, 2016, 352 (6291): 1312-1314.

[95] MCKELVEY V E, STROBELL JR J D, SLAUGHTER A L. The vanadiferous zone of the Phosphoria Formation in western Wyoming and southeastern Idaho [J]. The Thrust Belt Revisited. 38th Annual Field Conference Guidebook, 1987: 305-308.

[96] Geological Survey. Mineral commodity summaries 2022 [R]. United States Geological Survey, 2022: 182-183.

[97] MORFORD J L, EMERSON S. The geochemistry of redox sensi-tive trace metals in sediments [J]. Geochimica et Cosmochimica Acta, 1999, 63(11/12): 1735-1750.

[98] OGI Y, OBARA Y, KATAYAMA T, et al. Ultraviolet photochemical reaction of $[Fe(III)(C_2O_4)_3]_3^{9-}$ in aqueous solutions studied by femtosecond time-resolved X-ray absorption spectroscopy using an X-ray free electron laser [J]. Structural Dynamics, 2015, 2(3): 034901.

[99] OU Z, JIN J, ZHU Y, et al. Process mineralogical characterization and vanadium extraction from vanadium-bearing shale by oxidation roasting-acid leaching [J]. Advanced Powder Technology, 2022, 33: 103834.

[100] PANIAS D, TAXIARCHOU M, PASPALIARIS I, et al. Mechanisms of dissolution of iron oxides in aqueous oxalic acid solutions [J]. Hydrometallurgy, 1996, 42: 257-265.

[101] PERKINS R B, PIPER D Z, MASON C E. Trace-element budgets in the Ohio/Sunbury shales of Kentucky: Constraints on ocean circulation and primary productivity in the Devonian-Mississippian Appalachian Basin [J]. Palaeogeography, Palaeoclimatology, Palaeoecology, 2008, 265 (1/2): 14-29.

[102] PHILLIPS B L, CRAWFORD S N, CASEY W H. Rate of water exchange between $Al(C_2O_4)(H_2O)_4^+(aq)$ complexes and aqueous solutions determined by ^{17}O-NMR spectroscop [J]. Geochimica et Cosmochimica Acta, 1997, 61: 4965-4973.

[103] PI D H, LIU C Q, SHIELDS-ZHOU G A, et al. Trace and rare earth element geochemistry of black shale and kerogen in the early Cambrian Niutitang Formation in Guizhou province, South China: Constraints for redox environments and origin of metal enrichments [J]. Precambrian

Research, 2013, 225: 218-229.

[104] PIPER D Z, DEAN W E. Trace-element deposition in the Cariaco Basin, Venezuela Shelf, under sulfate-reducing conditions: A history of the local hydrography and global climate, 20 ka to the present [M]. USA: US Government Printing Office, 2002.

[105] PIPER D Z, PERKINS R B, ROWE H D. Rare-earth elements in the Permian Phosphoria Formation: Paleo proxies of ocean geochemistry [J]. Deep Sea Research Part Ⅱ: Topical Studies in Oceanography, 2007, 54(11/12/13): 1396-1413.

[106] PIPER D Z. Seawater as the source of minor elements in black shales, phosphorites and other sedimentary rocks [J]. Chemical Geology, 1994, 114(1/2): 95-114.

[107] QUINBY-HUNT M S, HUNT A J, LOFFTUS K, et al. Polarized-light scattering studies of marine Chlorella [J]. Limnology and Oceanography, 1989, 34(8): 1587-1600.

[108] ROBSON R L, EADY R R, RICHARDSON T H, et al. The alternative nitrogenase of Azotobacter chroococcum is a vanadium enzyme [J]. Nature, 1986, 322(6077): 388-390.

[109] SCHOVSBO N H. Uranium enrichment shorewards in black shales: A case study from the Scandinavian Alum Shale [J]. Gff, 2002, 124(2): 107-115.

[110] SCHUL K J. Critical mineral resources of the United States: economic and environmental geology and prospects for future supply [M]. Reston, Virginia, USA: Geological Survey, 2017.

[111] SHYUE J J, DE GUIRE M R. Deposition of titanium-vanadium oxide thin films on organic self-assembled monolayers: role of complexing agents [J]. Chemistry of Materials. 2005, 17: 5550-5557.

[112] SKEI J. Geochemical and sedimentological considerations of a permanently anoxic fjord—Framvaren, south Norway [J]. Sedimentary Geology, 1983, 36 (2-4): 131-145.

[113] STEINER M, WALLIS E, ERDTMANN B D, et al. Submarine-hydrothermal exhalative ore layers in black shales from South China and associated fossils—insights into a Lower Cambrian facies and bio-evolution [J]. Palaeogeography, Palaeoclimatology, Palaeoecology, 2001, 169 (3/4): 165-191.

[114] SUMMARIES M C. Mineral commodity summaries [J]. US Geological Survey: Reston, VA, USA, 2021: 200.

[115] SUMMERFIELD D. Australian resource reviews: Vanadium 2018 [M]. Canberra: Geoscience Australia, 2019.

[116] SVERJENSKY D A. Europium redox equilibria in aqueous solution [J]. Earth and Planetary Science Letters, 1984, 67 (1): 70-78.

[117] SZCZEŚ A, CZEMIERSKA M, JAROSZ-WILKOŁAZKA A. Calcium carbonate formation on mica supported extracellular polymeric substance produced by Rhodococcus opacus [J]. Journal of Solid State Chemistry, 2016, 242: 212-221.

[118] TEPE N, BAU M. Behavior of rare earth elements and yttrium during simulation of arctic estuarine mixing between glacial-fed river waters and seawater and the impact of inorganic (nano-) particles [J]. Chemical Geology, 2016, 438: 134-145.

[119] TRACEY A S. Applications of 51V NMR spectroscopy to studies of the complexation of vanadium (V) by α-hydroxycarboxylic acids [J]. Coordination Chemistry Reviews, 2003, 237: 113-121.

[120] VINE J D, TOURTELOT E B. Preliminary geochemical and petrographic analysis of lower Eocene fluvial sandstones in the Rocky Mountain region [C] //Symposium on Wyoming Sandstones: Their Economic Importance—Past, Present & Future. 22nd Annual Field Conference Guidebook, 1970: 251-263.

[121] VOROB'EV P N, DMITRIEVA N G, GRIDCHIN S N, et al. Thermodynamic characteristics of formation reactions of the vanadium (V) malonate complex [J]. Russian Journal of Coordination Chemistry, 2009, 35 (7): 479-481.

[122] WEHRLI B, STUMM W. Vanadyl in natural waters: Adsorption and hydrolysis promote oxygenation [J]. Geochimica et Cosmochimica Acta, 1989, 53 (1): 69-77.

[123] XU L, LEHMANN B, MAO J. Seawater contribution to polymetallic Ni-Mo-PGE-Au mineralization in Early Cambrian black shales of South China: evidence from Mo isotope, PGE, trace element, and REE geochemistry [J]. Ore Geology Reviews, 2013, 52: 66-84.

[124] XU L, TIAN J, WU H, et al. Anisotropic surface chemistry properties and adsorption behavior of silicate mineral crystals [J]. Advances in Colloid and Interface Science, 2018, 256: 340-351.

[125] YANG L, LI Z, OUYANG Y, et al. Mannardite as the main vanadium-hosting mineral in black shale-hosted vanadium deposits, South China [J]. American Mineralogist, 2024, 109 (2): 359-373.

[126] YANG Y, CHEN C C, SCOTT M C, et al. Deciphering chemical order/disorder and material properties at the single-atom level [J]. Nature, 2017, 542(7639): 75-79.

[127] YAU S. Dissolution kinetics of feldspar in the Cape Cod Aquifer, Massachusetts: Calculation of ground water residence times [D]. Pennsylvania: Pennsylvania State University, 1999.

[128] YIN X, GUPTA V, DU H, et al. Surface charge and wetting characteristics of layered silicate minerals [J]. Advances in Colloid and Interface Science, 2012, 179: 43-50.

[129] ZHANG Y, HU Y, SUN N, et al. Systematic review of feldspar beneficiation and its comprehensive application [J]. Minerals Engineering, 2018, 128: 141-152.

[130] ZHANG Y, ZHANG Q, CAI Y, et al. The occurrence state of vanadium in the black shale-hosted vanadium deposits in Shangling of Guangxi Province, China [J]. Chinese Journal of Geochemistry, 2015, 34 (4): 484-497.

[131] ZOU C, DONG D, WANG S, et al. Geological characteristics and resource potential of shale gas in China [J]. Petroleum Exploration and Development, 2010, 37 (6): 641-653.